JN029467

物理学レクチャーコース

Theory of Relativity

相対性理論

河辺哲次 著

裳華房

PHYSICS LECTURE COURSE
Theory of Relativity

by

Tetsuji KAWABE

SHOKABO
TOKYO

JCOPY 〈出版者著作権管理機構 委託出版物〉

刊 行 趣 旨

　20世紀，物理学は，自然界の基本的要素が電子・ニュートリノなどのレプトンとクォークから構成されていることや，その間の力を媒介する光子やグルーオンなどの役割を解明すると共に，様々な科学技術の発展にも貢献してきました．特に，20世紀初頭に完成した量子力学は，トランジスタの発明やコンピュータの発展に多大な貢献をし，インターネットを通じた高度情報化社会を実現しました．また，レーザーや超伝導といった技術も，いまや不可欠なものとなっています．

　そして21世紀は，ヒッグス粒子の発見・重力波の検出・ブラックホールの撮影・トポロジカル物質の発見など，新たな進展が続いています．さらに，今後ビッグデータ時代が到来し，それらを活かした人工知能技術も急速に発展すると考えられます．同時に，人類の将来に関わる環境・エネルギー問題への取り組みも急務となっています．

　このような時代の変化にともなって，物理学を学ぶ意義や価値は，以前にも増して高まっているといえます．つまり，"複雑な現象の中から，本質を抽出してモデル化する"という物理学の基本的な考え方や，原理に立ち返って問題解決を行おうとする物理学の基本姿勢は，物理学の深化だけにとどまらず，自然科学・工学・医学ならびに人間科学・社会科学などの多岐にわたる分野の発展，そしてそれら異分野の連携において，今後ますます重要になってくることでしょう．

　一方で，大学における教育環境も激変し，従来からの通年やセメスター制の講義に加えて，クォーター制が導入されました．さらに，オンラインによる講義など，多様な講義形態が導入されるようになってきました．それらにともなって，教える側だけでなく，学ぶ側の学習環境やニーズも多様化し，「現代に相応しい物理学の新しいテキストシリーズを」との声を多くの方々からいただくようになりました．

　裳華房では，これまでにも，『裳華房テキストシリーズ－物理学』を始め，

その時代に相応しい物理学のテキストを企画・出版してきましたが，昨今の時代の要請に応えるべく，新時代の幕開けに相応しい新たなテキストシリーズとして，この『物理学レクチャーコース』を刊行することにいたしました．

　この『物理学レクチャーコース』が，物理学の教育・学びの双方に役立つ21世紀の新たなガイドとなり，これから本格的に物理学を学んでいくための“入門”となることを期待しております．

　　　2022年9月

　　　　　　　　　編 集 委 員　　永江知文，小形正男，山本貴博
　　　　　　　　　編集サポーター　須貝駿貴，ヨビノリたくみ

は し が き

　本書は，相対性理論を初めて学ぶ物理系の学生の方たちを対象に執筆したテキストです．本書で扱う相対性理論は，1905 年にアインシュタインがニュートン力学と電磁気学との間にある矛盾を解消するために提唱した「特殊相対性理論」です．この理論により，光に近い速度で運動する（天体・宇宙のマクロな領域から原子核・素粒子のミクロな領域までを含む）物体の諸現象が理解できます．

　現在，この特殊相対性理論は実験的にも十分に検証されているので，その知識は原子核物理学，素粒子物理学だけでなく，宇宙物理学や物性物理学などの様々な物理学の基礎となっています．そのため，特殊相対性理論は量子力学と共に，現代物理学の盤石な土台であるといえるでしょう．

　ところで，この理論は発表当初から今日に至るまで，多くの人々の関心と好奇心を引きつけています．それはなぜでしょうか？　おそらく，この理論のもつ「時間と空間」（時空）の概念から導かれる「同時刻の相対性」「時計の遅れ」「ローレンツ収縮」などの，一見 "非常識的な概念や現象" のためでしょう．

　しかしながら，これらが私たちの常識的な感覚を超えた不思議な現象に思えるのは，私たちが素朴に信じている，（ガリレイの相対性原理に基づく）ニュートン力学の時空概念から生まれた常識に起因しています．実際，この常識を，アインシュタインが特殊相対性理論の中で要請した「光速度不変の原理」に基づいて厳密に見直すと，特殊相対性理論の現象は，ごく自然に導かれる "常識的な現象" であることがわかります．言い換えれば，ニュートン的な時空概念を捨てて，アインシュタイン的な時空概念を「4 次元時空のパラダイム」として受け入れることが，特殊相対性理論を正しく理解するポイントになります．

　みなさんに，このポイントを十分に納得してもらうために，本書の構成を次のようにします．第 1 章で，4 次元時空の新しいパラダイムが生まれる契

機となったニュートン力学と電磁気学の諸現象を解説し，第2章で，アインシュタインの提唱した特殊相対性理論のエッセンスを，第3章で，ガリレイ変換に代わる新しい座標変換（ローレンツ変換）の導出を解説します．

そして，第4章で，ローレンツ変換を幾何学的に扱うミンコフスキー図を用いて，特殊相対性理論の"非常識的な概念や現象"の方がむしろ常識的であることを解説します．さらに，第5章で相対性理論の代表的な諸問題を具体的に解く訓練をします．本書の前半にあたる第1章から第5章までを読み終えれば，特殊相対性理論のエッセンスが習得できたと，みなさんは考えてよいでしょう．

本書の後半（第6章から第10章）では，相対論的に拡張した電磁気学と力学の解説をします．特殊相対性理論のエッセンスが理解できれば，次のステップは，力学と電磁気学を特殊相対性理論と矛盾しない形に書き換える作業です．

この作業には，ベクトルとテンソルという数学的なツールが必要になるので，その学習のために物理からちょっと数学の脇道に入らなければならず，そこには多くの人が躓きやすい共変ベクトル，反変ベクトル，テンソルの計算などがあります．そのため，この脇道を無事に通過できるように，第6章で，ベクトルとテンソルの基本的な考え方と計算法を豊富な図を用いて解説します．この章を実際に手を動かしながらじっくりと学んでいけば，ベクトルとテンソルの効用がわかるようになります．

第7章と第8章では，電磁気学の基礎方程式であるマクスウェル方程式を相対論的に拡張した方程式を導き，関連した電磁気学の諸問題に適用して解く方法を解説します．その過程で，電磁気学の講義で学ぶ電場や磁場に関する諸法則が，相対性理論と矛盾せず，みごとに成り立っていることに，また，気づかぬうちに，私たちが身近な電磁気現象の中で特殊相対性理論の本質を見ていることに，きっと驚嘆することでしょう．

第9章と第10章では，力学の基礎方程式であるニュートンの運動方程式を，特殊相対性理論と矛盾しないように修正します．電磁気学の場合とは異なり，力学はこの修正により本質的な変更を受けますが，その結果，「質量とエネルギーの等価性」を示す有名な式 $E = mc^2$ が導かれ，その応用例の

1つとして，原子核分裂による原子力発電があります．このような応用に関連した「高エネルギー粒子の関与する現象」は，従来の相対性理論の書籍では簡素な説明になりがちでしたが，本書では詳しく解説しています．

　このような多岐にわたる内容を学ぶことにより，みなさんが特殊相対性理論の「基礎と応用」を正しく理解できるようになること，そして，この理論のもつ時空構造の深遠さや論理構造の美しさが実感できるようになることを本書の目的としています．

　本書を執筆するに当たり，編集委員の永江知文先生には講義をされる先生の視点から，そして，編集サポーターの須貝駿貴氏とヨビノリたくみ氏には読者の視点から，原稿の入念な査読と数々の的確なアドバイスをいただきました．これらのことに，心から感謝いたします．また，本シリーズの理念・構想に適合するように，本文が読みやすく，わかりやすくなるように，いろいろと細部にわたり懇切丁寧なコメントとアドバイスをいただいた，裳華房企画・編集部の小野達也氏と團 優菜氏に厚くお礼を申し上げます．

　2023 年 10 月

河 辺 哲 次

目　　次

1 はじめに

1.1　なぜ相対性理論を学ぶのでし
　　　ょうか？・・・・・・・・・1
　1.1.1　相対性理論はどのようにし
　　　　　て生まれたのでしょうか？
　　　　　・・・・・・・・・・・2
　1.1.2　「ガリレイの相対性原理」
　　　　　と「アインシュタインの
　　　　　相対性原理」の違い・・3
　1.1.3　情報の伝播速度が光速度
　　　　　c であることの意味・・4
1.2　相対性理論と古典物理学・・・6
　1.2.1　電磁気学とニュートン
　　　　　力学・・・・・・・・6
　1.2.2　「なぜ相対性理論を学ぶの
　　　　　でしょうか？」の答え・7
1.3　ニュートン力学とガリレイの
　　　相対性原理・・・・・・・8
　1.3.1　慣性系とガリレイ変換・・9

　1.3.2　ガリレイ変換と物理法則
　　　　　の共変性・・・・・・11
1.4　ガリレイの相対性原理の再考
　　　・・・・・・・・・・・14
　1.4.1　絶対時間と同時刻の
　　　　　絶対性・・・・・・・14
　1.4.2　ガリレイ変換の時空図・16
　1.4.3　時空図で見るニュートン
　　　　　力学的な世界像・・・18
1.5　電磁気学とガリレイの相対性
　　　原理・・・・・・・・・22
　1.5.1　光の速度とガリレイ変換
　　　　　・・・・・・・・・22
　1.5.2　絶対静止空間とエーテル
　　　　　・・・・・・・・・23
本章の Point・・・・・・・・25
Practice・・・・・・・・・・26

2 特殊相対性理論

2.1　「2つの原理」の背後にある
　　　もの・・・・・・・・・27
　2.1.1　慣性系の時間・・・・・27
　2.1.2　時計の時刻を合わせる
　　　　　方法・・・・・・・・28
2.2　同時刻の相対性・・・・・・31

　2.2.1　光時計・・・・・・・・31
　2.2.2　同時という概念・・・・32
2.3　時計の遅れ・・・・・・・37
　2.3.1　光時計の単位時間・・・37
　2.3.2　「時計の遅れ」の見積もり
　　　　　・・・・・・・・・38

2.4　ローレンツ収縮・・・・・・40
　2.4.1　光時計の箱の長さ・・・・41
　2.4.2　空間的な距離への一般化

・・・・・・・・・・44
本章の Point・・・・・・・・46
Practice・・・・・・・・・47

3　ローレンツ変換

3.1　ローレンツ変換の導出・・・48
　3.1.1　「2つの原理」に基づく
　　　　導出・・・・・・・・48
　3.1.2　ガリレイ変換からローレ
　　　　ンツ変換へ・・・・・53
3.2　速度の変換則・・・・・・・56
　3.2.1　粒子の速度・・・・・56
　3.2.2　座標系の間の速度・・・・58
3.3　マイケルソン－モーリーの

実験・・・・・・・・・・61
　3.3.1　エーテル仮説と実験方法
　　　　・・・・・・・・・62
　3.3.2　エーテル説を否定した
　　　　実験結果・・・・・・64
　3.3.3　アドホックな仮説に基づ
　　　　くローレンツ変換・・・69
本章の Point・・・・・・・・72
Practice・・・・・・・・・74

4　ローレンツ変換の「見える化」

4.1　4次元空間・・・・・・・・75
　4.1.1　ミンコフスキー時空・・・75
　4.1.2　世界線・・・・・・・78
4.2　ローレンツ変換の適用法・・・80
　4.2.1　時計の遅れ・・・・・81
　4.2.2　ローレンツ収縮・・・・84
4.3　ミンコフスキー時空と距離の
　　2乗・・・・・・・・・87

　4.3.1　ローレンツ不変量・・・87
　4.3.2　現在・過去・未来・・・・89
4.4　ミンコフスキー時空の幾何学
　　・・・・・・・・・・・91
　4.4.1　4次元空間での回転・・・92
　4.4.2　ノルムと較正曲線・・・94
本章の Point・・・・・・・・99
Practice・・・・・・・・・100

5　相対性理論に基づく諸現象

5.1　ミュー粒子の寿命・・・・102
5.2　列車と通過駅の時刻・・・106
5.3　双子のパラドックス・・・111
　5.3.1　パラドックスは存在

しない・・・・・・112
　5.3.2　弟の視点と兄の視点・・113
5.4　光のドップラー効果・・・118
　5.4.1　赤方偏移とハッブル－

ルメートルの法則・・118
5.4.2 「双子のパラドックス」の
　　　再考・・・・・・・122

本章の Point・・・・・・・・・125
Practice・・・・・・・・・・126

6 相対性理論に必要な数学ツール

6.1 ベクトルの変換性・・・・・128
　6.1.1 ユークリッド空間の座標
　　　　変換・・・・・・・・128
　6.1.2 ミンコフスキー時空の
　　　　座標変換・・・・・134
6.2 反変量と共変量・・・・・137
　6.2.1 反変ベクトルと共変ベク
　　　　トル・・・・・・・137
　6.2.2 ベクトルの正射影・・138
6.3 ローレンツ変換の行列表現・145
　6.3.1 4元位置ベクトル・・145

　6.3.2 ローレンツ不変量と計量
　　　　・・・・・・・・・149
6.4 ベクトル場とテンソル場の
　　性質・・・・・・・・・151
　6.4.1 スカラー場とベクトル場
　　　　の性質・・・・・・151
　6.4.2 テンソル場の性質・・152
　6.4.3 場の微分・・・・・155
本章の Point・・・・・・・・158
Practice・・・・・・・・・・159

7 相対論的な電磁気学

7.1 マクスウェル方程式のおさ
　　らい・・・・・・・・・160
　7.1.1 マクスウェル方程式と
　　　　波動方程式・・・・161
　7.1.2 テンソル場を示唆する
　　　　電磁誘導・・・・・163
7.2 電磁ポテンシャル・・・・165
　7.2.1 ベクトルポテンシャルと
　　　　スカラーポテンシャル
　　　　・・・・・・・・・165

　7.2.2 電磁ポテンシャル・・167
7.3 電磁場テンソル・・・・・169
　7.3.1 ソース項を含まないマクス
　　　　ウェル方程式のテンソル
　　　　表示・・・・・・・170
　7.3.2 ソース項を含むマクスウェ
　　　　ル方程式のテンソル表示
　　　　・・・・・・・・・172
本章の Point・・・・・・・・176
Practice・・・・・・・・・・177

8 相対論的な電磁気学に基づく諸現象

8.1　電磁場のローレンツ変換・　178
8.2　ファラデーの法則・・・・182
8.3　運動する点電荷のつくる場・183
8.4　アンペールの法則・・・・189
　8.4.1　2本の帯電した絶縁棒の
　　　　間の力・・・・・・・189
　8.4.2　導線内を流れる電流・192
本章の Point・・・・・・・・195
Practice・・・・・・・・・・・196

9 相対論的な力学

9.1　4次元世界の力学法則・・・197
　9.1.1　固有時と軌道・・・・・197
　9.1.2　4元速度と4元加速度・199
9.2　相対論的な運動方程式・・202
　9.2.1　ガイドはニュートンの
　　　　運動方程式・・・・202
　9.2.2　運動方程式の共変性・・205
9.3　運動量とエネルギーと質量・207
　9.3.1　運動量とエネルギーの
　　　　関係・・・・・・207
　9.3.2　質量とエネルギーの
　　　　等価性・・・・・210
本章の Point・・・・・・・215
Practice・・・・・・・・・・216

10 相対論的な力学に基づく諸現象

10.1　粒子の崩壊・・・・・・・218
　10.1.1　2体崩壊・・・・・・・218
　10.1.2　パイ中間子の2体崩壊
　　　　・・・・・・・・222
10.2　高エネルギー加速器・・・224
　10.2.1　実験室系と重心系・・・224
　10.2.2　加速器の2つのタイプ
　　　　・・・・・・・・228
10.3　粒子の散乱・・・・・・・232
　10.3.1　同種粒子の弾性散乱と
　　　　ビリヤード・・・・232
　10.3.2　コンプトン散乱・・・235
本章の Point・・・・・・・239
Practice・・・・・・・・・・240

Training と Practice の略解・・・・・・・・・・・・・・・・242
さらに勉強するために・・・・・・・・・・・・・・・・・258
索引・・・・・・・・・・・・・・・・・・・・・・・・260

は じ め に

いま,この本を手にしているみなさんは,きっとアインシュタインの名前と相対性理論という言葉を聞いたことがあるでしょう.そして,私たちに馴染みのある3次元空間とは異なる4次元の時空間の中で,私たちの常識とかけ離れた奇妙で不思議な現象が起こることを知って,知的興味とロマンを感じている方も多いことでしょう.

本書の目的は,特殊相対性理論の本質を平易に解説しながら,理論のもつ深遠さや美しさを,みなさんが正しく理解できるようにすることです.

そこで,本章では,ニュートン力学の基礎であるガリレイの相対性原理と電磁気学的な現象とが矛盾するという実験事実をきっかけに,アインシュタインが特殊相対性理論の構築に踏み出す直前までの物理学界の動きを,科学史も絡めながら解説して,第2章以降の本格的な解説への序にします.

🌱 1.1 なぜ相対性理論を学ぶのでしょうか?

大学の物理学の授業では,力学,電磁気学,熱力学,統計力学,量子力学などの様々な分野の学問を学びます.そして,それらの学問を習得すると,身の回りの現象が理解できたり,身近な問題を解くことができるようになり,学んだ学問の価値を「素朴に実感」できます.

ところが,これから学ぶ相対性理論は,光速度に近い速度をもつ物体の運動や現象を扱う学問なので,日常生活とはほとんど縁がなく,その価値を実感するのは難しいように思えるでしょう.

　では，なぜ相対性理論を学ぶのでしょうか（みなさんは，このテキストを
今，なぜ見ているのでしょうか）？　その答えを見つけるために，まず私たち
の身近にあるもので光速度が関係しているものを考えてみましょう．すぐに
思いつくものに，テレビやラジオの放送に使われる電波があります．また，
連絡手段に用いる携帯電話やパソコンなども，まさに「光通信」といわれる
ほどに光の速度に関係しています．しかし，これらは光，すなわち電磁波に
関する話なので，仕組みを理解するのには電磁気学だけで十分です．相対性
理論の必要性は感じられませんね．では，そもそも相対性理論はどのように
して生まれたのかを考えてみましょう．

1.1.1　相対性理論はどのようにして生まれたのでしょうか？

　今日，私たちが相対性理論とよぶものは，アインシュタインが1905年に提
唱した**特殊相対性理論**と，1916年に提唱した**一般相対性理論**の2つの理論で
す[1]．本書では，慣性系で成り立つ「特殊相対性理論」の方を解説します．な
お，**慣性系**とは，ニュートンの運動方程式が成り立つ座標系のことです
（1.3.1項を参照）．この特殊相対性理論は，宇宙空間に光を伝播する媒質と
して考えられてきた「**エーテル**」は存在するのか？　という古くからの謎を解
決する過程で生まれました．そのことから予想できるように，特殊相対性理
論は電磁気学と密接に関係しています．

マイケルソン–モーリーの実験

　本当にエーテルが宇宙空間を遍く満たし，そして，そのエーテルが静止し
ているならば，エーテルの中を地球が運動していると，地球はエーテルに逆
らって動くことになるため，いわゆる「**エーテルの風**」を受けることになり
ます．そのため，その風速を測定すれば，エーテルの存在が実証できます．
これを試みたのがアメリカのマイケルソンとモーリーによる光の干渉実験
（1887年）でしたが，「エーテルの風速はゼロである（すなわち，エーテルは

---

　1) 「特殊相対性理論」は慣性系に対して成り立つ理論で，これを非慣性系に対して成り
立つように一般化したものが「一般相対性理論」です．この「一般相対性理論」が登場した
ため，1905年の理論は慣性系という特殊な場合に対する相対性理論ということで，後に
「特殊相対性理論」と称されるようになりました．

存在しない)」という予想外の結果を得たため，エーテルの存在を信じていた当時の多くの科学者たちに衝撃を与えました．

マイケルソン - モーリーの実験結果に対するローレンツやポアンカレの解釈

マイケルソン - モーリーの実験結果は，ニュートン力学で学ぶガリレイの相対性原理と矛盾するものでした．そのため，オランダのローレンツやフランスのポアンカレのような著名な科学者たちは，この結果を受け入れることができませんでした．そこで，マイケルソン - モーリーの実験結果がエーテルの存在と矛盾しないように，彼らは「ものの長さ」や「時間の進み方」に対してアドホックな仮説（その場しのぎの仮説）を立てて，慣性系同士の間で成り立つ新しい座標変換（これをローレンツ変換といいます）を提唱しました．

マイケルソン - モーリーの実験結果に対するアインシュタインの解釈

一方，アインシュタインは，マイケルソン - モーリーの実験結果が教えることは「光の速さは常に一定で，どの慣性系から見ても同じ速さである」ということだと見抜いて，「光速度不変の原理」と「特殊相対性原理」をセットにした相対性原理（この2つの原理をまとめて「アインシュタインの相対性原理」といいます）に基づいて，特殊相対性理論を1905年に提唱しました．そして，時間と空間の概念を4次元空間に結び付けることにより，アドホックに提唱されていたローレンツ変換が自然に導けることを示しました．

では，私たちがニュートン力学で学ぶ「ガリレイの相対性原理」と「アインシュタインの相対性原理」は何が違うのでしょうか？

1.1.2 「ガリレイの相対性原理」と「アインシュタインの相対性原理」の違い

そもそも「相対性原理」とは何でしょうか？　これは一言でいえば，次のような原理です．

▶ **相対性原理**：物理法則の形は，（これを表すのに用いる）座標系の座標変換に対して同じでなければならない．

とてもシンプルでしょう！　でも，座標系といってもいろいろあるので，前項で述べたように，本書では慣性系に限定します．そうすると，「アインシ

ュタインの相対性原理」は，次の「2つの原理」から成り立ちます．

▶ **アインシュタインの相対性原理**
- **特殊相対性原理**：物理法則の形は，互いに一定の速度で動いている任意の慣性系にいる観測者に対して，同じでなければならない．
- **光速度不変の原理**：真空中の光速度は，光を放出する物体の運動状態に関係なく，常に一定である．

一方，ニュートン力学で学ぶ**ガリレイの相対性原理**は，次のような原理です．

▶ **ガリレイの相対性原理**：力学法則の形は，互いに一定の速度で動いている任意の慣性系にいる観測者に対して，同じでなければならない．

　ガリレイの相対性原理とアインシュタインの特殊相対性原理を比べると，「力学法則」と「物理法則」の文言が異なるだけで，他は同じです．ガリレイの時代には，物理法則といえば力学を指していたことを考えれば，両者には本質的な違いはないと考えてよいでしょう．

　しかし，アインシュタインの相対性原理には，もう1つ「光速度不変の原理」があります．これこそが，ガリレイとアインシュタインの相対性原理との違いを決定づけるもので，アインシュタインの相対性理論の肝となる原理なのです．この原理は，情報を伝播する速度が有限であること，そして，その上限値が光速度 $c \,(= 3.00 \times 10^8\,\mathrm{m/s})$ であることを述べています．このような上限があることの意味を，次に考えてみましょう．

1.1.3　情報の伝播速度が光速度 c であることの意味

　私たちは，普段，2つのものの速度の大小を，素朴にそれらの数値を比較して決めます．例えば，速度を v とすると，歩く人（$v = 4\,\mathrm{km/h}$）よりも自転車（$v = 10\,\mathrm{km/h}$）の方が速い，自転車よりも自動車（$v = 60\,\mathrm{km/h}$）の方が速い，自動車よりも新幹線（$v = 300\,\mathrm{km/h}$）の方が速い，といった具合です．しかし，このような比較では，新幹線よりも飛行機（$v = 600\,\mathrm{km/h}$）の方が，飛行機よりもロケット（$v = 10000\,\mathrm{km/h}$）の方が，ロケットよりも何々の方が速い，…，というように，この比較は際限なく続きます．そうすると，

一見，速度の上限はないように思えてしまいますが，私たちの日常的な感覚でいえば，さして不思議なことではないように感じます[2]．

　でもよく考えれば，**ものの速度 v の大小を客観的に判定するには，何か速度の基準になるものが必要です**．そこで，その基準として光速度 c を使うと，光速度 c に対して v がどれだけ大きいかということで，$\dfrac{v}{c}$ が判定の目安になるかもしれません．しかし，目安となる量は，速度の向きが正か負か（つまり，$+v$ か $-v$ か）ということには依存しないはずなので，$\dfrac{(\pm v)^2}{c^2} = \dfrac{v^2}{c^2}$ のように 2 乗した量の方が適切な目安になるでしょう．

　そうすると，アインシュタインの相対性理論では，「光速度不変の原理」から

$$0 \le \frac{v^2}{c^2} \le 1 \tag{1.1}$$

という制限が課せられることになります．そこでギリシャ文字 $\overset{\text{ガンマ}}{\gamma}$ を使って，

$$\gamma = \frac{1}{\sqrt{1 - \dfrac{v^2}{c^2}}} \tag{1.2}$$

のような量を定義すると[3]，(1.1) の制限は γ が実数であるという条件で満たされます[4]．したがって，(1.1) の制限は

$$1 \le \gamma \le \infty \tag{1.3}$$

と表すこともできます．この目安を使うと，自転車の速度もロケットの速度も共に $\dfrac{v^2}{c^2} \simeq 0$ 程度なので，大小を論じてもほとんど意味はありません．実際に，相対性理論が必要になるのは，$\dfrac{v^2}{c^2}$ が 1 に近い（v が c に近い）値をもつ現象に対してです．

---

　2)　実際，1.3.2 項で解説するように，**ガリレイ変換には速度の上限がありません**．

　3)　この γ は**ローレンツ因子**という量で，相対論的な効果を表す目安になる非常に重要な量です．

　4)　(1.2) のルート内の量が負にならない，つまり，物理量は虚数になることはない，という要請です．

1.2　相対性理論と古典物理学

1.2.1　電磁気学とニュートン力学

電磁気学

電磁気学は，相対性理論を生みだすヒントを与えた学問でした．このことからも想像できるかもしれませんが，相対性理論が完成した後にも電磁気学は本質的には無傷のままでした．そして，そのヒントになった重要な現象が**電磁誘導**という現象です．

この電磁誘導の現象は，静止している導体の近くで磁石が運動すると，導体に起電力が生じて電流が流れるという現象で，「ファラデーの電磁誘導の法則」によって説明できます．

実は，この電磁誘導の現象は，磁石を静止させて導体の方が運動している座標系で眺めても観測されるのです．しかし，この場合の説明は，導体内部の荷電粒子にローレンツ力がはたらいて電流が生じるというもので，ファラデーの電磁誘導の法則による説明とは全く異なります．

このように同じ現象でありながら，座標系が違えば説明の仕方が異なるということは，電場や磁場が座標系のとり方（つまり，観測者の運動状態）に依存する量であることを意味します．したがって，（7.1.2 項で解説するように）電磁気学の基礎方程式にあたるマクスウェル方程式は，単に電場や磁場などのベクトル量を**テンソル**という量の成分に読みかえるだけで，相対論的な方程式に書き換えることができます．

ニュートン力学

一方，ニュートン力学は光速度不変の原理と矛盾するので，相対論化するときに本質的な変更を受けます．その変更の過程で，それまで（アインシュタイン以外は）誰も気づかなかった物質粒子の運動量とエネルギーとの関係が発見され，エネルギー E と質量 m の間に成り立つ有名な式 $E = mc^2$ に辿り着きました．それと共に，私たちには常識的で何の疑問も抱かなかった「同時（同時刻）」や「時間」や「長さ（距離）」などの諸概念が抜本的に変更されることになりました．

では，そろそろこの辺りで，始めの問い「なぜ相対性理論を学ぶのでしょ

うか？」の答えを考えてみましょう.

1.2.2 「なぜ相対性理論を学ぶのでしょうか？」の答え

相対性理論が実用上重要になるのは，明らかに，物体の速度が光の速度に近い領域（$\gamma \gg 1$）を扱う高エネルギー物理学や宇宙物理学（宇宙論）の分野です. 一方，大学の物理学の授業で学ぶ力学，電磁気学，熱力学，統計力学，量子力学の諸分野は，主に $\gamma \simeq 1$ の領域で相対論的効果が無視できる世界なので，γ がある程度大きくならない限り，相対性理論を必要とすることはありません. そのため，素朴に考えると，ニュートン力学を相対論化することの実用的な意義はあまりないように思えるでしょう.

しかし，相対性理論が明らかにした「時間と空間」（時空）の概念の深遠さや論理の一貫性，その美しい理論体系そのものを学ぶことにも意義があります. 実際，本書を読み進める内に，この γ があたかも通奏低音のように（根底にあって，知らぬ間に）物理学の全分野に流れていることに気づくはずです. 要するに，**相対性理論の価値は，実用的な観点のみならず，その理論的な観点にもあるのです**. そのように考えると，**相対性理論を学ぶ意義は十分にある**といえるでしょう.

どこから学び始めるのがよいでしょうか？

私たちは，光速度 c に比べて非常に小さな速度 v の世界（$\gamma \simeq 1$）で暮らしているため，ニュートン力学に慣れ親しんでいます. そして，その速度 v が光速度 c に近づく（$\gamma \gg 1$）と，私たちは相対論的な世界を眺めることができます. その相対論的な世界では，「同時（同時刻）」や「時間」や「長さ（距離）」などの諸概念が非常に奇妙に見えます. そのせいもあり，相対性理論は1905 年の提唱以来（その難解な理論自体は理解できなくても），多くの人々の関心を常に集めてきました. しかし，相対論的な世界が奇妙に見えるのは，私たちの常識の多くがニュートン力学から生まれてきたことに起因します.

そのため，相対性理論を正しく（わかりやすく）学ぶには，すぐに相対性理論の本題に入るよりも，むしろ私たちの常識を一から見直した方が得策です. そうすれば，**一見奇妙に見える相対論的な世界の方が，より常識的で自然な世界に見えてくる**かもしれません.

このテキストの構成

そこで，まず本章では，ニュートン力学の世界の基盤を成す「ガリレイの相対性原理」の見直しからスタートして，電磁気学的な現象を例に，アインシュタインの相対性原理の探求へ踏み込むまでの話をします．第2章では，特殊相対性理論に基づく特徴的な現象を定性的に解説します．そして，第3章から第5章にわたり，ローレンツ変換の導出から4次元ミンコフスキー時空による相対性理論の幾何学化，ミンコフスキー図によるローレンツ変換の視覚化などを定量的に解説します．

　第6章では，特殊相対性理論の数学的構造を理解するために必要な**反変量**と**共変量**の概念やベクトル，**テンソル**を解説します．この章は，数学的な話に偏っているので面白くないかもしれませんが，将来，一般相対性理論や場の理論，あるいは，力学の慣性テンソルや，弾性体や流体力学での応力，剪_{せん}断力_{だんりょく}，歪みテンソルなどを扱うときにも大いに役立つので，この章を辛抱して学ぶ価値は十分にあります（でも，この章をスキップしたとしても，第7章以降の相対性理論の多岐にわたる応用問題は十分理解できます）．第7章と第8章では，相対論的な電磁気学の諸現象を扱い，第9章と第10章で相対論的な力学の諸現象を扱います．

　このような学習を一歩一歩進めていけば，きっとアインシュタインの特殊相対性理論が有する時空構造の深遠さと論理構造の美しさを実感できることでしょう．では，ニュートン力学からスタートして，ガリレイの相対性原理を具体的に見てみましょう．

🌱 1.3　ニュートン力学とガリレイの相対性原理

　ニュートン力学の基礎を簡潔におさらいしてから[5]，ガリレイの相対性原理に基づくガリレイ変換の特徴や共変性について見ていきましょう．

---

5)　ニュートン力学の基礎をもっとおさらいしたい方は，本シリーズの『力学』などを参照してください．

1.3.1 慣性系とガリレイ変換

慣 性 系

　私たちが日常経験する様々なマクロな運動は，ニュートンの運動法則によって理解されます．物体の運動を調べるためには，始めに物体に力がはたらいていないときの運動を理解する必要があります．それに関するものが，次の「慣性の法則」です（運動の第1法則ともいいます）．

> ▶ **慣性の法則（運動の第1法則）**：外力がはたらかない限り，物体は静止または等速度運動を続ける．この法則が成り立つ座標系を**慣性系**という．

　つまり，慣性系とは，静止しているか，あるいは，一定の速度で運動している座標系のことです．そして，この慣性系の中にある物体に力がはたらくと，どのように運動するかを規定するものが，次の「運動の法則」です（運動の第2法則ともいいます）．

> ▶ **運動の法則（運動の第2法則）**：物体に外力がはたらくと，外力の方向に加速度が生じる．その加速度の大きさは，外力の大きさに比例し，物体の質量に反比例する．

　つまり，「運動の法則」が成り立つのは，「慣性の法則」で規定した慣性系を基準にとるからです．

　これら2つの法則により，質量 m の物体に外力 $\boldsymbol{F}$ がはたらくと，物体に生じる加速度 $\boldsymbol{a}$ と外力 $\boldsymbol{F}$ との間の関係は，次の方程式

$$\boldsymbol{ma} = \boldsymbol{F} \tag{1.4}$$

で記述されます．この方程式が**ニュートンの運動方程式**です．なお，(1.4)で定義される質量 m は，**慣性**（物体が運動状態を保持しようとする性質で，簡単にいえば，物体の動きにくさ）の度合いを示す量なので，厳密には，**慣性質量**といいます．

ガリレイ変換

　ニュートンの運動方程式 (1.4) は，慣性系だけで成り立ちます．ここでは，その慣性系をS系としましょう．では，S系に対して一定の速度で動いてい

る別の慣性系（これをS′系とします）からは，(1.4) はどのように見えるで
しょうか？

　それを知るには，まず座標系を設定しなければならないので，それらを直
交座標系にします．簡単のために，**S′ 系は S 系に対して一定の速度 V で x 軸
の正方向にまっすぐ運動している**とします．そうすると，図 1.1 のように，S 系
の 3 本の直交座標軸（x, y, z 軸）は S′ 系の 3 本の直交座標軸（x', y', z' 軸）と
平行で，x' 軸だけが x 軸に重なります．ただし，図が見やすいように，x' 軸
と x 軸は離して描いています．

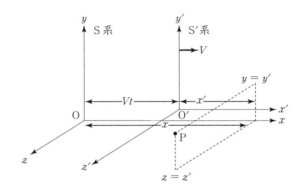

図 1.1　直交座標系で表した 2 つの慣性系 S と S′

　運動状態を記述するのに用いる時間に関しては，S 系の原点 O に静止して
いる観測者の腕時計が示す時刻を t，S′ 系の原点 O′ に静止している別の観測
者の腕時計が示す時刻を t' とし，両者の腕時計は $t = 0$ の瞬間に $t' = 0$ とな
るように調整されているとします（これを**同期している**といいます）．

　それぞれの原点 O と O′ は $t = t' = 0$ の瞬間に一致していたとして，図
1.1 のように，時刻 t に原点 O から見た質点 P の位置ベクトルを $\boldsymbol{r} = (x, y, z)$，
時刻 $t'(= t)$ に原点 O′ から見た質点 P の位置ベクトルを $\boldsymbol{r}' = (x', y', z')$ と
すると，それらの座標の間には次のような**ガリレイ変換とガリレイ逆変換**と
いう関係式が成り立ちます．

▶ **ガリレイ変換とガリレイ逆変換：**

$$x' = x - Vt, \ y' = y, \ z' = z, \ t' = t \qquad \text{（ガリレイ変換）} \tag{1.5}$$
$$x = x' + Vt', \ y = y', \ z = z', \ t = t' \qquad \text{（ガリレイ逆変換）} \tag{1.6}$$

1.3.2 ガリレイ変換と物理法則の共変性

運動方程式の共変性

いま，S系での質点Pの位置ベクトル$\boldsymbol{r}$を用いると，質点の加速度$\boldsymbol{a}$は$\boldsymbol{r}$を時間tで2度微分した量

$$\boldsymbol{a} = \frac{d^2\boldsymbol{r}}{dt^2} \tag{1.7}$$

となるので，これを使って，ニュートンの運動方程式 (1.4) を書き換えると

$$m\frac{d^2\boldsymbol{r}}{dt^2} = \boldsymbol{F}, \qquad \boldsymbol{r} = (x, y, z) \tag{1.8}$$

となります．

力はどの座標系から見ても同じだと考えて，S′系から見た場合の外力を$\boldsymbol{F}'$とすると，S系での外力$\boldsymbol{F}$との間に次式が成り立つと仮定します．

$$\boldsymbol{F}' = \boldsymbol{F} \tag{1.9}$$

したがって，(1.6) と (1.9) を (1.8) に代入すると

$$m\frac{d^2\boldsymbol{r}'}{dt'^2} = \boldsymbol{F}', \qquad \boldsymbol{r}' = (x', y', z') \tag{1.10}$$

が導かれるので，運動方程式の形は座標系の運動とは関係なく，S′系でもS系と同じになっていることがわかります（Practice [1.1] を参照）．

このように，座標系が変わっても運動の法則や運動方程式の形が変わらないことを**共変である**と表現し，このような性質のことを一般に**共変性**といいます[6]．外力に関する (1.9) の仮定は，外力が物体の速度に無関係であることを意味しますが，この仮定が満たされる限り，基準にとる慣性系をS系からS′系に変えても，ニュートンの運動法則の形は変わらないのです．

これを一般化すると，**どの慣性系を基準にとっても，ニュートン力学の法**

---

6)　第6章で，ベクトルの性質の1つとして「共変性」という用語が登場しますが，それはこの共変性と関係ありません．とても紛らわしいので，注意してください．

則は全く同じ形で表現されることになります．これが，**ガリレイの相対性原理**です．この原理が成り立つ限り，1つの慣性系に対して一定の速度で動いている別の座標系もまた慣性系であることは明らかなので，この宇宙には**慣性系が無数に存在する**ことになります．

速度の合成則

図 1.1 のS系とS′系のそれぞれの原点から見た質点 P の速度を $\boldsymbol{v}$ と $\boldsymbol{v}'$ とすると，それぞれの速度は

$$\boldsymbol{v} = \frac{d\boldsymbol{r}(t)}{dt} = (v_x, v_y, v_z), \qquad \boldsymbol{v}' = \frac{d\boldsymbol{r}'(t')}{dt'} = (v'_x, v'_y, v'_z) \qquad (1.11)$$

で与えられるので，(1.5) と (1.6) よりS系とS′系の速度の成分に対して次の関係式が求まります．

$$v'_x = v_x - V, \qquad v'_y = v_y, \qquad v'_z = v_z \qquad (1.12)$$
$$v_x = v'_x + V, \qquad v_y = v'_y, \qquad v_z = v'_z \qquad (1.13)$$

この (1.12) と (1.13) を，ガリレイ変換と逆変換による**速度の合成則**といいます．

ここで，一般にS′系のS系に対する相対速度をベクトル $\boldsymbol{V} = (V_x, V_y, V_z)$ で表すと，速度の合成則は次の関係式で表現できます．

$$\boldsymbol{v}' = \boldsymbol{v} - \boldsymbol{V}, \qquad \boldsymbol{v} = \boldsymbol{v}' + \boldsymbol{V} \qquad (1.14)$$

ただし，(1.12) と (1.13) は $\boldsymbol{V} = (V_x, V_y, V_z) = (V, 0, 0)$ の場合に相当します．ガリレイ変換による速度の合成則は，私たちにとってはわかりやすいもので，次の Exercise 1.1 の例のように日常生活でも観測できます．

 Exercise 1.1

S系に対して，S′系が $V = 10\,\mathrm{m/s}$ で x 軸の正方向に動いている場合，x 軸に平行で正方向に飛んでいるボールの速度がS系で $u = 30\,\mathrm{m/s}$ とすれば，S′系で見たボールの速度 u' の値はいくらになるでしょうか．

Coaching S′系で見たボールの速度 u' は (1.12) より $u' = u - V = 30 - 10 = 20\,\mathrm{m/s}$ になります． ∎

このExercise 1.1において，もし $V = 30\,\mathrm{m/s}$ とすれば $u' = 0$ となり，S′系ではボールは止まって見えます．このような状況が現実に起こっても，私たちには何の違和感もありません．例えば，陸上競技でランナーを追いかける撮影用カメラの速度をランナーと同じにすると，ランナーの静止した姿が見られます．このような映像を見たことはあるでしょう．要するに，ガリレイの相対性原理は，私たちの日常の常識や感覚に合っています．

速度の上限は存在しない

速度の合成則（1.12）が成り立つと，速度を際限なく増加させることができます．例えば，S系に対して x 軸の正方向に V で運動している S′系を考え，さらに，S′系に対して x' 軸の正方向に U で運動している S″系があるとします．このとき，S系に対する S″系の速度を W とおくと，（1.12）より

$$W = V + U \tag{1.15}$$

となるので，V と U を際限なく大きくすれば，W も際限なく大きくなります（Practice［1.2］を参照）．

このように，W はどこまでも大きくすることができるので，**速度の上限は存在しない**ことになり，ニュートン力学では**無限大の速度が存在する**ことになります．ただ，このような無限大の速度が物理的にあり得るのか，みなさんの中には疑問に感じる方もいることでしょう．

光は止まるか？

ところで，この速度の合成則（1.12）を光に適用するとどうなるでしょうか？ S系に対して，x 軸の正方向に進む光の速度を c，その光を S′系で見た場合の速度を c' とすると，両者の間には

$$c' = c - V \tag{1.16}$$

の関係が成り立つので，もし2つの系の相対速度を $V = c$ にとると

$$c' = 0 \tag{1.17}$$

になります．つまり，ガリレイ変換が正しければ，地上（S系）で見る光を，光速で走る車（S′系）に乗って眺めると，その光が止まって見えるという不思議な状態に遭遇することになります．でも本当に，光が止まって見える慣性系が宇宙に存在するのでしょうか？

そのような慣性系の存在を否定し，また，無限大の速度の存在も否定した

のがアインシュタインで，これについては第2章で具体的に解説します．ここでは，もう少しガリレイ変換について考察を進めたいと思います．

🌱 1.4 ガリレイの相対性原理の再考

ガリレイの相対性原理は力学的世界観の時空概念の**パラダイム**[7] となり，私たちの日常における時空間に対する常識になっています．しかし，この常識はアインシュタインの相対性原理と相容れないものです．アインシュタインの相対性原理が理解しやすくなるように，ここでガリレイの時空概念について再考しましょう．

1.4.1 絶対時間と同時刻の絶対性

ここで，みなさんに1つ質問をします．速度の合成則 (1.12) は，なぜ成り立つのでしょうか？ この問いは，一見無意味なものに思えるでしょう．なぜなら，(1.12) は，ガリレイ変換 (1.5) を時間で微分しただけでストレートに導ける式だからです．

しかし，この質問の狙いは，(1.5) に含まれる時間 t への注意喚起にあります．ガリレイ変換では，それぞれの系で使われる時計の指す時刻（時計の読み）が同じである（$t = t'$）ことが仮定されていますが，もし，S系の時間 t と S′系の時間 t' が異なるとしたら，一体どうなるでしょうか？

もし $t \neq t'$ であったら？

これを調べるために，S′系の時間 t' は，t に依存するが t とは異なる値であると仮定してみましょう．具体的には，t' を t の関数として，$t' = f(t)$ とおいてみます．そうして，(1.6) を t で微分して S系の速度 v_x を計算すると

$$v_x = (v'_x + V)\frac{df(t)}{dt} \tag{1.18}$$

のようになり，速度の合成則 (1.13) とは一致しません．

---

7) アメリカの科学史家トーマス・クーンが科学史叙述の枠組みとして提起した概念で，科学研究を一定期間導く模範となる業績を意味します．後に一般化され，一時代の支配的な物の見方や，その時代に共通の思考の枠組みを指すようになりました．

 **Training 1.1**

(1.18) を導きなさい.

では, (1.18) を (1.13) に一致させるには, どうすればよいのでしょうか? それは簡単で, 単に $\dfrac{df(t)}{dt} = 1$ を要請すればよいだけです. この要請は, 「$f(t) = t + （積分定数）$」つまり「$t' = t + （積分定数）$」を意味するので, $t = 0$ のとき $t' = 0$ であるという条件を課せば「（積分定数）$= 0$」になります. したがって, 速度の合成則 (1.13) が成り立つためには, 次の条件が必要だということがわかります.

▶ **速度の合成則が成り立つ条件**:S 系と S′ 系の時計は常に同期している（同時刻「$t' = t$」が成り立つ）.

絶 対 時 間

S 系と S′ 系の時刻が同じであるというこの条件を一般化すると, **すべての慣性系の時計は同期している**ことになります. 言い換えれば, 慣性系が異なっていても, そこに流れる時間は常に同じものだということになるので, **時間は空間座標（座標系）とは無関係に, 絶対的に存在する**ことになります. このような時間のことを**絶対時間**といいます.

▶ **絶対時間**:すべての慣性系に共通して流れ, どの慣性系にいる観測者からも影響を受けない時間で, 無限の過去から無限の未来まで一様に流れていると考える.

同時刻の絶対性

ニュートン力学ではすべての慣性系に絶対時間が流れているため, S 系内の（空間的に離れた）2 箇所で同時（同時刻）に生じる 2 つの出来事は, S′ 系から見ても同時刻に生じることになります. 例えば, 地上（S 系）の 2 箇所から同時に打ち上げられた花火は, 列車（S′ 系）の中の人から見ても, 同時に光る花火になります. このような事例は, 私たちにとって常識でしょう.

日常生活においては, 私たちは同時刻という概念を当たり前のように思っ

ているので，ニュートン力学における $t' = t$ という条件は自明なものに見え
ます．しかし，少し先走っていえば，第2章で解説するように，アインシュ
タインの相対性理論によって，このような同時刻の絶対的な概念，つまり，
「同時刻の絶対性」は否定され，同時刻の相対性が明らかになります．第2章
の話を理解しやすくするために，次項では，絶対時間の概念をもつニュートン
力学が想定している時間と空間の構造（これを**時空構造**といいます）を，
図形的に考察してみましょう．

1.4.2 ガリレイ変換の時空図

　3次元の空間で，質点の運動（これを時間発展ともいいます）をガリレイ変
換の図1.1を利用して表現したいとき，図の中に時間の経過を示す必要があ
ります．これには例えば，時間経過を表す時計を図の中に描く方法があるで
しょう．いま，簡単のために空間座標を1次元（x と x'）に制限して，x, t と
x', t' との間のガリレイ変換

$$x' = x - Vt, \qquad t' = t \tag{1.19}$$

を考えると，そのような図は図1.2になります．

　図1.2 (a) は時刻 $t = 0$, $t' = 0$ での S 系と S' 系の状態を表し，図1.2 (b)
は時刻 $t_1 = t'_1\ (> 0)$ での状態を表しています．

　しかし，このような図よりも，時間軸と空間軸をもった2次元平面で描く
方がコンパクトで便利なはずです．一般に，縦軸を時間座標，横軸を空間座

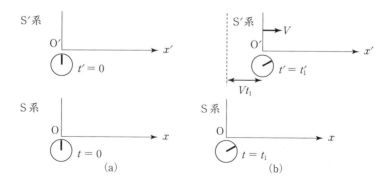

図1.2 時間経過を示す時計をもったガリレイ変換の図

標として，質点やその軌道を描いた図のこと
を**時空図**といいます．

　では，図1.2に対応する時空図はどのよう
に描けるでしょうか？　S系の縦軸をt軸，
横軸をx軸にしたx-t直交座標をつくる
と，図1.3のように，S′系のt'軸はt軸に対
して角度αだけ傾き，x'軸はx軸と一致し
た図になります[8]．

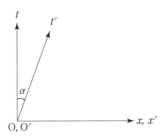

図1.3　ガリレイ変換の時空図

 Exercise 1.2

次の問いに答えなさい．
(1)　図1.3の時空図におけるt'軸の決め方を説明しなさい．
(2)　図1.3の時空図におけるx'軸の決め方を説明しなさい．

Coaching　(1)　t軸が$x = 0$を満たす点が集まった直線であるように，t'**軸と
は**$x' = 0$**の点が集まった直線**なので，(1.19) の$x' = x - Vt$で$x' = 0$とおいた

$$x = Vt \tag{1.20}$$

でt'軸は表されます．したがって，x-t直交座標上に描いた$t = \dfrac{x}{V}$の直線がt'軸
になります．ここで，図1.3のように，t軸とt'軸のなす角度をαとすると，
(1.20) より

$$\tan \alpha = \frac{x}{t} = \frac{Vt}{t} = V \tag{1.21}$$

という関係が成り立ちます[9]．そのため，t'**軸は相対速度**V**で決まる角度**α**だけ
t軸から傾く**ことになります．

　(2)　x軸が$t = 0$の点の集まった直線であるように，x'**軸は**$t' = 0$**の点が集ま
った直線**です．しかし，(1.19) の$t' = t$より，$t' = 0$の直線は$t = 0$の直線と同じ
になるので，結局，x'**軸は**x**軸と一致**することになります．　■

---

　8)　第4章でわかるように，図1.3のガリレイ変換の時空図が図4.1のローレンツ変換
の時空図（つまり，特殊相対性理論における正しい時空図）に相当します．

　9)　(1.21)は，次元解析の観点からは正しい式ではありません．正しい式は (4.2) にな
ります．

なお，図 1.3 がガリレイ変換 (1.19) を正しく表現していることは，Practice［1.3］で確認してみてください．

1.4.3 時空図で見るニュートン力学的な世界像

ガリレイ変換の意味を理解するために，2 つの慣性系（S 系と S′ 系）の間における「同時刻の意味」，「物体の長さの測定」，そして，「時計の比較」などについて，図 1.3 のガリレイ変換の時空図で検討してみましょう．

同時刻の絶対性

ニュートン力学での「同時刻の絶対性」は 1.4.1 項で簡単に述べましたが，第 3 章で解説するローレンツ変換を理解するときに重要になるので，もう少し詳しく考えてみましょう．これから続く議論では，S 系に対し，x 軸の正方向に速度 V で運動している S′ 系を考えます．

S 系で，空間的に離れた 2 点 P，Q において，ある時刻 t_1 に 2 つの事件（●と■）が同時に発生したとします．それらを S′ 系から見たときの時空図は，図 1.4 のようになります．なぜなら，S 系での点 P と Q の x 座標を x_P, x_Q とし，S′ 系での点 P と Q の $x′$ 座標

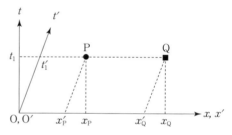

図 1.4 同時刻に起きた 2 つの事件の時空図

を $x_P′, x_Q′$ とすると，ガリレイ変換 (1.19) の $x′ = x - Vt$ より，$x_P′ = x_P - Vt_1$ と $x_Q′ = x_Q - Vt_1$ が成り立つからです．

この図 1.4 から明らかなように，S 系で同時刻に起こった 2 つの事件は，S′ 系から見ても同時刻に起こります．ガリレイ変換 (1.19) の $t′ = t$ という絶対時間のために，座標系が異なっても 2 つの事件の同時刻性は変わりません[10]．

---

10) t 軸に対して $t′$ 軸は傾いているので，図 1.4 の t_1 と $t_1′$ は同じ値になりません．同じ値にするには，$t′$ 軸を $\sqrt{1 + V^2}$ 倍だけ一様に**スケール変換**（長さを拡張したり縮小したりする変換のことで，いまの場合は拡張）して，$t′$ 軸の目盛りを $t′\sqrt{1 + V^2}$ に変えなければなりません．しかし，このような定性的な話の場合は図 1.4 で十分です．

棒の長さ

　次に，物体の長さをS系とS′系で測定する場合を考えてみましょう．例えば，棒ABの長さをS系とS′系でそれぞれ測る状況を時空図に描けば，図1.5のようになります．

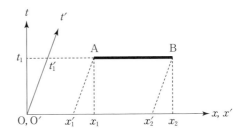

図1.5　棒の長さを表す時空図

　棒の長さは，棒の両端の座標値を測ると，それらの差から決まるので，S系ではx_1とx_2との差$x_2 - x_1$が（S系で測った）棒の長さになります．そして，この長さをlとします．ここで，**これらの座標はS系上で同時刻t_1に測定した値**であることに注意してください．一方，S′系では棒の両端の座標はx_1'とx_2'で，**それらの座標はS′系上の同時刻t_1'に測定した値**なので，差$x_2' - x_1'$がS′系で測った棒の長さになります．そして，この長さをl'とします．

　2つの座標x_1'とx_2'は，ガリレイ変換（1.19）の$x' = x - Vt$で結び付いているので，S′系での棒の長さl'とS系での棒の長さlの間には次の関係があります．

$$x_2' - x_1' = (x_2 - Vt_1) - (x_1 - Vt_1) = x_2 - x_1 \tag{1.22}$$

つまり，S′系の棒の長さとS系の棒の長さの間には

$$l' = l \tag{1.23}$$

という関係が成り立ち，2つの慣性系で長さは変わりません[11]．

　この結論は，私たちの日常生活では常識です．例えば，全長300m（これがl'に相当するので$l' = 300\text{m}$）の新幹線が真っ直ぐなレール上を一定速度で走っているとしましょう（したがって，この新幹線がS′系です）．この新幹線を地上（S系）に静止している人が遠方から写真に撮ったとします（つま

---

11)　ニュートン力学を学んでいるときに，物体の長さの測定をする場合，わざわざ「同時刻」に測定していると意識することはなかったと思いますが，この例のように，棒の長さは**それぞれの系における「同時刻」で測った棒の両端の「座標」の差で決まる**と定義するのが理に適っています．このような定義を明確に与えたのがアインシュタインです．

り，カメラのシャッターを切ったとき，走っている新幹線の全長を同時刻に測定したことになります）．写真に写った新幹線の全長（これが l に相当します）を，スケールを調整した定規で正確に測れば，それが 300 m （$l =$ 300 m）であることは誰もが疑わないでしょう．

　動いている物体の長さを測る場合，「絶対時間」の概念をもつニュートン力学では，「同時刻」は自明なことであり，何の曖昧さもないので，完全に同期された時計（このような時計を「完全な時計」とよぶことがあります）を 2 つの慣性系内の至る所に配置することができます．

2 つの時計の比較

　次に，S′ 系の原点 O′ に設置した時計の示す時刻を，S 系の時計と比べることを考えてみましょう．もちろん，同時刻の絶対性から 2 つの時計は同期しているので，この比較はナンセンスに思えるかもしれません[12]．

　S′ 系の時計は原点 $x' = 0$ に固定しているから，**時計の軌道は t' 軸**になります．この時計を S 系の時計と比べるので，この状況は図 1.6 のように描くことができます．この図から明らかなように，S 系から見た S′ 系の時計の時刻と S 系の時計の時刻は一致しています．例えば，S 系の時計が $t = 3$ であれば S′ 系の時計も $t' = 3$ で，その逆も当然成り立っています[13]．

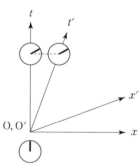

　ここで述べたガリレイ変換に基づく常識的な話題（同時刻の絶対性，棒の長さ，時計の比較）に対する理解が，特殊相対性理論のローレンツ変換を論じるときに大いに役立つことを予告しておきます．

図 1.6　2 つの時計の時刻の
　　　　比較

---

12)　でも，特殊相対性理論での座標変換（これがローレンツ変換です）を理解するときに，この比較の方法が非常に重要になるのです．

13)　この結果は同時刻の絶対性から自明です．

☕ Coffee Break

「2つの時計」の比較方法

　アインシュタインの特殊相対性理論では，2つの慣性系にあるそれぞれの時計の時刻を比較して「運動する時計は遅れる」という表現をよく使いますが，この表現は，2つの時計の比較方法を正しく理解しなければ，誤解を招きます．そこで，S′系の時計の時刻とS系の時計の時刻を比較する方法について解説しておきます．

　いま，静止しているS系の時計と，速度Vで動いているS′系の原点に固定された1つの時計Cを比較したいわけですが，遠くに動いていくS′系の時計CをS系の原点にある時計だけで同時に計ることはできません．そのため，前もって，図1.7 (a) のように，S系の原点Oに設置した標準の時計（このような時計を**親時計**ということがあります）と完全に同期した時計を，x軸上の至る所に並べておく必要があります．そして，図1.7 (b) のように，原点O′の時計CがS系の観測点Pを通過する瞬間に，その場所Pにいる観測者が自分のそばにある時計と原点O′の時計Cの時刻を比べなければなりません．

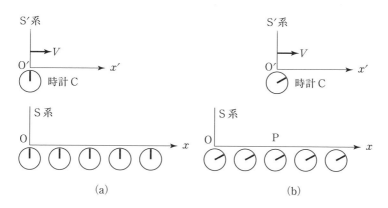

図 1.7 「1対多」の関係にある2つの時計の時刻の比較

　この比較方法からわかるように，S′系とS系の時計の比較は，図1.7 (b) のように，**1 対多**（S′系の<u>1つ</u>の時計 対 S系の<u>多数</u>の時計，つまり one‑to‑many）の関係になっています．要するに，「2つの時計」という表現には，S′系の「ただ1つの時計」と，S系の「多数の時計の中の1つの時計」から成る「2つの時計」という含意があります．この「1対多」の関係は，ローレンツ変換で同様な議論をするときに重要になるので，忘れないでください．

1.5　電磁気学とガリレイの相対性原理

　ニュートン力学はマクロな現象を支配する物理法則として盤石であり，すべての慣性系はガリレイの相対性原理，及びガリレイ変換と合致しています．18 世紀から 19 世紀になると，電磁気学的な現象が多岐にわたって研究され，電磁気学の基礎方程式であるマクスウェル方程式が完成しました．そして，電磁波は光速度 c で伝わる波であることが検証され，ガリレイ変換に対するパラダイムが揺らぎ始めました．

1.5.1　光の速度とガリレイ変換

　電磁気学の基礎方程式であるマクスウェル方程式は，4 つの法則に対応する 4 つの方程式から構成されています（7.1 節を参照）．そして，これらの方程式を組み合わせると，電磁波の波動方程式が導けます．さらに，電磁波の速度 c は真空の誘電率 ε_0 と真空の透磁率 μ_0 を用いると，次のように秒速30 万 km になることが知られています[14]．

$$c = \frac{1}{\sqrt{\varepsilon_0\,\mu_0}} = 2.9979 \times 10^8\,\mathrm{m/s} \approx 3.00 \times 10^8\,\mathrm{m/s} \tag{1.24}$$

 ### Training 1.2

　真空の誘電率 $\varepsilon_0 = 8.8541878 \times 10^{-12}\,\mathrm{F/m}$（ファラッド／メートル）と真空の透磁率 $\mu_0 = 4\pi \times 10^{-7}\,\mathrm{H/m}$（ヘンリー／メートル）の値を使って，(1.24) を導きなさい．

　いま，光が速さ c で伝播している 3 次元の慣性系を S 系とすれば，時刻 $t = 0$ に S 系の原点 O から放射された光の波（あるいは光の短いパルス）は，時間 t の後に，原点 O を中心とする半径 $r = ct$（＝ 速さ × 時間）の球面の上に伝わることになります．したがって，この波面を表す方程式は $r = $

---

14)　科学史的には，この電磁波の伝播速度 c の計算値と光の速さの観測値とがほぼ一致することから，マクスウェルは「光は，電磁場の法則に従って場の中を一定の速さで伝わっていく電磁的波動である」ということに気づき，光が電磁波の一種であることを発見しました（1873 年）．

$\sqrt{x^2 + y^2 + z^2}$ より次式で表されます.

$$x^2 + y^2 + z^2 = c^2 t^2 \tag{1.25}$$

ところで, 1.1.2 項で述べた「ガリレイの相対性原理」が電磁気学でも成り立つと仮定すれば, S 系に対して x 軸の正方向に一定の速度 V で運動している S′ 系での光の波面の方程式は次式になります.

$$x'^2 + y'^2 + z'^2 = c^2 t'^2 \tag{1.26}$$

しかし, ガリレイ変換 (1.5) も成り立たなければならないとすれば, S′ 系 (x', y', z') では, (1.25) は次式でなければなりません.

$$(x' + Vt')^2 + y'^2 + z'^2 = c^2 t'^2 \tag{1.27}$$

この (1.27) は, 明らかに (1.26) と異なります.

ここまでの議論を整理すると, 要点は次の 2 点にまとめられます.

▶ **要点 1**:「ガリレイの相対性原理」がニュートン力学だけでなく, 電磁気学を含む物理法則全般で成り立つとすれば, 電磁気学の基礎方程式であるマクスウェル方程式は S 系と S′ 系で同じ形でなければならない. つまり, (1.25) と (1.26) のように共変性をもつ必要がある.

▶ **要点 2**:「ガリレイ変換」が電磁気学でも成り立つとすれば, 電磁気学のマクスウェル方程式の形は S 系と S′ 系で異なる. つまり, (1.25) と (1.27) のように共変性をもたない.

「ガリレイの相対性原理」を基盤にした物理学的自然観がパラダイムであった 19 世紀末頃までの学界において, この矛盾を解決するには, 特に要点 2 がチャレンジングな謎だと多くの科学者たちは考えました.

1.3 節で述べたように, ガリレイの相対性原理によりニュートンの運動方程式は共変であるため, 力学の現象だけを使って, 慣性系間の相対速度 V を求めることは原理的にできません. しかし, (1.27) を見ると, 方程式の中に V が含まれているので, 電磁気学の現象も使えば, V を決められる可能性が出てきます.

1.5.2　絶対静止空間とエーテル

S′ 系の波面の方程式 (1.27) を S 系の (1.25) と同じ形にするには, (1.27)

で $V = 0$ とおく必要があります．これは，マクスウェル方程式が成り立つ座標系が，$V = 0$ の**特別な慣性系**であることを意味します．このような特別な慣性系を**絶対静止系**あるいは**絶対静止空間**といいます．

光を伝える媒質はエーテル

ところで，光（電磁波）は横波なので，光が伝播するための媒質が必要です．なぜなら，横波は媒質の振動として伝播されるからです．このため，長い間，光を伝える媒質として**エーテル**という仮想的な物質が考えられていました．

この媒質を仮定すると，マクスウェル方程式の成り立つ絶対静止系（絶対静止空間）とは，「エーテルの静止している座標系」になります．そのため，この絶対静止空間のこともエーテルとよんでいました．

では，絶対静止系はどこにある慣性系でしょうか？　この問いに対する自然な答えは「全宇宙の重心 G に固定された慣性系」でしょう．そうすると，エーテルに対する地球の相対速度 V，言い換えれば，全宇宙の重心 G に対する地球の特定の速度（つまり，地球の絶対運動の速度）が検出できる可能性が出てきます．この可能性を徹底的に追求したのが，1.1.1 項で少し述べた 2 人の科学者マイケルソンとモーリーでした．

マイケルソンとモーリーは，エーテルの絶対静止系を太陽系の太陽（重心 G）であると仮定しました．そうすると，太陽の周りを公転する地球には，最大で地球の公転速度 $V = 30\,\mathrm{km/s}$ に等しい速度をもつ**エーテルの風**が地球に向かって（つまり，地球の進行方向とは逆向きに）吹き付けてくることになります．マイケルソンとモーリーは，このエーテルの風を精度の高い干渉計を使って測定しましたが，実験誤差の範囲内で「エーテルの風速 V はゼロである」という衝撃的な結果を得ました（1887 年）．

なぜ衝撃的なのか？　それは，エーテルの風速 V は公転速度（30 km/s）であるべきだったからです．つまり，この実験結果は地球自身が絶対静止系であることを意味するので，エーテルが全宇宙に存在すると信じていた多くの科学者たちには受け入れがたい結果だったのです．しかし，仮に，1.5.1 項で述べた要点 1 の「ガリレイの相対性原理」を認めれば，マイケルソン－モーリーの実験結果と何ら矛盾はなく，むしろ自明な結果になります．

　では，要点 2 とどのように折り合いをつけるのでしょうか？　このための努力が，多くの科学者たちによってなされ，「長さ」や「時間」に対する奇妙な概念や仮説のもとに，ガリレイ変換に変わる**ローレンツ変換**が提唱されました．しかし，このローレンツ変換の背後にある時空構造の本質を見抜いたのは，当時 25 歳のアインシュタインだけでした．そして，1.1.2 項で示した「アインシュタインの相対性原理」を足がかりに，独力で「特殊相対性理論」を築き上げたのです．第 2 章では，このアインシュタインの「特殊相対性理論」について解説します．

 本章のPoint

▶ **相対性原理**：「物理法則の形は，（これを表すのに用いる）座標系の座標変換に対して同じでなければならない」という原理である．

▶ **アインシュタインの相対性原理を構成する 2 つの原理**
- **特殊相対性原理**：物理法則の形は，任意の慣性系にいる観測者に対して，同じでなけばならない．
- **光速度不変の原理**：真空中の光速度は，光を放出する物体の運動状態に関係なく，常に一定である．

▶ **ガリレイの相対性原理**：力学法則の形は，任意の慣性系にいる観測者に対して，同じでなければならない．

▶ **ガリレイ変換とガリレイ逆変換**：S′ 系が S 系に対して，x 軸の正方向に一定の速度 V で動いているとき，時刻 $t = t' = 0$ で 2 つの原点が一致する場合，S 系の座標 (x, y, z) と S′ 系の座標 (x', y', z') の間に次のガリレイ変換とガリレイ逆変換が成り立つ．
$$x' = x - Vt, \qquad y' = y, \qquad z' = z, \qquad t' = t$$
$$x = x' + Vt, \qquad y = y', \qquad z = z', \qquad t = t'$$

▶ **物理学における共変性**：座標系が変わっても運動の法則や運動方程式の形が変わらないことを**共変**であるという．

▶ **絶対時間と同時刻の絶対性**：ニュートン力学には情報伝達の速度に上限がないため，すべての慣性系に共通した絶対時間が存在する．その結果，同時刻の絶対性が生じる．

▶ **ガリレイ変換の時空図**：私たちがもっている「同時」や「時間」や「長さ」
  などの諸概念は，ガリレイ変換の時空図（図1.3）から自然に導かれる．

▶ **エーテル**：光を伝播する媒質で，宇宙の至る所に存在すると考えられてい
  た奇妙な性質をもつ仮想の物質である．

▶ **絶対静止空間とエーテル**：マクスウェル方程式が成り立つ系はエーテルの
  静止した特別な系（絶対静止系）であると考えられていたが，マイケルソ
  ンとモーリーによる光の干渉実験により，エーテルの存在は否定された．

 Practice ═══════════════════════════════

[1.1] ニュートンの運動方程式の共変性

S 系におけるニュートンの運動方程式 (1.8) から S′ 系におけるニュートンの運
動方程式 (1.10) を導きなさい．

[1.2] 速度の合成

3つの慣性系 (S, S′, S″) の間の相対速度に対する式 (1.15) を導きなさい．

[1.3] ガリレイ変換の時空図

図1.8 を使って，$x - t$ 平面上の点 P の座標
x_P と x'_P との間のガリレイ変換 (1.19) が正し
く表現されていることを示しなさい．

[1.4] ガリレイ変換の性質

ガリレイ変換 (1.19) は，次のように行列で
表せます．

$$\begin{pmatrix} x' \\ t' \end{pmatrix} = \begin{pmatrix} 1 & -V \\ 0 & 1 \end{pmatrix} \begin{pmatrix} x \\ t \end{pmatrix} \qquad (1.28)$$

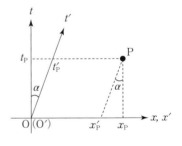

図1.8 ガリレイ変換の時空図

この変換行列を

$$T(V) = \begin{pmatrix} 1 & -V \\ 0 & 1 \end{pmatrix} \qquad (1.29)$$

とすると，次の性質 (1.30) と (1.31) をもつ（つまり**群**の性質をもつ）ことを示
しなさい．

$$T(V_1 + V_2) = T(V_1) T(V_2) \qquad (1.30)$$

$$T^{-1}(V) T(V) = I \qquad (I \text{ は単位行列}) \qquad (1.31)$$

特 殊 相 対 性 理 論

　1.1 節で述べた「2つの原理」から，アインシュタインは特殊相対性理論を提唱しました．この特殊相対性理論は，ニュートン力学に慣れ親しんできた私たちのもつ「時間と空間に対する常識」を打ち破るものでした．本章では，相対論的な時空概念が正しく理解できるように，特殊相対性理論のエッセンスを定性的に解説します．

🌱 2.1 「2つの原理」の背後にあるもの

　アインシュタインが提唱した「特殊相対性原理」と「光速度不変の原理」の2つの原理のうち，「光速度不変の原理」は，光速度は常に一定であることを述べているので，このことは，1.4 節と 1.5 節で述べたニュートン力学における「絶対時間」と「絶対空間」の存在を否定したことになります．したがって，アインシュタインの相対性理論では改めて，「同時刻とは何か」，「時間と時刻をどのように決めるか」，「物体の長さをどのように測定するか」といった問いに答える必要があります．まずは，時間に対する問いについて考えてみましょう．

2.1.1 慣性系の時間

　ニュートン力学で仮定されていた「絶対時間」を否定した特殊相対性理論では，すべての慣性系に共通する大局的な時間（グローバルな時間）は存在

しません．そのためアインシュタインは，時間というものは，**本来個別の慣性系内だけで通用する局所的なもの（ローカルなもの）である**と仮定しました（いまでは，この仮定が正しいものであったことが実験で証明されています）．その結果，1.3 節と 1.4 節で考察したニュートン力学の諸概念は根本的に修正され，時間や空間に関して，特殊相対性理論に固有な諸概念や諸現象が登場することになります．

完全な時計の必要性

任意の座標系で，質点の位置を (x, y, z) によって表すとき，この質点の運動を記述するには x, y, z を時間 t の関数として表現しなければなりません．例えば，ある慣性系（S 系）内の点 A から点 B まで粒子が飛んでいったときに，粒子の飛行時間を測定するとしましょう．この場合，粒子が来た瞬間に，点 A にいる観測者のもつ時計の時刻が t_A で，点 B にいる観測者のもつ時計の時刻が t_B であれば，それらの差 $t_B - t_A$ が，この粒子の飛行時間になると考えるのがそれまでの常識であり，実際，日常生活でもそのように感じます．しかし，この考え方の背後には「S 系内の点 A にある時計と点 B にある時計が正確に合っている（同期している）」，言い換えれば，2 つの時計は 1.4.3 項で述べた「完全な時計」でなければいけません．

ガリレイの相対性原理では，絶対時間を前提としていたので，時刻の同期は自明であり，「完全な時計」を想定することに何の曖昧さもありませんでした．しかし，絶対時間を否定したアインシュタインの特殊相対性原理では，ここで用いている時間 t の意味をはっきりと定義しなければなりません．では，完全な時計に要求される時間 t はどのように決めればよいのでしょうか？

2.1.2　時計の時刻を合わせる方法

アインシュタインは，慣性系ごとに，それぞれ固有の局所的な時間が存在すると仮定して，それぞれの慣性系内で，**静かに置かれた時計の時刻**を合わせる方法を提案しました．ここで，時計の状態を「静かに置かれた時計」と表現したのは，時計自体が移動している（運動している）状態と厳密に区別するためです（この理由は，2.3 節で解説する「運動する時計の時刻は遅れる」という現象があるからです）．なお，表現を簡潔にするために，本書では

「静かに置かれた時計」のことを**固定された時計**とよぶことにします.

　アインシュタインは, 1つの慣性系で適当に決めた点 A と B に固定された時計 C_A と C_B の時刻を合わせる手順を次のように決めました.

図2.1　同期させる方法

　図 2.1 のように, 時刻 t_A に A から B に向けて光を発射すると, 時刻 t_B に B に到着した光は鏡によって反射され, 時刻 $\bar{t}_A$ に A に戻ります. このとき, 次の関係

$$t_B - t_A = \bar{t}_A - t_B \tag{2.1}$$

が成り立てば, **2つの時計は合っている**と定義します.

　ここで, 図 2.1 を図 2.2 (a) のように, 縦軸に時間軸を加えた 2 次元的な図に書き換えると, この手順がもう少し具体的にわかると思います. (2.1) が述べていることは, 光が A を出発し, B で反射して, A に戻った後に, A の観測者から B の観測者へ時刻 t_B を (例えば携帯電話で) 問い合わせたとき, B の観測者が答えた t_B が

$$t_B = \frac{\bar{t}_A + t_A}{2} \tag{2.2}$$

であれば, A と B にいる観測者がもつ時計の時刻は一致しているということ

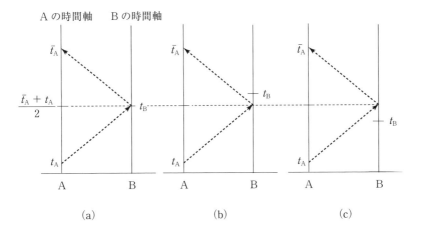

図2.2　異なる場所 A, B に置かれた時計を同期させる方法

です.

　では, (2.2) が成り立たなかった場合はどのように時計の時刻を合わせればよいでしょうか？　図2.2 (b) に示すように, もし t_B の方が $\dfrac{\bar{t}_A + t_A}{2}$ より遅ければ, その差 $t_B - \dfrac{\bar{t}_A + t_A}{2}$ だけ, Bの時計の針を戻せばよいでしょう.
逆に, 図2.2 (c) のように, t_B の方が $\dfrac{\bar{t}_A + t_A}{2}$ より早ければ, その差 $\dfrac{\bar{t}_A + t_A}{2} - t_B$ だけ, Bの時計の針を進めればよいことになります.

　このような手順を踏めば, AとBの時計の時刻を完全に合わせることができます. さらに, この手順を使えば, 慣性系内の離れた場所にある多くの固定された時計を同期させることもできます. 実際, テレビやラジオなどが私たちに定時を知らせる時報は, この手順を使っています.

時刻の決め方

　今度は, 距離 $\overline{AB} = D$ だけ離れた点AとBに, それぞれ観測者がいるとき, 点Aの時計を標準時計 (親時計) として, 点Bの時計を点Aの時計に合わせる (同期させる) 方法を考えてみましょう. つまり, 親時計を使って, どのように点Bに正しい時刻を伝えるか, という問題です.

　実は, この問題を解くのは簡単で, 2人の観測者の間で, 次の2つの手順を決めておけばよいだけです.

　(1)　点Aの標準時計 (親時計) が時刻 t_A を示したときに, 点Aにある光源から光を発射する.

　(2)　その光が点Bに到達した瞬間, 点Bの時計の時刻 t_B を次のように決める.

$$t_B = t_A + \frac{D}{c} \qquad (c \text{ は光速度}) \tag{2.3}$$

　このようにすれば, 図2.3のように, 点Bの時計は点Aの標準時計と一致させることができます. そして, この手順により, **S系の各点に固定された時計は何個でも親時計と同期させることができる**ので, S系における時間の決め方に何の曖昧さもありません.

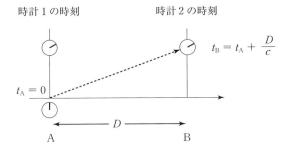

図2.3　時刻を合わせる方法（$t_A = 0$ の場合）

 **Training 2.1**

時刻 (2.3) と (2.2) が矛盾しないことを示しなさい.

2.2　同時刻の相対性

「同時」とは文字通り「同じ時間」という意味ですが，ガリレイの相対性原理に馴染んでいる私たちにとって，これは常識です（1.4.3項の「同時刻の絶対性」を参照）. しかし，アインシュタインの定義 (2.2) と (2.3) が意味する「同じ時間」は，ある1つの慣性系（S系）だけでしか通用しないので，別の慣性系（S′系）の「同じ時間」との関係は自明ではありません.

そこで，この問題を具体的に考えることにしましょう. そのために，まず時間を計る装置として，光の運動を利用した単純な仕組みの**光時計**というものを導入します.

2.2.1　光 時 計

光時計とは，図2.4のように，箱の両端 A と B に（厚さを無視できる）鏡を向かい合わせに貼り，2つの鏡の間で光を反射させ，その往復回数によって時間を計る（仮想的な）装置のことです. そして，光が1往復したときに時間が1単位進むと考え，**光の1往復時間を時間の1単位**と定義します.

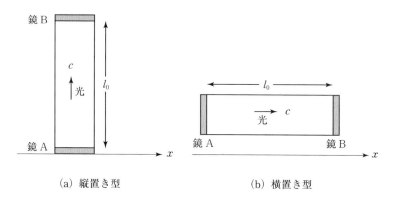

（a）縦置き型 （b）横置き型

図 2.4 光時計

　図 2.4（a）の縦置き型光時計の長さ（高さ）を l_0 とすると，光時計が観測者に対して静止している場合，光が 1 往復するのにかかる時間 T は次式で与えられます．

$$T = \frac{2l_0}{c} \tag{2.4}$$

一方，図 2.4（b）の横置き型光時計の光の 1 往復時間も（2.4）と同じになります．なぜなら，空間は一様で等方的なので，光時計の設置方向が光の往復時間に影響することはあり得ないからです．

　光時計の単位時間は，静止した 2 点間を伝播する光を用いて，2.1.2 項で述べた方法で決めているので，曖昧さはありません．したがって，「時刻の決め方」を利用すれば，ある慣性系の座標原点に設置された 1 台の光時計（例えば，図 2.3 の点 A の時計）から，座標軸上の各点ごとに固定された光時計を完全に同期させることができます．

　これによって，この慣性系内で共通の時間と時刻が定義できたことになります．要するに，光時計によって 1.4.3 項で述べた「完全な時計」が，（思考実験的にですが）実現できることになります．

2.2.2 同時という概念

　次に，同時とはどのような現象なのかを，光時計を利用した次のような思

考実験で考えてみましょう.

2つの慣性系（SとS'）を考えて，S'系はS系に対してx軸の正方向に一定の速度Vで直線運動をしているとします．具体的に，S系は地上であり，S'系は図 2.5（a'）のように，まっすぐなレール上を走る列車として，列車の中央 O' には固定された2台の横置き型光時計が底面を合わせて置いてあるとします（光時計の底面の位置が O' になります）.

いま，光時計1の面 A（列車の進行方向とは逆側の壁）に光が当たると発光する赤色 LED を取り付け，光時計2の面 B（列車の進行方向側の壁）には青色 LED を取り付けます．そして，列車の中央 O' には，2個の LED の点灯を観測する者（観測者）がいる

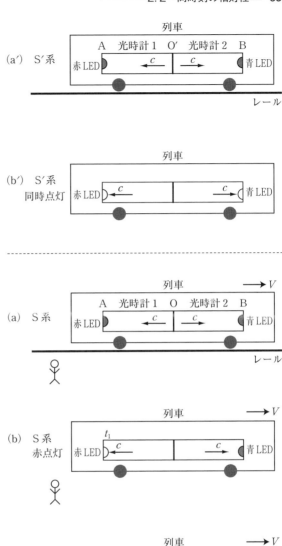

図 2.5 同時性の相対性

ものとします. そうすると, 2つの光時計は完全に同期しているので, それぞれの底面 O′ から光が同時に発射されると, 光は面 A と B に向かって同じ速さで進み, 両方の天井面に同時に着くことになります. したがって, 図2.5 (b′) のように, S′ 系の観測者から見ると, 赤色 LED と青色 LED は**同時に点灯する**ことになります.

次に, この現象が地上 (S系) にいる観測者からはどのように見えるのかを考えてみましょう. 図2.5 (a) は, 図2.5 (a′) の列車の内部を S 系の観測者から見た図です. 地上の観測者から見ると, 列車内を光が進む間に時計自体も進行方向 (右側) に動くので, (図2.5 (a) のときの光が発射された瞬間の) 光時計の底面 O から測ると, 時計2の面 B は光から遠ざかり, 時計1の面 A は光に近づくことになります. 一方, 光速度は (光速度不変の原理より) 常に一定なので, **地上の観測者から見ても, 光時計内の光は列車の前方と後方に同じ速度 c で進みます.** そのため, 光は先に光時計1の面 A に到達して赤色 LED が点灯し (図2.5 (b)), その後で光時計2の面 B に到達した光によって, 青色 LED が点灯します (図2.5 (c)). つまり, S 系 (地上) の観測者から見ると, 赤色 LED が先に光り, 青色 LED が後で光るので, 赤色 LED と青色 LED は**同時に点灯しない**ことになります[1].

このように, 赤色と青色の LED が点灯するという2つの出来事が同時に起こるか否かは, S′ 系の列車 (速度 V で動く慣性系) 内にいる観測者と S 系の地上 (静止している慣性系) にいる観測者では異なります. このことを**同時刻の相対性**といいます.

▶ **同時刻の相対性**: 2つの出来事が同時刻で起こる現象か否かは, それを見る慣性系によって決まるということ.

次の Exercise 2.1 で, この現象をもっと定量的に考えてみましょう.

---

1) 図2.5 (b) の t_1, 図2.5 (c) の t_2 はそれぞれの LED が点灯した時刻で, Exercise 2.1 で計算します.

🏋 Exercise 2.1

「同時刻の相対性」を図 2.5 の思考実験で考えます. S′ 系にある横置き型光時計が地上にもあるとすれば, 地上で静止している観測者から見ると, 当然, 地上の光時計の光が 1 往復にかかる時間も同じ T です.

地上の観測者の目の前を, 速度 V で走る列車内の観測者が通過した瞬間 ($t = 0$ とします) に, S′ 系 (列車) の光時計が底面 O′ から光を発射するとします. いま, 図 2.5 (b), (c) に示すように赤色 LED と青色 LED がそれぞれ点灯した瞬間に S 系の光時計が示した時刻を t_1 と t_2, そして, S 系から見た S′ 系の横置き型光時計の箱の長さを l とすると[2], 次式が成り立つことを示しなさい.

$$\Delta t = t_2 - t_1 = \frac{2lV}{c^2} \gamma^2 \tag{2.5}$$

ここで, (2.5) の最右辺の係数 γ は相対性理論の根幹を成す因子で[3], 第 3 章以降から頻繁に登場するので, ここで改めて定義をしておきます.

$$\gamma = \frac{1}{\sqrt{1 - \dfrac{V^2}{c^2}}} \tag{2.6}$$

さらに, 光速度 c と相対速度 V との比 $\dfrac{V}{c}$ は, 対象とする現象が相対論的か非相対論的かを判断する重要な因子なので, 一般にギリシャ文字 $\overset{\text{ベータ}}{\beta}$ がそれを表す記号として使われます.

$$\beta = \frac{V}{c} \tag{2.7}$$

したがって, 一般に (2.6) の係数 γ は次式のように表されます.

$$\gamma = \frac{1}{\sqrt{1 - \beta^2}} \tag{2.8}$$

---

2) 横置き型光時計の箱の長さは, S′ 系 (列車の中) では l_0 ですが, S 系から見た長さは l とします. その理由は, 光時計が列車の運動方向に平行に置かれている場合, 2.4 節で解説する「ローレンツ収縮」により, 静止している S 系の観測者から見ると, 運動している物体 (ここでは光時計) の長さが変わるためです.

3) これが, 1.1 節で述べた**ローレンツ因子** (1.2) です.

Coaching　同時刻の相対性を図 2.5 の (a)〜(c) で考えましょう．図 2.5 (b) では，S 系から見て時刻 t_1 に光は赤色 LED に到達しますが，その間に，赤色 LED は Vt_1 だけ右側に移動するので，次式が成り立ちます．

$$ct_1 = l - Vt_1 \tag{2.9}$$

一方，図 2.5 (c) では，時刻 t_2 に光は青色 LED に到達しますが，その間に，青色 LED は Vt_2 だけ右側に移動するので，次式が成り立ちます．

$$ct_2 = l + Vt_2 \tag{2.10}$$

この (2.9) と (2.10) から，赤色 LED と青色 LED への光の到達時刻 t_1 と t_2 は

$$t_1 = \frac{l}{c + V} = \frac{l}{c}\frac{1}{1 + \beta}, \quad t_2 = \frac{l}{c - V} = \frac{l}{c}\frac{1}{1 - \beta} \tag{2.11}$$

となるので，S 系での時間差 Δt $(= t_2 - t_1)$ は，

$$\Delta t = t_2 - t_1 = \frac{l}{c}\frac{1}{1 - \beta} - \frac{l}{c}\frac{1}{1 + \beta}$$

$$= \frac{2l\beta}{c}\frac{1}{1 - \beta^2} = \frac{2l\beta}{c}\gamma^2 = \frac{2lV}{c^2}\gamma^2 \tag{2.12}$$

となり，(2.5) を得ます．したがって，$lV \neq 0$ である限り，$\Delta t \neq 0$ より $t_1 \neq t_2$ となるので，S 系から見ると列車の中にある 2 つの時計は同期していません（同時刻ではありません）．∎

「同時刻の相対性」というこの結論は，光速度はすべての慣性系で同じであるという「光速度不変の原理」から導かれるものであり，実際の実験でも (2.5) の正しさが検証されています．要するに，**同時性は絶対的なものではなく，それらを見る慣性系に依存した相対的なものである**という，この同時刻の相対性が，特殊相対性理論の核（コア）になる重要な概念なのです．

なお，(2.5) の Δt は，S′ 系の 2 つの時計では次のようになります（詳細は (2.22) と (2.31) を参照）．

$$\Delta t' = \frac{2l_0\beta}{c} = \frac{2l_0 V}{c^2} \tag{2.13}$$

このように特殊相対性原理と光速度不変の原理により，ニュートン力学で絶対的な意味をもっていた絶対時間と絶対空間の概念は根本的に否定されました．そして，どのような慣性系にいても，そこにいる観測者には固有な時空構造が存在し，その時空の中で自然法則は普遍的に成り立つことになります．

Training 2.2

ガリレイの速度の合成則 (1.12) が正しければ，時計は同時刻 ($t_1 = t_2$) を指すことを示しなさい．

2.3　時計の遅れ

アインシュタインが要請した「光速度不変の原理」から，同時刻は慣性系ごとに異なる相対的なものであることがわかりました．そこで，2.1.1 項で述べた「慣性系の時間」についてより深く理解するために，2 つの慣性系にいる観測者がそれぞれの時計の時刻を比べた場合に何が起こるかを，光時計を利用して考えてみましょう．

2.3.1　光時計の単位時間

前節で扱った「列車と観測者」の 2 つの系，すなわち S 系（地上）と S′ 系（列車）を，ここでも使うことにします．今度は高さ l_0 の縦置き型光時計（図 2.4 (a)）が列車（S′ 系）内の原点 O′ に固定されているとして，地上（S 系）に静止している観測者と，列車（S′ 系）の中にいる（一定の速度 V で直線運動している）観測者がそれぞれ光時計の 1 単位をどのように測定するかを考えてみましょう．

この光時計を搭載した，地上（S 系）に対して速度 V で運動している電車内（S′ 系）にいる観測者から見て，光が 1 往復するのに要する時間 $\Delta t'$ はもちろん (2.4) なので

$$\Delta t' = T \tag{2.14}$$

です．もし，同じ型の光時計が地上にもあったとすれば，地上で静止している観測者から見て地上にある光時計の光が 1 往復するのに要する時間も，やはり T です．

一方，地上（S 系）にいる観測者（原点 $x = 0$ にいるとします）から見ると，S′ 系にある光時計は x 軸の正方向に一定の速度 V で動いています．そのため，図 2.6 に示すように，S 系から見た S′ 系に設置された縦置き型光時計の

1 単位は，S′ 系の光時計が A から A′
まで動くのに要する時間 Δt になりま
す．

　このときの光路は $\overline{\mathrm{AB'A'}}$ であり，
（光速度不変の原理より）S 系でも光
は速度 c で伝播するから，Δt は次式
で与えられます．

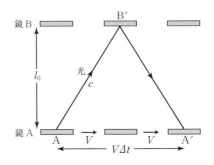

図 2.6　S 系から見た縦置き型光時計
と 1 往復時間 Δt

$$\Delta t = \frac{\overline{\mathrm{AB'A'}}}{c} \qquad (2.15)$$

そして，明らかに，図 2.6 の光路
$\overline{\mathrm{AB'A'}}$ は図 2.4 (a) の光路 $\overline{\mathrm{ABA}}$ より長い（$\overline{\mathrm{AB'A'}} > \overline{\mathrm{ABA}}$）ので，2 つの往
復時間 Δt と $\Delta t'$ に対して，次の関係が常に成り立ちます．

$$\Delta t > \Delta t' \, (= T) \qquad (2.16)$$

　この (2.16) は，S 系から見ると，S′ 系の時計が 1 単位の時間を刻むのに T
よりも余分に時間がかかることを意味します．言い換えれば，地上の時計で
計って，T の時間が経過した時点で，運動する光時計の光はまだ 1 往復でき
ていないので，遅れているように見えます．要するに，**運動する時計はゆっ
くり進む**，あるいは**動いている S′ 系に固定された時計は遅くなる**というこ
とです．では，どのくらい遅くなるのかを，次に計算してみましょう．

2.3.2　「時計の遅れ」の見積もり

　「時計の遅れ」の大きさを見積もるために，まず図 2.6 において，光路
$\overline{\mathrm{AB'A'}}$ を計算してみましょう．（ここでは，光時計は列車の運動方向に対し
て直角に置かれているので，2.4 節で解説する「ローレンツ収縮」は生じませ
ん．そのため，光時計の高さ $\overline{\mathrm{AB}}$ は l_0 のままです．）光路 $\overline{\mathrm{AB'A'}}$ はピタゴラ
スの定理より

$$\overline{\mathrm{AB'A'}} = \overline{\mathrm{AB'}} + \overline{\mathrm{B'A'}} = 2\,\overline{\mathrm{AB'}} = 2\sqrt{l_0^2 + \left(\frac{V\,\Delta t}{2}\right)^2} \qquad (2.17)$$

になります（$\overline{\mathrm{AB'}} = \overline{\mathrm{B'A'}}$）．一方，$\Delta t$ は光路 $\overline{\mathrm{AB'A'}}$ を光が速度 c で伝播する
時間なので，次式が成り立ちます．

$$\overline{\mathrm{AB'A'}} = c \, \varDelta t \tag{2.18}$$

したがって，(2.17) と (2.18) が等しいとおいてから 2 乗すると

$$(c \, \varDelta t)^2 = 4 \left\{ l_0^2 + \frac{(V \varDelta t)^2}{4} \right\} \tag{2.19}$$

となるので，これから $\varDelta t$ は次式のようになります．

$$\varDelta t = \frac{2 l_0}{\sqrt{c^2 - V^2}} = \frac{2 l_0}{c} \frac{1}{\sqrt{1 - \dfrac{V^2}{c^2}}} = \gamma \frac{2 l_0}{c} \tag{2.20}$$

ここで，$\varDelta t' = T = \dfrac{2 l_0}{c}$（(2.4) と (2.14)）を使うと，(2.20) の最右辺は

$$\varDelta t = \gamma \varDelta t' \tag{2.21}$$

のようになります．$\gamma > 1$ より (2.21) はやはり $\varDelta t > \varDelta t'$（(2.16)）を意味し，S 系での時間の 1 単位 $\varDelta t$ が S′ 系での時間の 1 単位 $\varDelta t'$ よりも γ 倍だけ大きな値になります．これは，S 系にいる人の時計の時刻が t のときに，S 系のこの人が S′ 系の人の時計を見ると，S′ 系の時計の時刻 t' が

$$t' = \frac{1}{\gamma} t \tag{2.22}$$

になる，つまり，t' が t より遅れる（小さな値になる）ということを意味します．

このように，S 系の静止した観測者が，（動いている）S′ 系にいる人の時計を見ると，S′ 系の時計は $\dfrac{1}{\gamma}$ 倍だけ遅れていることになります．この現象が**時計の遅れ**（あるいは，**時間の遅れ**）とよばれるもので，**運動する時計の遅れ**あるいは**移動する時計の遅れ**とも表現されます（なお，**動く時計の遅れ**という表現もよく用いられますが，この表現だと「正確に動いていた時計が物理的に壊れたために遅くなる」といった誤解を与えかねないので，本書ではできるだけ避けたいと思います）．

▶ **時計の遅れ**：S′ 系が S 系に対して運動しているとき，S′ 系に固定された時計が指す時刻 t' は，S 系から見ると，S 系の人の時計が指す時刻 t よりも $\dfrac{1}{\gamma}$ 倍だけ遅れる．つまり，運動する時計は遅れる．

Exercise 2.2

　図2.6の光時計を使って，ニュートン力学では，ガリレイの速度の合成則 (1.12) が成り立つので，時計の遅れは生じない，つまり次式が成り立つことを示しなさい．

$$\Delta t' = \Delta t \tag{2.23}$$

Coaching　図2.6の縦置き型光時計内を往復する光は，S'系では x'軸に垂直な方向（これを y'軸方向とします）だけに伝播していましたが，S系から見ると，図2.6のように，x軸の正方向にも一定の速度 V で動きます．そのため，光の速度 $\boldsymbol{v}$ の x, y 成分は $v_x = V$, $v_y = c$ となるので，光路 $\overline{\mathrm{AB'A'}}$ を伝わる光の速さ v は $\sqrt{v_x^2 + v_y^2} = \sqrt{V^2 + c^2}$ です．したがって，(2.18) の右辺の c の部分が $\sqrt{V^2 + c^2}$ に変わるので，次式が成り立ちます．

$$\overline{\mathrm{AB'A'}} = \sqrt{V^2 + c^2}\,\Delta t \tag{2.24}$$

そして，(2.24) の光路 $\overline{\mathrm{AB'A'}}$ を (2.17) の左辺に代入した次式

$$\sqrt{V^2 + c^2}\,\Delta t = 2\sqrt{l_0^2 + \left(\frac{V\Delta t}{2}\right)^2} \tag{2.25}$$

の両辺を2乗すると，$c\Delta t = 2l_0$ となるので，$\Delta t = \dfrac{2l_0}{c}$ を得ます．これは (2.4) の $\Delta t' = T = \dfrac{2l_0}{c}$ と等しいので，(2.23) が成り立つことがわかります．　∎

　このように，ガリレイの速度の合成則 (1.12) が成り立つニュートン力学では，S系とS'系での時計の示す時刻は同じになります．それに対して，アインシュタインの相対性理論では，光速度不変の原理より (1.12) は成り立たず，どの系でも光速度は同じ c なので（そのため，ニュートン力学の $\sqrt{V^2 + c^2}$ よりも遅くなるので），ニュートン力学での計算よりも光路 $\overline{\mathrm{AB'A'}}$ を光が通過する時間は余分にかかるのです．

🌱 2.4　ローレンツ収縮

　「同時刻の相対性」は，動いている物体の長さを異なる系で測定するときに重要な影響を与えます．なぜなら，1.4.3項の「時空図で見る力学的世界像」

の「棒の長さ」（図 1.5）で述べたように，棒の長さは「同時刻に測った棒の両端の座標の読みの差」で決まるからです．「絶対時間」の概念をもつニュートン力学では，すべての系で「同時刻」が仮定されるので，どの系で測っても棒の長さは同じでした．では，アインシュタインの相対性理論ではどうなるのでしょうか？

2.4.1　光時計の箱の長さ

長さの測定方法について，横置き型光時計（図 2.4 (b)）の箱（光時計の装置の入った箱）を利用して考えてみましょう．

固有長と固有時間

この光時計の箱の長さ l_0 は**箱が静止した状態で測った長さ**なので，箱に**固有の長さ**になります．そのため，この l_0 を**固有長**といいます．そして，この静止している光時計の光の 1 往復時間 T は，固有長 l_0 の 2 倍を光速度 c で割った値で，運動していない光時計が示す**固有な時間**なので，**固有時間（固有時）**になります（固有時の詳細は 9.1.1 項を参照）．なお，慣例として固有時間には $\Delta\tau$ という記号を使うので，$\Delta\tau = \dfrac{2l_0}{c}$ となります．

- ▶ **固有長**：ある慣性系で物体を固定して，その系での同時刻に，物体の両端の座標値を測り，それらの差から決めた物体の長さのことで，一般に l_0 で表す．
- ▶ **固有時間（固有時）**：物体とその瞬間，一緒に運動している慣性系の時間で，一般に τ で表す．

さて，この光時計が x 軸の正方向に一定の速度 V で動いている（これをS′ 系とする）として，これを地上（これを S 系とする）から眺めたときの光時計の箱の長さ（A から B までの距離）を l とします．このとき，S 系から見た光時計の光の 1 往復時間 Δt と固有時間 $\Delta\tau$ を比較することによって，S 系での箱の長さ l と固有長 l_0 との関係を調べようというわけです．それでは，図 2.7 に示したプロセスを参考にしながら計算してみましょう．

図 2.7 には，鏡 A から出た光が鏡 B に到達して反射し，再び鏡 A に戻る

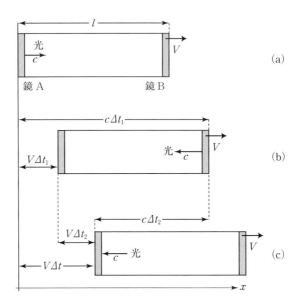

図2.7 S系から見た光時計の箱の長さ

までのS系から見たプロセスが描かれています．図2.7（a）は，光がAから離れた瞬間です．それからΔt_1後に，光はBに到達（図2.7（b））しますが，その間に，鏡Aは$V\Delta t_1$だけ右側に移動するので

$$c\Delta t_1 = l + V\Delta t_1 \qquad (2.26)$$

という式が成り立ちます．

図2.7（c）は，光が鏡Aに戻ってきた瞬間です．このとき，図2.7（b）から図2.7（c）までの経過時間をΔt_2とすれば，その間に鏡Aはさらに$V\Delta t_2$だけ右側に移動するので，次式が成り立ちます．

$$c\Delta t_2 = l - V\Delta t_2 \qquad (2.27)$$

（2.27）の右辺に$-V\Delta t_2$のような負符号が現れるのは，光がBからAに伝わる間に，鏡Aが右側に移動するためです．

S系で見た光時計の光の1往復時間Δtは，2つの時間Δt_1とΔt_2の和で与えられるので，（2.26）と（2.27）から

$$\Delta t = \Delta t_1 + \Delta t_2 = \frac{l}{c-V} + \frac{l}{c+V}$$

$$= \frac{2l}{c} \frac{1}{1 - \beta^2} = \frac{2l}{c} \gamma^2 \quad \left(\beta = \frac{V}{c} \right) \tag{2.28}$$

となります.

ここで, 2.3.2 項の「時計の遅れの見積もり」で導いた (2.21) の $\Delta t = \gamma \Delta t'$ の $\Delta t'$ は, 固有時間 $\Delta \tau = \frac{2l_0}{c}$ に相当することに注意すると, (2.21) は次のように表現できます.

$$\Delta t = \gamma \Delta \tau = \gamma \frac{2l_0}{c} \tag{2.29}$$

この (2.29) と (2.28) の最右辺が等しいので

$$\gamma \frac{2l_0}{c} = \frac{2l}{c} \gamma^2 \tag{2.30}$$

より, 次の関係が成り立ちます.

$$l = \frac{l_0}{\gamma} \tag{2.31}$$

(2.6) より $\gamma > 1$ なので, (2.31) から, l は l_0 よりも小さい値 ($l < l_0$) になることがわかります. つまり, S 系から見て, **速度 V で動いている光時計の箱の長さ l は, S′ 系の光時計の箱の長さ (固有長) l_0 よりも短くなる**ということが示されました.

🎗 Exercise 2.3

ニュートン力学では, 動いている光時計の箱と静止している光時計の箱の長さは変わらず, $l = l_0$ となることを示しなさい.

Coaching ニュートン力学では, 速度の上限がないので, ガリレイの速度の合成則 (1.12) が成り立ちます. このため, 図 2.7 (b) の場合の光の速度は $c + V$, 図 2.7 (c) の場合の光の速度は $c - V$ となるので, (2.26) と (2.27) の左辺は修正を受けて次のようになります.

$$\begin{cases} (c + V) \Delta t_1 = l + V \Delta t_1 \\ (c - V) \Delta t_2 = l - V \Delta t_2 \end{cases} \tag{2.32}$$

(2.32) から $c \varDelta t_1 = l$ と $c \varDelta t_2 = l$ を得るので，2 つの時間は

$$\varDelta t_1 = \varDelta t_2 = \frac{l}{c} \tag{2.33}$$

になります．したがって，(2.28) の $\varDelta t = \varDelta t_1 + \varDelta t_2$ は次のようになります．

$$\varDelta t = \frac{2l}{c} \tag{2.34}$$

また，2.3.2 項の Exercise 2.2 で示したように，ニュートン力学では (2.23) の $\varDelta t = \varDelta t'$ が成り立ち，$\varDelta t'$ は (2.4) の T と同じ $\left(\varDelta t' = T = \dfrac{2l_0}{c} \right)$ なので，

$$l = l_0 \tag{2.35}$$

となり，どちらの慣性系で見ても物体は同じ長さになります（例えば，光速度よりずっと遅い新幹線の全長は，止まっているときも走行中も同じである，というのは当然すぎるくらいの常識でしょう）．

このように，長さの収縮も光速度不変の原理から生じる現象なのです．　■

2.4.2　空間的な距離への一般化

ここまでの議論では，光時計の箱の長さを考えてきましたが，(2.31) を見ると，それには単に 2 つの長さ l, l_0 が含まれているだけで，光時計の装置を使ったという情報はどこにもありません．つまり，(2.31) はどのような物体に対しても成り立つことになります．このような現象を一般に**ローレンツ収縮**といいます．

▶ **ローレンツ収縮**：動いている物体の長さは，運動方向に縮んで見える．

 Training 2.3

S′ 系の S 系に対する相対速度 V が $V = 0.6c \left(\beta = \dfrac{3}{5} \right)$ の場合，S′ 系での固有長 $l_0 = 5$ の細長い棒を S 系から見たときの長さ l の値を求めなさい．

ところで，もっと一般的な視点に立って，(2.31) の l_0 を S′ 系で測った任意の 2 点間の空間的な距離 x' とし，l を，その 2 点間を S 系から測った空間的な距離 x とみなせば，(2.31) は

$$x = \frac{x'}{\gamma} \tag{2.36}$$

と表すこともできます. この場合, (2.36) の結果は, **動いている慣性系の空間 x' は縮んで見える**という, かなり深遠なことを教えてくれていることになります.

　ここで解説したように, 2点間の距離 (長さ) は, 決して幾何学的に一義的に決まるのではなく, 一般に観測者に対する運動状態によって異なると考えなければなりません. 2点間の距離を定義するには, 時々刻々と変化する物体の両端の位置を同時に測らなければなりませんが, 同時刻という判断が観測者の運動状態によって異なるので, 長さも観測者の運動状態によって異なることになります. したがって, このような長さの収縮現象を表すローレンツ収縮は, 同時刻の相対性とリンクさせて考えなければならないことがわかるでしょう.

📖 本章のPoint

▶ **慣性系における時間**：慣性系ごとに，固有の時間が存在する．これを**局所時**あるいは**局所時間**という．

▶ **時計の合わせ方**：任意の2点A, Bの間を光が往復する間に時間の関係式 $t_B - t_A = \bar{t}_A - t_B$ が成り立つとき，2つの時計は合っていると定義する．ここで，t_A は光がAを出た時刻，t_B は光がBに到着した時刻，$\bar{t}_A$ は光がAに戻った時刻である（図2.1を参照）．

▶ **光時計**：光の往復を利用して時間を計る時計で，相対論的な現象を理解するのに役立つ仮想的な装置である．

▶ **同時刻の相対性**：2つの事象の同時性は，それらを見る慣性系に依存した相対的な現象である．

▶ **時計の遅れ（時間の遅れ）**：運動している時計は遅れる．S系に対して一定の速度 V で動いている S′ 系に固定された時計の時刻 t' とS系の時計の時刻 t の間には $t = \gamma t'$ の関係が成り立つ．

▶ **固有長**：1つの慣性系に固定された物体の固有な長さのこと．具体的には，その系での同時刻に，この物体の両端の座標値を測定し，それらの差で決まる長さで，一般に l_0 で表す．

▶ **固有時間（固有時）**：物体とその瞬間に，一緒に運動している慣性系内の時間のこと．一般に τ で表し，この τ を物体の固有時間（固有時）という．

▶ **ローレンツ収縮**：運動している物体は運動方向に収縮する．S系に対して一定の速度 V で動いている S′ 系に固定された物体の長さ l_0 と，S系の物体の長さ l の間には，$l = \dfrac{l_0}{\gamma}$ （$\gamma > 1$）の関係が成り立つ．

Practice

[2.1] 傾いた棒の長さの収縮

S系で，長さ $L = 10\,\mathrm{m}$ の棒が x 軸の正方向に対して角度 $\theta = 45°$ 傾いていました．いま，S系に対して速度 $V = \dfrac{4}{5}c$ で x 軸の正方向に平行に動いている S′ 系の人が，この棒を観測したとします．そのとき，この人が見る棒の長さ L' と角度 θ' を求めなさい．

[2.2] 同時刻の相対性

S系に対して，固有長 l_0 をもつ宇宙船（S′ 系）が一定の速度 V で飛行しています（図 2.8）．そして，宇宙船の船首 A′ がS系の点 A を時刻 $t = t' = 0$ に通過した瞬間に光信号を船首 A′ から船尾 B′ に向けて送信したとします．

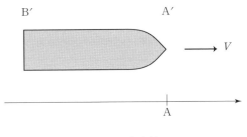

図 2.8　宇宙船

(1) S′ 系で計る場合，信号が船尾 B′ に到達する時刻 t_1' を求めなさい．

(2) S系で計る場合，信号が船尾 B′ に到達する時刻 t_1 を求めなさい．

(3) S系で計る場合，船尾 B′ が点 A を通過する時刻 t_2 を求めなさい．

[2.3] ローレンツ収縮

静止系において $400\,\mathrm{m}$ の固有長をもつロケットが，地球上のある 1 点を通過するのに，地球上の時計で $\Delta t = 1.0 \times 10^{-6}\,\mathrm{s}$ を要しました．地球上の観測者から見たロケットの速度 V と全長 l を求めなさい．

[2.4] 素粒子の寿命と時計の遅れ

パイ中間子 (π^+) は電子の約 280 倍の質量をもつ粒子で，次のプロセスで反ミュー粒子 ($\bar{\mu}$) とミューニュートリノ (ν_μ) に崩壊します．

$$\pi^+ \;\rightarrow\; \bar{\mu} + \nu_\mu$$

そして，パイ中間子の寿命は $2.6 \times 10^{-8}\,\mathrm{s}$ で，速度 $0.99c$ で走っているパイ中間子が崩壊するまでに飛ぶ距離を D とします．次のそれぞれの場合の D の値をメートル単位で求めなさい．

(1) ニュートン力学の場合

(2) 相対論の場合

ローレンツ変換

第2章で，アインシュタインの特殊相対性理論によって2つの慣性系で起こる3つの現象（「同時刻の相対性」と「時計の遅れ」と「ローレンツ収縮」）を主に図を用いて解説しました．本章では，2つの慣性系をつなぐ座標変換（ローレンツ変換）を導いて，空間の3次元に時間の1次元を加えた4次元空間（4次元時空）で成り立つ速度の変換則を定量的に調べましょう．そして，特殊相対性理論の構築にとって重要な役割を果たしたマイケルソン–モーリーの実験も解説します．

🌱 3.1 ローレンツ変換の導出

2つの慣性系の間の座標変換は，これから解説するように，アインシュタインによって論理的に明瞭に導かれました．しかし，第1章の最後で述べたように，当時，すでに全く異なる観点からローレンツによって同じ式が提唱されていたので，**ローレンツ変換**とよばれることになりました．

3.1.1 「2つの原理」に基づく導出

アインシュタインの提唱した2つの原理（「特殊相対性原理」と「光速度不変の原理」）を認めると，1.5.1項で述べたように，2つの慣性系S系 (t, x, y, z) とS'系 (t', x', y', z') において，それぞれの原点から時刻 $t = t' = 0$ に放射された光の波面は方程式（1.25）と（1.26）で記述されるので，それらを

次のように表すことにします.

$$x^2 + y^2 + z^2 - c^2t^2 = 0 \quad \text{(S 系)} \tag{3.1}$$

$$x'^2 + y'^2 + z'^2 - c^2t'^2 = 0 \quad \text{(S' 系)} \tag{3.2}$$

これらの式は, S 系と S' 系で運動法則が変わらないことを意味しますが, これらをまとめて, 次のように書くことにします.

$$x'^2 + y'^2 + z'^2 - c^2t'^2 = x^2 + y^2 + z^2 - c^2t^2 = 0 \tag{3.3}$$

　これからの話を簡単にするために, 物体の運動を x-t 平面内で考えることにして[1], (3.3) に $y' = y$, $z' = z$ を代入した次式を考えることにします.

$$x'^2 - c^2t'^2 = x^2 - c^2t^2 = 0 \tag{3.4}$$

これから S 系と S' 系の間に成り立つ (3.4) を満たす座標変換（ローレンツ変換）を導く上で, ガリレイ変換の仕組みが参考になるので, ここでもう一度, ガリレイの相対性原理を考えてみましょう.

　ガリレイの相対性原理によれば, S 系から見て等速直線運動する（つまり, x に比例した軌道をもつ）物体は, S' 系から見ても等速直線運動します（つまり, x' に比例した軌道をもちます）. これは, x と x' が<u>線形な関係</u>（1 次式）であることを意味します. 実際, ガリレイ変換 (1.5) の $x' = x - Vt$ は, S' 系の x' が S 系の x と t の 1 次式（線形な式）になっています[2].

　このことから理解できるように, 特殊相対性原理を満たす座標変換も, S 系の (t, x) と S' 系の (t', x') は 1 次式で記述される線形変換で表されることが必要となります.

「特殊相対性原理」から決まるもの

　ガリレイ変換 $x' = x - Vt$ とその逆変換 $x = x' + Vt'$ の形をまねて, S 系の座標 (t, x) と S' 系の座標 (t', x') の間に

$$x' = ax - bt, \quad x = ax' + bt' \tag{3.5}$$

の線形な 1 次方程式が成り立つと仮定してみましょう. この仮定により, 未知量は a と b の 2 個だけになります. ただし, a の符号に関しては, $a > 0$ という条件を付けます. その理由は, (3.5) の x と x' に同符号をもたせるた

---

1)　つまり, 物体の運動は x 軸方向だけに沿い, y 軸と z 軸には垂直であるとします.

2)　仮に, S 系の x が 1 次式でなく非線形項（例えば, $x^2, \sqrt{x}$ など）を含む式であれば, 等速直線運動は記述できないので, ガリレイの相対性原理に矛盾します.

めです. そうすれば, S 系に対する S′ 系の速度が非常に小さい（相対速度 $V \ll c$) とき, (3.5) をガリレイ変換に一致させることができます.

S 系から見た S′ 系の原点 O′ ($x' = 0$) の運動（軌道）は, (3.5) の 1 番目の式で $x' = 0$ とおいた式 $0 = ax - bt$ から $x = \dfrac{b}{a}t$ で記述されます. このとき, 原点 O に対する原点 O′ の速度 V は $\dfrac{dx}{dt} = \dfrac{b}{a}$ で与えられるので, 次の条件が成り立ちます.

$$V = \frac{b}{a} \tag{3.6}$$

この (3.6) より, (3.5) は

$$x' = a(x - Vt), \qquad x = a(x' + Vt') \tag{3.7}$$

のように, 1 個の未知量 a だけで表されることになります.

特殊相対性原理から決まるのは, ここまでです. アインシュタインは未知量 a を決めるために, 次の「光速度不変の原理」を要請しました.

「光速度不変の原理」から決まるもの

2 つの慣性系 S と S′ での光の波面の方程式 (3.4) より, 時刻 $t = t' = 0$ に原点 O, O′ から光を発し, $t = t'$ だけ時間が経過したときの波面の方程式は, それぞれ次式で与えられます.

$$x' = ct', \qquad x = ct \tag{3.8}$$

この x', x を (3.7) に代入すると, それぞれ次の式になります.

$$ct' = a(c - V)t, \qquad ct = a(c + V)t' \tag{3.9}$$

これらの式から, t と t' を消去すれば a が求まります. t と t' の消去は簡単で, 例えば, (3.9) の 2 つの式の両辺をそれぞれ掛け合わせると, 積 tt' が両辺に現れるので, 打ち消し合って, 次式になります.

$$c^2 = a^2(c + V)(c - V) = a^2(c^2 - V^2) \tag{3.10}$$

したがって, この (3.10) から係数 $a \, (> 0)$ は決まりますが, これは (1.2) で定義した係数 γ と同じものなので, 次のように表すことにします.

$$a = \gamma = \frac{1}{\sqrt{1 - \dfrac{V^2}{c^2}}} \tag{3.11}$$

以上より，(3.7) の最終的な形は次のようになります.

$$x' = \gamma(x - Vt), \qquad x = \gamma(x' + Vt') \tag{3.12}$$

一方，時間 t と t' に関する座標変換は，(3.12) を利用して

$$t' = \gamma\left(t - \frac{\beta}{c}x\right), \qquad t = \gamma\left(t' + \frac{\beta}{c}x'\right) \qquad \left(\beta = \frac{V}{c}\right) \tag{3.13}$$

のように求まります. そして，(3.12) と (3.13) の 1 番目の式を**ローレンツ変換** (L 変換) といい，2 番目の式を**ローレンツ逆変換** (L 逆変換) といいます.

 Training 3.1

(3.12) から (3.13) を導きなさい.

ここまでの導出は x 軸方向だけの運動を考えたので，y 軸方向と z 軸方向の座標を含めていません. これらを含めると，次のようになります.

▶ **ローレンツ変換とローレンツ逆変換**：S′ 系が S 系に対して x 軸の正方向に速度 V で運動しているときの座標変換.

$$t' = \gamma\left(t - \frac{\beta}{c}x\right), \ x' = \gamma(x - Vt), \ y' = y, \ z' = z \qquad \text{(L 変換)} \tag{3.14}$$

$$t = \gamma\left(t' + \frac{\beta}{c}x'\right), \ x = \gamma(x' + Vt'), \ y = y', \ z = z' \qquad \text{(L 逆変換)} \tag{3.15}$$

なお，$y' = y$, $z' = z$ とおける理由は，空間の等方性のためです. つまり，空間が等方的であれば，x 軸方向に垂直な y, z 軸方向に対してはすべて同等でなければなりません.

ローレンツ変換とローレンツ逆変換（対称性の良い形）

時間軸と空間軸の次元を合わせておくと[3]，2つの軸を対等に扱えるので便利です．そこで，**時間座標**とよばれる，時間 t に光速度 c を掛けた量 ct を導入すると，(3.14) と (3.15) は次のような対称性の良い形になります．

$$ct' = \gamma(ct - \beta x), \quad x' = \gamma(x - \beta ct), \quad y' = y, \quad z' = z \qquad \text{L 変換}$$
(3.16)

$$ct = \gamma(ct' + \beta x'), \quad x = \gamma(x' + \beta ct'), \quad y = y', \quad z = z' \qquad \text{L 逆変換}$$
(3.17)

なお，ここで述べたローレンツ変換 (3.12) の導出は，2つの座標の間に (3.5) の形を仮定したので，未知係数は2個 (a と b) だけで簡単でした．この形を仮定しなければ，a, b にさらに2個の未知定数が加わって全部で4個の未知定数になってしまいます．導出は少し複雑になりますが，結果はもちろん変わりません（Practice [3.1] を参照）．

Training 3.2

次の Coffee Break で述べるように，速度の上限値が存在するのは，(3.5) の a が $a \neq 1$ の場合です．このとき，係数 a が (3.11) で与えられることを示しなさい．

▢ Coffee Break

特殊相対性原理と速度の上限値

特殊相対性原理から，物体の速度には上限値が存在することを導くことができます．
いま，時刻 $t = t' = 0$ に原点 $x = x' = 0$ を通過した粒子 P が，時刻 t_P に S 系から見て位置 $x_P = v_P t_P$ にあり，時刻 t_P' に（S 系に対して速度 V で動いている）S' 系から見て位置 $x_P' = v_P' t_P'$ にあるとすると（v_P, v_P' はそれぞれの系での粒子の速度），(3.7) から次式が成り立ちます．

$$x_P' = a(x_P - V t_P) \quad \cdots ①$$
$$x_P = a(x_P' + V t_P') \quad \cdots ②$$

---

3) 次元解析で使う「長さ」，「時間」，「質量」などの次元のことで，例えば，時間 t に光速度 c を掛けた量 ct は「長さの次元」をもつことになります．

これから2つの速度 $v_\mathrm{P}', v_\mathrm{P}$ が次のように決まります[4].

$$v_\mathrm{P}' = \frac{v_\mathrm{P} - V}{1 - \left(1 - \dfrac{1}{a^2}\right)\dfrac{v_\mathrm{P}}{V}} \quad \cdots ③$$

$$v_\mathrm{P} = \frac{v_\mathrm{P}' + V}{1 + \left(1 - \dfrac{1}{a^2}\right)\dfrac{v_\mathrm{P}'}{V}} \quad \cdots ④$$

　$a = 1$ の場合，③と④はガリレイ変換に一致します（$v_\mathrm{P} \to \infty$ で $v_\mathrm{P}' \to \infty$ となるので，速度の上限はありません）．しかし，$a < 1$ の場合，③は $v_\mathrm{P} \to \infty$ で $v_\mathrm{P}' \to$（有限）になり，$a > 1$ の場合，④は $v_\mathrm{P}' \to \infty$ で $v_\mathrm{P} \to$（有限）になるので，特殊相対性原理（「物理法則の形はすべての慣性系で同じである」）に矛盾します．そのため，$a \neq 1$ の場合は，v_P と v_P' に上限値が存在し，その値は特殊相対性原理から S 系と S′ 系で等しくなければなりません．この上限値を光速度 c とおくと，(3.7) はローレンツ変換になります．

　アインシュタイン自身は，マイケルソン‐モーリーの実験結果などで光速度の不変性に気づき，「光速度不変の原理」を「特殊相対性原理」と一緒に提唱しましたが，見方によっては，「光速度不変の原理」は「特殊相対性原理」の中にすでに含まれていた，ともいえるのかもしれません．

~~~~~~~~~~~~~~~~~~~~~~~~~~~~~~~~~~~~~~

3.1.2　ガリレイ変換からローレンツ変換へ

　1.2節で，物理法則に対してローレンツ因子 γ が通奏低音のような存在であると述べましたが，そのような視点に立って，ガリレイ変換からローレンツ変換を導くことを考えてみましょう．

　いま，図1.1のように，S 系に対して相対速度 V で x 軸の正方向に動いている S′ 系で，時刻 t' に観測された点 P の座標を x' とすると，S 系にいる観測者から見た座標は

$$x = x' + Vt \tag{3.18}$$

$$t = t' \tag{3.19}$$

で与えられます．ただし，2つの系の原点は，時刻 $t = t' = 0$ で一致（$x = x' = 0$）しているとします．

---

4)　①と②の両辺をそれぞれ掛けて $x_\mathrm{P}' x_\mathrm{P} = (v_\mathrm{P}' t_\mathrm{P}')(v_\mathrm{P} t_\mathrm{P}) = a^2 t_\mathrm{P} t_\mathrm{P}'(v_\mathrm{P} - V)(v_\mathrm{P}' + V)$ をつくると，$v_\mathrm{P}' v_\mathrm{P} = a^2(v_\mathrm{P} - V)(v_\mathrm{P}' + V)$ となるので，これから③と④が導けます．

　ここで，アインシュタインの相対性原理からの帰結の1つであるローレンツ収縮に着目すると，x' は S′ 系で測った距離なので，S 系から見るとこのローレンツ収縮により x' は $\dfrac{x'}{\gamma}$ に縮むことになります（(2.36) の $x = \dfrac{x'}{\gamma}$ を参照）．したがって，(3.18) は x' を $\dfrac{x'}{\gamma}$ に置き換えた

$$x = \frac{x'}{\gamma} + Vt \tag{3.20}$$

になります．そして，この (3.20) を x' について解くと次式を得ます．

$$x' = \gamma(x - Vt) = \gamma(x - \beta ct) \tag{3.21}$$

(3.21) は，S′ 系の x' が S 系の x, ct とどのように関係するかを教えている式で，ローレンツ変換（(3.16) の第2式）と全く同じ式です！　ローレンツ変換の (3.21) がこんなに簡単に導かれたことに驚きませんか？　ここでわかることは，相対論的効果が γ に集約されているということです．

　次の作業は，(3.19) の $t = t'$ の一般化です．そのためには，S′ 系の ct' を S 系の ct と x に結び付ける関係式を知る必要がありますが，光速度不変の原理に従う限り，その関係式は (3.21) と同じ形でなければならないことが要請されます．つまり，x' を ct' で置き換え，x を ct で置き換え，さらに t を $\dfrac{x}{c}$ で置き換えなければなりません．そうすると，(3.21) は次のようになります[5]．

$$ct' = \gamma\left(ct - \beta c \frac{x}{c}\right) = \gamma(ct - \beta x) \tag{3.22}$$

これも，まさにローレンツ変換（(3.16) の第1式）と同じ式です！　もう一度，強調しておきますが，この **(3.22) の導出方法のエッセンスは「光速度不変の原理」** です．みなさんは，そのことをしっかり理解してください．

---

　5)　光速度不変の原理から要請される $x'^2 - c^2 t'^2 = x^2 - c^2 t^2$ という条件は，(3.21) を (3.22) のように書き換えれば，次のように満たされることがわかります．

　$x'^2 - c^2 t'^2 = \gamma^2(x - \beta ct)^2 - \gamma^2(ct - \beta x)^2 = \gamma^2(1 - \beta^2)(x^2 - c^2 t^2) = (x^2 - c^2 t^2)$

なお，ここで述べた S 系の座標 (ct, x) と S′ 系の座標 (ct', x') の関係は，4.1.1 項の「ミンコフスキー時空」の図 4.1 に描かれている座標軸（S 系の ct 軸と x 軸，および，S′ 系の ct' 軸と x' 軸）の対称的な関係からも推測できることに注意してください．

ローレンツ変換とガリレイ変換の関係

　光速度 c が有限でなく無限大の値であれば，$\beta = 0$，$\gamma = 1$ となるので，ローレンツ変換 (3.14) はガリレイ変換 (1.5) に一致します．このことからわかるように，**ニュートン力学では速度の上限（限界）は存在しません**．これが絶対時間の背後にあったもので，**ニュートン力学ですべての観測者に共通な時間（絶対時間）を仮定していたことは，言い換えれば，無限大の速度で伝わる信号の存在を仮定していた**ことになります．

　では，問題にしている相対速度 V が光速度 c よりも非常に小さい場合，ローレンツ変換はどのようになるのでしょうか？　この場合は，$\beta \ll 1$ として，γ を β^2 について二項展開すれば

$$\gamma = (1 - \beta^2)^{-\frac{1}{2}} = 1 + \frac{1}{2}\beta^2 + \cdots \tag{3.23}$$

となるので，ローレンツ変換 (3.16) は

$$ct' = ct - \beta x + O(\beta^2), \qquad x' = x - \beta ct + O(\beta^2) \tag{3.24}$$

となります．ただし，$O(\beta^2)$（オーダー・ベーター 2 乗と読みます）は，β^2 以上のすべての項を含むことを表す記号です．V に関して 1 次（つまり，β）だけをとり $O(\beta^2)$ を無視すると，(3.24) の第 2 式は

$$x' \approx x - \beta ct = x - Vt \tag{3.25}$$

となるので，ガリレイ変換 (1.5) の 1 番目の式と同じものになります．

　一方，(3.24) の 1 番目の式で，同様の近似を考えた $t' = t - \dfrac{\beta}{c}x$ は，ガリレイ変換 (1.5) の $t' = t$ と異なっています[6]．しかし，この項 $\dfrac{\beta}{c}x$ も光速度 c に比べて非常に遅い運動をする物体が関与する現象だけを扱うならば無視できるので，(3.24) の第 1 式は次のようにガリレイ変換の前提であった絶対時間 $t' = t$ に一致します．

$$ct' = ct - \beta x \approx ct \tag{3.26}$$

---

6)　$\dfrac{\beta}{c}x$ の項は，2 つの慣性系（S 系と S′ 系）の時間の原点の差が位置に依存することを示しています．

🌱 3.2 速度の変換則

　ガリレイ変換から速度の合成則 (1.12) と (1.13) が求まったように，ローレンツ変換から粒子の速度に関する**速度の変換則**を求めてみましょう．

　これから解説するように，ローレンツ変換から決まる速度の変換則は，対象とする速度が光速度に比べて非常に小さい場合（相対速度 $V \ll c$）はガリレイ変換の速度の合成則に一致しますが，そうでない場合は著しい相違が出てきます．特に，光速度で運動する粒子に速度の変換則を適用しても，粒子は光速度のまま運動するので，この速度の変換則は光速度不変の原理と矛盾しないことがわかるでしょう．

3.2.1 粒子の速度

　具体的に，S 系に対して一定の速度 V で x 軸の正方向に動いている S′ 系において，速度 $\boldsymbol{u}'$ で運動している粒子 P を S 系から見たときの速度 $\boldsymbol{u}$ を求めてみます．

　ある時刻における粒子 P の座標が，S 系では $\boldsymbol{r}(t)$，S′ 系では $\boldsymbol{r}'(t')$ であるとすると，それぞれの速度 $\boldsymbol{u}(t)$ と $\boldsymbol{u}'(t')$ は次のように定義されます．

$$\boldsymbol{u}(t) = (u_x, u_y, u_z) = \frac{d\boldsymbol{r}(t)}{dt}, \qquad \boldsymbol{u}'(t') = (u'_x, u'_y, u'_z) = \frac{d\boldsymbol{r}'(t')}{dt'}$$

$$(3.27)$$

このとき，粒子の位置座標 $\boldsymbol{r}(t) = (x(t), y(t), z(t))$ と $\boldsymbol{r}'(t') = (x'(t'), y'(t'), z'(t'))$ の間には，次のローレンツ変換 (3.14) が成り立ちます．

$$t' = \gamma\left(t - \frac{\beta}{c}x\right), \ \ x' = \gamma(x - Vt), \ \ y' = y, \ \ z' = z \quad [(3.14)]$$

ここで，相対速度 V は一定なので，γ は時間に依存しませんが，粒子の速度 $\boldsymbol{u}(t)$ と $\boldsymbol{u}'(t')$ は時間的に変化することに注意してください．

　速度 $\boldsymbol{u}'$ の x 成分 $u'_x = \dfrac{dx'(t')}{dt'}$ と速度 $\boldsymbol{u}$ の x 成分 $u_x = \dfrac{dx(t)}{dt}$ との関係は，ローレンツ変換 (3.14) から

$$dt' = \gamma \left(dt - \frac{\beta}{c}\,dx \right), \qquad dx' = \gamma(dx - V\,dt) \tag{3.28}$$

をつくり，次のように計算すれば求めることができます．

$$u'_x = \frac{dx'}{dt'} = \frac{\gamma(dx - V\,dt)}{\gamma \left(dt - \dfrac{\beta}{c}\,dx \right)}$$

$$= \frac{\dfrac{dx}{dt} - V}{1 - \dfrac{\beta}{c}\dfrac{dx}{dt}} = \frac{u_x - V}{1 - \dfrac{\beta}{c}\,u_x} \tag{3.29}$$

一方，$\boldsymbol{u}'$ の y' 成分 $u'_y = \dfrac{dy'(t')}{dt'}$ と $\boldsymbol{u}$ の y 成分 $u_y = \dfrac{dy(t)}{dt}$ との関係は，

(3.29) と同様な計算により

$$u'_y = \frac{dy'}{dt'} = \frac{dy}{\gamma \left(dt - \dfrac{\beta}{c}\,dx \right)}$$

$$= \frac{\dfrac{dy}{dt}}{\gamma \left(1 - \dfrac{\beta}{c}\dfrac{dx}{dt} \right)} = \frac{u_y}{\gamma \left(1 - \dfrac{\beta}{c}\,u_x \right)} \tag{3.30}$$

となり，z 成分 u'_z は (3.30) の文字 y を z に変えたものになります．

以上をまとめると，速度の変換則は次のように決まります．

▶ **速度の変換則**：

$$
\begin{aligned}
u'_x(t') &= \frac{u_x(t) - V}{1 - \dfrac{\beta}{c}\,u_x(t)} \\[2mm]
u'_y(t') &= \frac{u_y(t)}{\gamma \left\{ 1 - \dfrac{\beta}{c}\,u_x(t) \right\}} \\[2mm]
u'_z(t') &= \frac{u_z(t)}{\gamma \left\{ 1 - \dfrac{\beta}{c}\,u_x(t) \right\}}
\end{aligned}
\tag{3.31}
$$

速度の変換則 (3.31) の性質

速度の変換則 (3.31) から次の 2 つの性質がわかります.

(1)　低速の極限 $\dfrac{u_x}{c} \ll 1$ で，かつ $\beta = \dfrac{V}{c} \ll 1$ とすると，$\gamma = 1,\ t' = t$ とおけるので，(3.31) は次のようにガリレイの速度の合成則 (1.12) に一致します.

$$u'_x(t) = u_x(t) - V, \qquad u'_y(t) = u_y(t), \qquad u'_z(t) = u_z(t) \quad (3.32)$$

(2)　S 系で粒子が x 軸の正方向に光速度 c で運動している場合，S 系に対して V で運動している S′ 系から見ても，粒子の速度は c になります. これを確認するには，$u_x = c,\ u_y = 0,\ u_z = 0$ とおき，S′ 系での y', z' 方向の速度成分を $u'_y = 0,\ u'_z = 0$ として u'_x を計算すればよいでしょう.

$$u'_x(t') = \frac{u_x(t) - V}{1 - \dfrac{\beta}{c} u_x(t)} = \frac{c - V}{1 - \dfrac{\beta}{c} c}$$

$$= \frac{c - V}{1 - \beta} = \frac{c - V}{1 - \dfrac{V}{c}} = c \qquad (3.33)$$

ガリレイの速度の合成則では，S 系での光速度 c は S′ 系では c' ((1.16) の $c' = c - V$) になりましたが，この (3.33) から，**光速度で運動する粒子にローレンツ変換に基づく速度の変換則を適用しても，粒子は光速度で運動する**ことがわかります.

 Training 3.3

　本文の説明とは逆に (3.31) の $u'_x = \dfrac{u_x - V}{1 - \dfrac{\beta}{c} u_x}$ を解いて，$u'_x = c$ のときの u_x の値を求めなさい.

3.2.2　座標系の間の速度

　いくつもの慣性系にローレンツ変換を繰り返し適用することによって，光速度 c よりも大きな相対速度をもつ慣性系をつくることはできるでしょうか？

　この問題を解くために，x 軸の正方向に動いている 3 つの慣性系（S 系，S′ 系，S″ 系）を想定して，S′ 系は S 系に対して相対速度 V_1 をもち，S″ 系は S′ 系に対して相対速度 V_2 をもち，そして，S″ 系は S 系に対して相対速度 V をもつとします．つまり

$$\text{S} \xrightarrow{\ V_1\ } \text{S}' \xrightarrow{\ V_2\ } \text{S}'' \qquad (3.34)$$
$$\underbrace{\hspace{6cm}}_{V}$$

として，これら 3 つの慣性系を結ぶローレンツ変換を考えてみましょう．

ローレンツ変換群

　S 系 (t, x) に対して相対速度 V をもつ S″ 系 (t'', x'') へ移るローレンツ変換は（3.14）で与えられますが，これを次のような行列で表すことにします．

$$\begin{pmatrix} x'' \\ t'' \end{pmatrix} = \gamma(V) \begin{pmatrix} 1 & -V \\ -\dfrac{V}{c^2} & 1 \end{pmatrix} \begin{pmatrix} x \\ t \end{pmatrix} = T(V) \begin{pmatrix} x \\ t \end{pmatrix} \qquad (3.35)$$

ここで，$T(V)$ はローレンツ変換の変換行列で，これを次式で定義します（なお，γ は相対速度 V に依存するので，この後の議論で混乱が生じないように，$\gamma(V)$ と明示しています）．

$$T(V) = \gamma(V) \begin{pmatrix} 1 & -V \\ -\dfrac{V}{c^2} & 1 \end{pmatrix}, \qquad \gamma(V) = \frac{1}{\sqrt{1 - \dfrac{V^2}{c^2}}} \qquad (3.36)$$

　同様に，S 系から S′ 系への変換行列 $T(V_1)$ と S′ 系から S″ 系への変換行列 $T(V_2)$ を定義すると，（3.36）の V がそれぞれ V_1 と V_2 に変わった行列になります．これらと $T(V)$ の間には

$$T(V) = T(V_1)\, T(V_2) \qquad (3.37)$$

という性質があり，また，$T(V_1)$ と $T(V_2)$ の間には

$$T(V_1)\, T(V_2) = T(V_2)\, T(V_1) \qquad (3.38)$$

という性質があることがわかります[7]．

　7）　数学的には，このような性質をもつ変換の集合を**変換群**といい，ローレンツ変換に対する（3.37）と（3.38）を**ローレンツ変換群**といいます．具体的には，（3.37）が「ローレンツ変換の変換行列 T の集合は群を成す」ことを表し，（3.38）が「T が可換群である」ことを表しています．

そして，(3.36) の変換行列 $T(V)$ を (3.37) に代入すると，係数 $\gamma(V)$ に
対して次式が成り立ちます．

$$\gamma(V) = \gamma(V_1)\gamma(V_2)\left(1 + \frac{V_1 V_2}{c^2}\right) \tag{3.39}$$

このとき (3.39) を V について解けば，速度 V_1 と V_2 の変換則を与える次式
になります．

$$V = \frac{V_1 + V_2}{1 + \dfrac{V_1 V_2}{c^2}} \tag{3.40}$$

 Exercise 3.1

(3.37) から (3.40) を導きなさい．

Coaching　(3.36) の速度 V を V_1 と V_2 に変えた行列をつくって，$T(V) =$
$T(V_1)\,T(V_2)$ の右辺を計算すると次のようになります．

$$
\begin{aligned}
T(V_1)\,T(V_2) &= \gamma(V_1)\,\gamma(V_2)
\begin{pmatrix} 1 & -V_1 \\ -\dfrac{V_1}{c^2} & 1 \end{pmatrix}
\begin{pmatrix} 1 & -V_2 \\ -\dfrac{V_2}{c^2} & 1 \end{pmatrix} \\[2mm]
&= \gamma(V_1)\,\gamma(V_2)
\begin{pmatrix} 1 + \dfrac{V_1 V_2}{c^2} & -V_1 - V_2 \\ -\dfrac{V_1}{c^2} - \dfrac{V_2}{c^2} & 1 + \dfrac{V_1 V_2}{c^2} \end{pmatrix} \\[2mm]
&= \gamma(V_1)\,\gamma(V_2)\,\Omega
\begin{pmatrix} 1 & -\dfrac{V_1 + V_2}{\Omega} \\ -\dfrac{V_1 + V_2}{c^2\Omega} & 1 \end{pmatrix}
\end{aligned} \tag{3.41}
$$

ただし，$\Omega = 1 + \dfrac{V_1 V_2}{c^2}$ とおきました．次に，$\gamma(V_1)\,\gamma(V_2)$ の分母のルート内の式
を D とおく（$\sqrt{D}$）と，$D = \left(1 - \dfrac{V_1^2}{c^2}\right)\left(1 - \dfrac{V_2^2}{c^2}\right) = 1 - \dfrac{V_1^2 + V_2^2}{c^2} + \dfrac{V_1^2 V_2^2}{c^4}$ と
なるので，この D を $\Omega^2 = 1 + \dfrac{V_1^2 V_2^2}{c^4} + \dfrac{2V_1 V_2}{c^2}$ で書き換えます．そうすると，
$D = \Omega^2 - \dfrac{(V_1 + V_2)^2}{c^2}$ となるので (3.41) の右辺の $\gamma(V_1)\,\gamma(V_2)\,\Omega$ は

$$\gamma(V_1)\,\gamma(V_2)\,\Omega = \frac{\sqrt{\Omega^2}}{\sqrt{D}}$$

$$= \frac{\sqrt{\Omega^2}}{\sqrt{\Omega^2 - \dfrac{(V_1 + V_2)^2}{c^2}}}$$

$$= \frac{1}{\sqrt{1 - \dfrac{(V_1 + V_2)^2}{c^2\Omega^2}}} \tag{3.42}$$

のようになります. この (3.42) が (3.36) の $\gamma(V)$ と一致するので, $\dfrac{V^2}{c^2} = \dfrac{(V_1 + V_2)^2}{c^2\Omega^2}$ より $V = \dfrac{V_1 + V_2}{\Omega}$ となり, 速度の変換則 (3.40) が導かれます. ∎

 速度の変換則 (3.40) を使うと, 光速度 c 以下の速度をどんなに合成しても, 合成速度 V は c を超えることはありません. 例えば, $V_1 = 0.9c$ と $V_2 = 0.9c$ を合成した速度は, (3.40) より

$$V = \frac{0.9c + 0.9c}{1 + 0.81} = \frac{1.8c}{1.81}$$

$$= 0.995c < c \tag{3.43}$$

となります (Practice [3.6] を参照).

Training 3.4

 $V_1 = c, V_2 = c$ の場合, (3.40) から V の値を求めなさい.

🌱 3.3 マイケルソン‐モーリーの実験

 第1章で述べたように, **マイケルソン‐モーリーの実験**はエーテルの存在を信じ, 絶対静止のエーテルに対する地球の相対運動を検出する目的で, マイケルソンとモーリーが行った実験 (1887年) で, これは, 正しい相対性理論の構築にとって科学史的に非常に重要でした. そのため本節で, この実験の解説をします.

3.3.1 エーテル仮説と実験方法
光の干渉でエーテルを探る

マイケルソン - モーリーの実験装置は，図 3.1 に示すように，光源 H と 2 つの鏡（M_1, M_2）とハーフミラー P，そして望遠鏡 T から構成されています．ハーフミラーとは，ガラスの表面に薄く銀付けした鏡のことで，光を等分に反射，透過させるはたらきをします．したがって，光源 H から発射された光線は，ハーフミラー P で 2 方向の光線（ビーム 1 とビーム 2）に分かれます．ビーム 1 は P から l_1 の距離にある平面鏡 M_1 で反射されて P に戻ってきます．一方，ビーム 2 は P から l_2 の距離にある平面鏡 M_2 で反射されて P に戻ってきます．2 つのビームは P で再び一緒になり，望遠鏡 T に入ります．

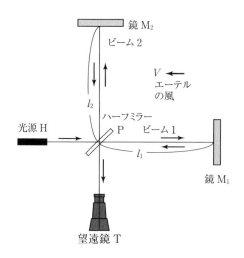

図 3.1 マイケルソン - モーリーの実験の配置とエーテルの風．実験室は，エーテルの静止系から見ると，速度 V で右向きに動いていると仮定しているので，実験室で静止している観測者から見ると，速度 V のエーテルの風が左向きに吹いていることになる．

このとき，光源 H から位相の揃った単色光が発射されていても，望遠鏡 T に戻ってきた 2 つのビームはそれぞれの伝播時間が異なるので，一般には干渉縞を生じます．

マイケルソンとモーリーは，この干渉縞を利用してエーテルの風を観測しようとしました．当然のことですが，エーテルに対する地球の速度の向きは誰にもわかりません．そこで彼らは，具体的に干渉効果を見積もるために，図 3.1 のように PM_1 方向がエーテルの風に平行であると仮定して，ビー

ム1が「エーテルの風に平行な方向」に距離 l_1 を往復する時間を t_1,ビーム2が「エーテルの風に垂直な方向」に距離 l_2 を往復する時間を t_2 としました.

(1) ビーム1が「エーテルの風に平行な方向」に距離 l_1 を往復する時間 t_1

ここでは,静止しているエーテルに対して,実験装置全体が PM_1 の方向に速度 V で移動しているものとします.光がPから M_1 に向かっているときには,装置は光と同じ方向に速度 V で移動しています.そのため,Pを出た光が M_1 に到着するまでの時間を T_1 とすると,図3.2(a)のように,その間に M_1 は VT_1 だけ遠ざかるので,光は距離 $l_1 + VT_1$ を伝播しなければなりません.**エーテルに対する光速度は c ですから**,この場合は次式が成り立ちます.

$$cT_1 = l_1 + VT_1 \tag{3.44}$$

この(3.44)を T_1 について解くと次式を得ます.

$$T_1 = \frac{l_1}{c - V} \tag{3.45}$$

一方,光が M_1 で反射されてPに戻ってくるまでの時間を T_1' とすると,図3.2(b)のように,Pは VT_1' だけ光に近づいてくるので,光は距離 $l_1 - VT_1'$ を伝播すればよいことになります.この場合も**エーテルに対する光速度は c ですから**,次式が成り立ちます.

$$cT_1' = l_1 - VT_1' \tag{3.46}$$

この(3.46)を T_1' について解くと次式を得ます.

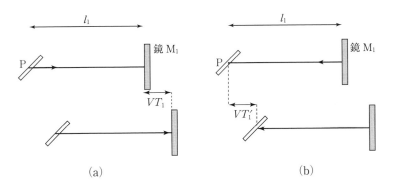

(a)   (b)

図3.2 エーテルの風とビーム1の往復時間

$$T_1' = \frac{l_1}{c + V} \tag{3.47}$$

したがって，光が PM_1 を往復する時間 t_1 は次式で与えられます．

$$t_1 = T_1 + T_1' = \frac{l_1}{c - V} + \frac{l_1}{c + V}$$

$$= \frac{2l_1}{c} \frac{1}{1 - \left(\dfrac{V}{c}\right)^2} = \frac{2l_1}{c} \frac{1}{1 - \beta^2} \tag{3.48}$$

(2) ビーム2が「エーテルの風に垂直な方向」に距離 l_2 を往復する時間 t_2

PM_2 方向のビーム2が往復する
時間を $2T_2$ とします．図3.3のよう
に，T_2 の間に鏡 M_2 は V の方向に
VT_2 だけ移動するので，P から M_2
までの距離 L_2 は，ピタゴラスの定
理により次式で与えられます．

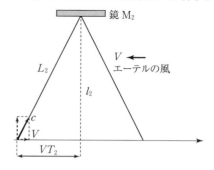

$$L_2 = \sqrt{l_2^2 + (VT_2)^2} \quad (3.49)$$

この距離 L_2 を c で割ると T_2 にな
るので，次式が成り立ちます．

図3.3 エーテルの風とビーム2の往復時間

$$T_2 = \frac{L_2}{c} = \frac{\sqrt{l_2^2 + (VT_2)^2}}{c} \tag{3.50}$$

この（3.50）を T_2 について解くと次式を得ます．

$$T_2 = \frac{l_2}{\sqrt{c^2 - V^2}} = \frac{l_2}{c} \frac{1}{\sqrt{1 - \beta^2}} \tag{3.51}$$

したがって，光が PM_2 を往復する時間 t_2 は次式で与えられます．

$$t_2 = 2T_2 = \frac{2l_2}{c} \frac{1}{\sqrt{1 - \beta^2}} \tag{3.52}$$

3.3.2 エーテル説を否定した実験結果

2つの往復時間 t_1 と t_2 との時間差 Δt_{12} を利用すると，ビーム1と2による
干渉効果を見積もることができます．この Δt_{12} は，（3.48）と（3.52）から

$$\Delta t_{12} = t_1 - t_2 = \frac{2l_1}{c}\frac{1}{1-\beta^2} - \frac{2l_2}{c}\frac{1}{\sqrt{1-\beta^2}} \tag{3.53}$$

で与えられます.

光路差 $c\Delta t_{12}$

光源 H からは位相の揃った単色光が発射されているとすると,ハーフミラー P で 2 方向に分かれたビーム 1 と 2 が再び P に戻ってくるまでに光が進む距離(**光路**[8])の差,つまり**光路差**は $c\Delta t_{12}$ なので,(3.53) から

$$c\Delta t_{12} = \frac{2l_1}{1-\beta^2} - \frac{2l_2}{\sqrt{1-\beta^2}} \tag{3.54}$$

となります.この光路差が波長 λ に対してどれだけの割合になるかで,干渉が強め合うか弱め合うかが決まります.つまり

$$n \equiv \frac{c\Delta t_{12}}{\lambda} \tag{3.55}$$

のように定義した n が整数であれば強め合い,半整数ならば弱め合う(干渉の条件)ので,この強弱が干渉縞として観測されることになります.

この干渉縞が実際に観測できるかを検討するために,(3.54) の右辺の大きさを見積もってみましょう.いま,エーテルの風の速度 V の値として,地球の軌道運動の速度 30 km/s(太陽の周りの地球の公転の速度)を用いると,$\beta = \dfrac{V}{c} = \dfrac{3 \times 10^4\,\mathrm{m/s}}{3 \times 10^8\,\mathrm{m/s}} = 10^{-4}$ となります.なお,地球の自転の速度は,赤道付近でも $5 \times 10^2\,\mathrm{m/s}$ 程度なので,公転の速度に比べて無視できます.

🎗 Exercise 3.2

マイケルソン‐モーリーの実験で設置されたハーフミラー P と鏡との実効的な距離は,$l_1 \simeq l_2 \simeq 11.0\,\mathrm{m}$ です.$\beta = 10^{-4}$ として,(3.48) の t_1 と (3.52) の t_2 の値を計算してから,(3.53) の $\Delta t_{12} = t_1 - t_2$ を求めなさい.ただし,光速度 c と相対速度 V は,共に有効数字 3 桁で与えられているとします.

---

8) 光路とは光速度 c と経過時間 t との積 ct で決まる距離のことで,ここでは ct_1 と ct_2 が光路になります.

Coaching　(3.48) と (3.52) に数値を代入すると，t_1 と t_2 は次のようになります.

$$
\begin{cases}
t_1 = \dfrac{2l_1}{c}\dfrac{1}{1-\beta^2} = \dfrac{2 \times 11\,\mathrm{m}}{3 \times 10^8\,\mathrm{m/s}} \times \dfrac{1}{1-(10^{-4})^2} \\
\quad = (7.33 \times 10^{-8}\,\mathrm{s}) \times 1.00000001 = 7.330000073 \times 10^{-8}\,\mathrm{s} \\
t_2 = \dfrac{2l_2}{c}\dfrac{1}{\sqrt{1-\beta^2}} = \dfrac{2 \times 11\,\mathrm{m}}{3 \times 10^8\,\mathrm{m/s}} \times \dfrac{1}{\sqrt{1-(10^{-4})^2}} \\
\quad = (7.33 \times 10^{-8}\,\mathrm{s}) \times 1.000000005 = 7.330000037 \times 10^{-8}\,\mathrm{s}
\end{cases}
\tag{3.56}
$$

いま有効数字は 3 桁なので，(3.56) から有効数字 3 桁までとると，t_1 と t_2 の値は同じ値 $7.33 \times 10^{-8}\,\mathrm{s}$ になります．その結果，両者の差は $\Delta t_{12} = t_1 - t_2 = 0\,\mathrm{s}$ になるので，光路差 $c\Delta t_{12}$ は観測できないことになります.　■

　この Exercise 3.2 において，ゼロでない光路差 $c\Delta t_{12}$ を求めるには，有効数字を 10 桁まで上げる必要があります（$\Delta t_{12} = t_1 - t_2 = (7.330000073 - 7.330000037) \times 10^{-8} = 0.000000036 \times 10^{-8}$）[9].

　ここまでの話で，みなさんは t_1 と t_2 の小さい数（小数点 9 桁目の 73 と 37）が，β の 2 乗（$\beta^2 = 10^{-8}$）という小さい数に起因していることに気づいたかもしれませんね．実際にそうであることを，これから示しましょう.

ドミナントな項

　ところで，いま β の 2 乗は非常に小さい数なので，次の近似が成り立ちます（二項定理）.

$$
\frac{1}{1-\beta^2} = 1 + \beta^2 + \cdots, \qquad \frac{1}{\sqrt{1-\beta^2}} = 1 + \frac{1}{2}\beta^2 + \cdots
\tag{3.57}
$$

そのため，(3.54) の光路差は次のように表すことができます[10].

$$
c\Delta t_{12} = 2(l_1 - l_2) + (2l_1 - l_2)\beta^2
\tag{3.58}
$$

(3.58) の右辺を見ると，光路差は，第 1 項（距離 l_1 と l_2 の差）と第 2 項（エー

---

9)　この Exercise 3.2 の教訓は，ほぼ同じ大きさの数値同士を引き算して，小さい数を出そうとするときには，有効数字の桁に注意する必要があるということです．そうしなければ，Exercise 3.2 の計算で見るような**桁落ち**が起きて，$\Delta t_{12} = t_1 - t_2 = 0\,\mathrm{s}$ になります.

10)　(3.56) の t_1 の式に現れる数値 $1.00000001(= 1 + 0.00000001)$ が $1 + \beta^2$ に，t_2 の式に現れる数値 $1.000000005(= 1 + 0.000000005)$ が $1 + \dfrac{1}{2}\beta^2$ に対応するので，二項定理がかなり良い精度で成り立つことがわかります.

テルの風の効果を表す β^2 に比例する量）から生じることがわかります.
しかし，第2項は第1項に比べて β^2（$=10^{-8}$）程度の微小量なので，実質的
に干渉を生じさせるのは第1項だけです．この第1項のように，非常に大き
な値をもつ項を，支配的なという意味で**ドミナントな項**といいます．このよ
うなドミナントな項があると，第2項は完全に無視されるので，エーテルの
存在を実験的に検知するのは実質的に不可能です[11].

では，どのようにすれば，この問題を解決できるでしょうか？　この問題
を，マイケルソンとモーリーは実験装置全体を90°回転させて，再度，測定
するという巧妙な方法により，ドミナントな項を消去して解決しました.

例えば，図3.1の実験装置全体を反時計回りに90°回転させた場合，「エー
テルの風に平行な方向」はPM₂になるので，距離 l_2 の往復時間 t_2' は次の
ようになります.

$$t_2' = \frac{l_2}{c - V} + \frac{l_2}{c + V} = \frac{2l_2}{c}\frac{1}{1 - \beta^2} \tag{3.59}$$

一方，「エーテルの風に垂直な方向」はPM₁になるので，距離 l_1 の往復時間
t_1' は次のようになります.

$$t_1' = \frac{2l_1}{\sqrt{c^2 - V^2}} = \frac{2l_1}{c}\frac{1}{\sqrt{1 - \beta^2}} \tag{3.60}$$

そのため，t_1' と t_2' の時間差 $\Delta t_{12}'$ は

$$\Delta t_{12}' = t_1' - t_2' = \frac{2l_1}{c}\frac{1}{\sqrt{1 - \beta^2}} - \frac{2l_2}{c}\frac{1}{1 - \beta^2} \tag{3.61}$$

となるので，光路差は

$$c\,\Delta t_{12}' = \frac{2l_1}{\sqrt{1 - \beta^2}} - \frac{2l_2}{1 - \beta^2} \tag{3.62}$$

となります．ここで，（3.57）と同じ近似を行うと（3.62）は

$$c\,\Delta t_{12}' = 2(l_1 - l_2) + (l_1 - 2l_2)\beta^2 \tag{3.63}$$

となって，（3.58）と同じドミナントな項 $2(l_1 - l_2)$ が現れることになります.

---

11)　もし厳密に $l_1 = l_2$ であれば，ドミナントな項はゼロになり，第2項の β^2 を直（じか）に測
定できることになります．しかし，装置の長さを厳密に等しくつくることは技術的に不可
能なので，ドミナントな項を消すことはできません.

干渉縞の移動を観測する

(3.58) の $c\Delta t_{12}$ から (3.63) の $c\Delta t'_{12}$ を引くと，ドミナントな項は消えるので，装置の回転前後では光路差に

$$\delta \equiv n - n' = \frac{c\Delta t_{12}}{\lambda} - \frac{c\Delta t'_{12}}{\lambda} = (l_1 + l_2)\frac{\beta^2}{\lambda} \tag{3.64}$$

だけの違いが生じ，**干渉縞の移動が起こる**ことになります．したがって，望遠鏡 T を覗いていれば，装置の回転にともなって，干渉縞の移動が観測できることになります．しかし，(3.64) の右辺は $\beta^2 = 10^{-8}$ 程度の微小量なので，干渉縞の移動を実際に観測することは技術的に不可能に思えます．

　実は，マイケルソンとモーリーの実験の巧みさは，(3.64) の β^2 の分母にある波長 λ に着目したところです．光源 H を $\lambda \simeq 10^{-7}$m 程度の光にすれば，$\frac{1}{\lambda}$ は 10^7 の大きい数になるので，積 $\frac{\beta^2}{\lambda}$ は 10^{-1} 程度になります．そのため，$l_1 + l_2$ を適当な長さにとれば，(3.64) の δ は観測可能な大きさにできます．

エーテル仮説に対する否定的な結果

マイケルソンとモーリーが実験で用いた光源は Na（ナトリウム）の D 線（$\lambda = 589$nm $= 5.89 \times 10^{-7}$m）で，ハーフミラー P と鏡との距離はそれぞれ $l_1 \simeq 11$m と $l_2 \simeq 11$m でした．これらの数値と $\beta = 10^{-4}$ を (3.64) に代入すると

$$\delta = (l_1 + l_2)\frac{\beta^2}{\lambda} = 22\,\text{m} \times \frac{(10^{-4})^2}{5.89 \times 10^{-7}\text{m}} = 0.375 \tag{3.65}$$

になります．

　実験装置全体の $90°$ 回転は，実際に装置の向きを変えてもよいのですが，装置を固定したままでも地球の自転や公転を利用すれば干渉の条件が時々刻々と変わるので，自然と δ の値は変化します．しかし，予想される $\delta = 0.375$ に対して，実験結果は $\delta \approx 0$ という結果を強く示唆しました．したがって，(3.64) より $\beta = \dfrac{V}{c} = 0$，つまり**エーテルの速度は $V = 0$ という結論**が導かれたことになります．

この結論は，光の速度がどの方向でも同じであることを示しているので，地球のエーテルに対する運動が確認できなかった（別の言い方をすれば，絶対静止系の基準としたのは太陽なのに，それに対して動いている地球も絶対静止系である，という信じがたい結論を導いた）ことになります．そのため，当時多くの科学者たちに信奉されていたエーテル説は，致命的な打撃を受けました．

3.3.3　アドホックな仮説に基づくローレンツ変換

マイケルソン‐モーリーの実験結果（$V = 0$）は，エーテルが地球と一緒に動いていることを意味しますが，オランダのローレンツやフランスのポアンカレなどの科学者たちは，この結果を受け入れることができませんでした．そのため，この結果をエーテル説で合理的に説明できるように，「長さ（空間の距離）」と「時間」に対してアドホック（場当たり的）な仮説を提唱しました．

長さに関する仮説

ローレンツは物体の長さに関して，**すべての物体はエーテル（絶対静止系）の中を速度 V で運動するとき，その運動方向に $\sqrt{1 - \beta^2}$ の割合だけ収縮する**という仮説を提唱しました（1892 年）．この仮説を**ローレンツ収縮**といいます[12]．

ローレンツ収縮の仮説に従えば，図 3.1 の l_1 が運動方向の長さなので，(3.48) の l_1 は $l_1\sqrt{1 - \beta^2}$ に置き換わり

$$t_1 = \frac{2l_1\sqrt{1 - \beta^2}}{c}\frac{1}{1 - \beta^2} = \frac{2l_1}{c}\frac{1}{\sqrt{1 - \beta^2}} \tag{3.66}$$

となります．よって，t_1 と t_2 の時間差（3.53）は次のように表せます．

$$\Delta t_{12} = \frac{2l_1}{c}\frac{1}{\sqrt{1 - \beta^2}} - \frac{2l_2}{c}\frac{1}{\sqrt{1 - \beta^2}} = \frac{2(l_1 - l_2)}{c}\frac{1}{\sqrt{1 - \beta^2}} \tag{3.67}$$

一方，装置を 90° 回転させた場合は l_2 が運動方向の長さなので，(3.59) の l_2 を $l_2\sqrt{1 - \beta^2}$ に置き換えたものが t_2' になり（これは (3.66) の l_1 を l_2 に変えた式と同じものです），t_1' と t_2' の時間差（3.61）は次のようになります．

---

12)　なお，同様の仮説はイギリスのフィッツジェラルドによっても独立に提唱されていたので，**フィッツジェラルド‐ローレンツの収縮仮説**ということもあります．

$$\Delta t'_{12} = t'_1 - t'_2 = \frac{2(l_1 - l_2)}{c}\frac{1}{\sqrt{1-\beta^2}} \tag{3.68}$$

したがって，$\Delta t = \Delta t_{12} - \Delta t'_{12} = 0$ より $c\Delta t = 0$（光路差の変化がゼロ）になるので，エーテルの風の速度 V が $V \neq 0$ でも干渉縞の移動は起こらず，マイケルソン‐モーリーの実験結果と整合することになります．

時間に関する仮説

ローレンツ収縮仮説によって，マイケルソン‐モーリーの実験結果はエーテル説と矛盾しなくなりました．しかし，この実験結果は地球（これをエーテルに対して速度 V で運動する S′ 系とします）上の観測者とエーテル（これを絶対静止系 S とします）内で静止している観測者の双方に対して，光速度は同じであることを意味するので，また新たな疑問が生じます．それは，「時間」に対する疑問です．

まず，図 3.1 の PM$_1$ の距離 l_1 を光が伝播する時間を考えてみましょう．エーテルの絶対静止系（S 系）にいる観測者からは，距離 l_1 を光速度 c で割れば光の伝播時間 t になるので，S 系での t は次式で与えられます．

$$t = \frac{l_1}{c} \tag{3.69}$$

一方，地球上（S′ 系）にいる観測者（V で動いている）の観点からは，距離 l_1 はローレンツ収縮という仮説により $l'_1 = l_1\sqrt{1-\beta^2}$ に縮むことになります．そのため，伝播時間は l'_1 を c で割った値になるので，S′ 系での伝播時間を t' で表すと，t' は次のようになります．

$$t' = \frac{l'_1}{c} = \frac{l_1}{c}\sqrt{1-\beta^2} \tag{3.70}$$

したがって，伝播時間は S 系と S′ 系で異なることになります．

ローレンツは，2 つの系（エーテルの絶対静止系と地球）における時間の不一致を解消するために，場所によって異なった時刻が存在するというアイデアを唱えました．つまり，地球上（S′ 系）の時計の時刻と基準系（S 系）の時計の時刻を原点で合わせていても，原点から離れた場所では，両方の時計の時刻は異なるというアイデアです．

このアイデアに従えば，(3.70) の S′ 系の時間 t' は (3.69) の S 系の時間 t と

は異なってもよいので, t' と t の間には, 次の関係が成り立つことになります.

$$t' = t\sqrt{1 - \beta^2} = \frac{t}{\gamma} \tag{3.71}$$

ローレンツは, S′系の t' をS系の t と区別するために, t' を**局所時間**（あるいは**局所時**）と名付け, t を絶対時間とよびました. そして, 局所時間（運動している時計の時間）が絶対時間よりも $1/\gamma$ 倍だけ遅れると解釈しました.

要するに, このように解釈して局所時間を仮定すれば, どちらの系の時計で計っても, 光はあらゆる方向に常に同じ速度 c で伝播するので, エーテル説は何の矛盾も含まないことになります.

アドホックなローレンツ変換

このような経緯から, ローレンツはS系（エーテルという絶対静止系）の時間と空間座標 (t, x) とS′系（速度 V で動いている地球）の時間と空間座標 (t', x') の間に成り立つ変換式を提唱しました（1904 年）. その変換式が, まさにローレンツ変換（3.14）の式でした.

このように, ローレンツが提唱したローレンツ変換は, マイケルソン-モーリーの実験結果とうまく折り合うように, 時間と空間に対してアドホック（場当たり的）な仮説を導入して, いわば, つじつま合わせに捻りだされたものです. そして, これらの仮説の根拠として古典電子論に基づき, 物体の運動方向の長さが $\sqrt{1 - \beta^2}$ 倍だけ縮むことを証明しましたが, その証明は物理的な整合性を欠き, 結局, 満足のいくものではありませんでした.

一方, アインシュタインは 3.1 節で述べたように, 実験的に保証されていた「光速度不変の原理」だけを出発点にして, ローレンツ変換と全く同じ形の変換式を導きました（1905 年）. そして, 「ローレンツ収縮」や「局所時間」の背後にある概念が時空構造の性質であることを明解に示しました.

したがって, 同じ形の変換式とはいえ, ローレンツとアインシュタインの導出プロセスには本質的な違いがあり, そして疑いもなく, アインシュタインの導き方に大きな意義があります[13].

---

13) なお, 「ローレンツ変換」という呼称が用いられる理由は, 科学史的には, ポアンカレがこの変換式を「ローレンツ変換」と名付けたことによります.

☕ Coffee Break

アドホックな仮定からパラダイムへ

新しい現象や謎に遭遇したとき，科学者はそれまでにわかっている理論でそれらを説明するために都合の良い仮説を立てます．一般に，そのような仮説はつじつま合わせに捻りだされたものなので，アドホック（場当たり的）な仮説とよばれます[14]．科学史的に見ると，ほとんどのアドホックな仮説は一過性で消えていく運命ですが，中には新しいパラダイムを生み出す礎として残存するものもあります．

例えば，本章で述べたローレンツの仮説（「ローレンツ収縮」と「局所時間」）は，アインシュタインの相対性理論によって否定されましたが，4次元時空構造に対するパラダイムを生み出す礎を与えたといえるでしょう．

また，原子モデルに対するボーアの量子仮説も，古典物理学と矛盾する水素原子の2つの謎（「水素原子の安定性」と「線スペクトル」）を説明するために，ボーアによって提唱されたアドホックな仮説です．この仮説にのっとり，ド・ブロイ，シュレーディンガー，ハイゼンベルク，ディラック，ボルンたちが量子力学を構築しましたが，その過程で，量子仮説の素朴な原子モデルは確率波という抽象的な概念によって否定されるという皮肉な結果になりました．しかし，ボーアの仮説自体は，量子力学への扉を開く決定的な役割を果たした素晴らしい仮説です．

他にも，時代はかなり遡りますが，天体の運行に関する「周転円」は，天動説から地動説への「コペルニクス的転換」を生み出す契機となったものです．これは最も長く信奉されていた仮説だったといえるかもしれません．

📖 本章のPoint

▶ **ローレンツ変換とローレンツ逆変換**：S′系がS系に対して x 軸の正方向に速度 V で運動しているとき，S系の (t, x, y, z) とS′系の (t', x', y', z') の間には，次のローレンツ変換とローレンツ逆変換が成り立つ．

$$t' = \gamma\left(t - \frac{\beta}{c}x\right), \quad x' = \gamma(x - Vt), \quad y' = y, \quad z' = z$$

$$t = \gamma\left(t' + \frac{\beta}{c}x'\right), \quad x = \gamma(x' + Vt'), \quad y = y', \quad z = z'$$

これらは，「特殊相対性原理」と「光速度不変の原理」を満たす変換である．

---

14) その仮説の真偽は，様々な実験や測定などによって判定されなければなりません．

▶ **ローレンツ変換 vs ガリレイ変換**：ローレンツ変換は，$\gamma \to 1$（すなわち $V \ll c$）の極限でガリレイ変換に一致する．

▶ **粒子の速度の変換則**：S 系に対して x 軸の正方向に速度 V で運動している S′ 系において速度 $\boldsymbol{u}'$ で運動している粒子 P を，S 系から見たときの速度 $\boldsymbol{u}$ との関係は

$$u'_x(t') = \frac{u_x(t) - V}{1 - \dfrac{\beta}{c} u_x(t)}$$

$$u'_y(t') = \frac{u_y(t)}{\gamma \left\{ 1 - \dfrac{\beta}{c} u_x(t) \right\}}$$

$$u'_z(t') = \frac{u_z(t)}{\gamma \left\{ 1 - \dfrac{\beta}{c} u_x(t) \right\}}$$

で与えられる．しかし，光速度以下の速度をどれだけ変換しても，光速度を超えることはできない．

▶ **座標系の間の速度の変換則**：3 つの慣性系（S : S′ → V_1, S′ : S″ → V_2, S : S″ → V）を結ぶ速度 V, V_1, V_2 に関するローレンツ変換は

$$V = \frac{V_1 + V_2}{1 + \dfrac{V_1 V_2}{c^2}}$$

で与えられる．

▶ **マイケルソン‐モーリーの実験**：エーテルに満たされた絶対空間（絶対静止空間）に対する地球の運動の検出，つまり，「エーテルの風」を観測しようという目的でマイケルソンとモーリーが行った実験である（1887年）．「エーテルの風速はゼロである」という衝撃的な結果を導いたが，見方を変えれば，光速度の不変性を実証したことになる．

▶ **アドホックな仮説に基づくローレンツ変換**：ローレンツは，マイケルソン‐モーリーの実験結果がエーテルの存在と矛盾しないように，ものの長さや時間に関してアドホック（場当たり的）な仮説を立てて，いわゆるローレンツ変換を導いた．

Practice

[3.1] ローレンツ変換の導出

(3.4) の座標 (t, x) と (t', x') の間の関係式を

$$x' = ax + bt \tag{3.72}$$

$$t' = fx + gt \tag{3.73}$$

とおき，ローレンツ変換 (3.14) を求めなさい．ただし，係数 a, b, f, g は速度 V のみの関数で座標にはよらないものとします．

[3.2] ローレンツ逆変換の適用

S′系（ただし，$y' = 0,\ z' = 0$）から見ていると，座標 $x'_{\mathrm{P}} = 60\,\mathrm{m}$，時刻 $t'_{\mathrm{P}} = 8 \times 10^{-8}\,\mathrm{s}$ で，ある出来事 P が起こりました．S′系の速度 V は，S 系から見て，x 軸の正方向に $V = \dfrac{3}{5}c$ です．時刻 $t = t' = 0$ で S 系と S′系の原点は一致していたとして，この出来事を S 系から見たときの座標 x_{P} と時刻 t_{P} を求めなさい．

[3.3] 速度の変換則の適用

2 つの粒子 A, B が実験室から見て x 軸の正方向に $u, -u$ の速度で運動しています．A に相対的な（A の静止系から見た）B の速度 u_{B} を求めなさい．

[3.4] ローレンツ変換

地上（S 系）で光の放射が x 軸上の点 x_1 で起こり，点 $x_2 = x_1 + l$ でその光が吸収されたとします．これを x 軸に沿って一定の速度 $V = \beta c$ で運動している S′系から見たとき，次の問いに答えなさい．

(1) 光の放射と吸収が起こる 2 点間の距離 $\Delta x'$ はどうなるでしょうか．

(2) 光の放射と吸収の間の経過時間 $\Delta t'$ はどれくらいになるでしょうか．

[3.5] 運動する媒質中を伝播する光の速度と媒質の屈折率

屈折率 n_0 の媒質中の光の速度は $\dfrac{c}{n_0}$ で与えられます．この媒質が速度 $V (\ll c)$ で運動するとき，その中を同じ方向に進む光の速度 u と媒質の屈折率 n を求めなさい．

[3.6] 相対速度の上限値は光速度

合成された速度が光速度を超えないことを，速度の変換則 (3.40) を使って示しなさい．

ローレンツ変換の「見える化」

第3章で，S系の座標 (t, x) とS′系の座標 (t', x') に対するローレンツ変換を代数的に導きましたが，この変換式は時間と空間が絡み合っているので，これらの式を単に眺めるだけでは物理的な意味はよくわかりません．そこで本章では，**ミンコフスキー時空**という時間座標と空間座標で構成された4次元空間を導入し[1]，その空間内でローレンツ変換を可視化します．そして，ミンコフスキー時空で様々な相対論的な物理現象を理解しましょう．

🌱 4.1　4次元空間

本章では，S系，および，このS系に対して相対速度 V で x 軸の正方向に動いているS′系の2つの慣性系をメインに考えて，話を進めることにします．

4.1.1　ミンコフスキー時空

1.4.2項で，S系の座標 (t, x) とS′系の座標 (t', x') の間のガリレイ変換

---

1)　**ミンコフスキー時空**とは，4.3節で解説するように4次元ベクトル (ct, x, y, z) のノルム（スカラー積）を不変にする性質をもった4次元空間のことで**ミンコフスキー空間**ともいいますが，より詳しい解説は第6章で行います．本章では，特殊相対性理論とは，4次元ミンコフスキー時空の世界で展開される理論であることを理解してください．なお，この時空は，特殊相対性理論の幾何学化のために，ドイツのミンコフスキーにより導入されました．

に対する時空図を図 1.3 のように表しました[2]. この図 1.3 は，S 系と S′ 系の原点 $((t, x) = (0,0)$ と $(t′, x′) = (0,0))$ を一致させて，$x, x′$ 軸と $t, t′$ 軸を描いたものです. そこで, ローレンツ変換に対する時空図（これを**ミンコフスキー図**といいます）でも[3], S 系と S′ 系の原点 $((ct, x) = (0,0)$ と $(ct′, x′) = (0,0))$ を一致させて, 同一平面に 2 つの系を描く方法を考えてみましょう.

　そのためには, まず**S 系を直交座標系で表す**ことにして, **横軸を x 軸, 縦軸を ct 軸**にとることにします. ここで, 縦軸を t の代わりに長さの次元をもった量 ct に変えたのは, 横軸の x 座標と同じ「長さの次元」にするためです. そうすると, $V > 0$ のときの S′ 系は図 4.1 (a) のように, そして, $V < 0$ のときの S′ 系は図 4.1 (b) のように, $x′$ 軸と $ct′$ 軸が傾いた**斜交座標系**で表されることになります. その理由を今から解説します（なお, この解説は 1.4.2 項の「ガリレイ変換の時空図」に関する Exercise 1.2 と基本的に同じです）.

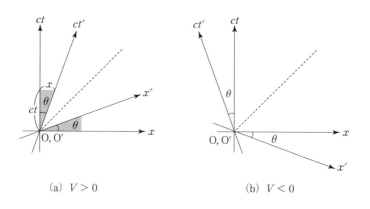

(a) $V > 0$　　　　　　　　　(b) $V < 0$

図 4.1　ローレンツ変換に対する時空図

$ct′$ 軸の決め方

　ct 軸が $x = 0$ を満たす点が集まった直線であるように, **$ct′$ 軸とは $x′ = 0$ を満たす点が集まった直線**です. そのためローレンツ変換 (3.16) で $x′ = 0$ とおいた式, すなわち $0 = \gamma(x - \beta ct)$ から求まる

---

　2)　ガリレイ変換での時空図は, 横軸を空間 x, 縦軸を時間 t としたグラフのことです.
　3)　ローレンツ変換での時空図は, 横軸を空間 x, 縦軸を光の速さ c × 時間 t としたグラフのことです.

$$x = \beta ct \quad \text{あるいは} \quad x = Vt \quad \left(\because \ \beta = \frac{V}{c} \right) \tag{4.1}$$

が，S系の x-ct 平面で ct' 軸を表す式になります．

ct 軸と ct' 軸の間の角度 θ は，図4.1 (a) に示すように，この2つの軸に挟まれた直角三角形（灰色の部分）の角度なので，(4.1) から次式で求まります．

$$\tan \theta = \frac{x}{ct} = \frac{\beta ct}{ct} = \beta \tag{4.2}$$

x' 軸の決め方

x 軸が $ct = 0$ を満たす点の集まった直線であるように，**x' 軸は $ct' = 0$ を満たす点が集まった直線**なので，ローレンツ変換 (3.16) で $ct' = 0$ とおいた式，すなわち $0 = \gamma(ct - \beta x)$ から求まる

$$ct = \beta x \quad \text{あるいは} \quad ct = \frac{V}{c}x \tag{4.3}$$

が，S系の x-ct 平面で x' 軸を表す式になります．x 軸と x' 軸の間の角度 θ も，図4.1 (a) に示すように，この2つの軸に挟まれた直角三角形の角度なので，$\tan \theta = \dfrac{ct}{x} = \dfrac{\beta x}{x} = \beta$ となります．

したがって，x, x' 軸間と ct, ct' 軸間の角度は同じで，図4.1 (a) の角度 θ は次式から求めることができます．

$$\theta = \tan^{-1} \beta = \tan^{-1} \frac{V}{c} \tag{4.4}$$

この θ は座標軸の回転角のように見えますが，それは誤解で，**θ は座標系の回転とは無関係な量**です．なぜなら θ は，(4.4) からわかるように，相対速度 V に関するパラメータだからです．V が負（β が負）の場合も，x' 軸と ct' 軸は同様に計算できます（図4.1 (b)）．

要するに，ローレンツ変換において，S系を直交座標系 (ct, x) で表せば，S′系は斜交座標系 (ct', x') で表されます．このような**ローレンツ変換による直交座標軸から斜交座標軸への座標変換が，ガリレイ変換と本質的に異なる時空構造をもたらす**のです（ガリレイ変換の時空図（図1.3）と比較してください）．なお，図4.1 の破線は $x = ct$ と $x' = ct'$ を表しています．

 **Training 4.1**

　ガリレイ変換の時空図で定義される (1.21) の α と (4.2) の θ との違いを，次元解析に用いる「時間」や「長さ」などの次元の観点から説明しなさい．

世界点の座標

　一般に，4次元のミンコフスキー時空内の任意の点 P の座標は，時間軸 ct と空間 $\boldsymbol{r} = (x, y, z)$ の 4 個の値 (ct, x, y, z) で定義され，様々な時空現象を表すことができます．この時空現象のことを**事象**（あるいは**事件，イベント**）といい，この事象が発生する点 P のことを**世界点**（あるいは**時空点**）といいます．

　ここでは，世界点の説明を簡単にするために，空間座標は x だけの 1 次元にして，x と ct で定義される 2 次元時空を考えることにします．そうすると，世界点 P の S 系での座標 (ct, x) は，図 4.2 の実線で示すように，ct 軸に平行な直線と x 軸に平行な直線の交点 $(ct_{\mathrm{P}}, x_{\mathrm{P}})$ で与えられます．なぜなら，ct 軸に平行な直線は「$x =$（一定値）」の線になり，x 軸に平行な直線は「$ct =$（一定値）」の線になるからです．

　同様の考え方をすると，斜交座標系では，図 4.2 の破線のように，「$ct' =$（一定値）」の線（x' 軸に平行な線）と「$x' =$（一定値）」の線（ct' 軸に平行な線）の交点 $(ct'_{\mathrm{P}}, x'_{\mathrm{P}})$ が点 P の座標になります．

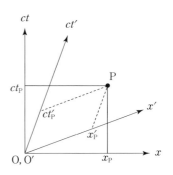

図 4.2　2 つの慣性系 S と S′ の時空図

4.1.2　世　界　線

　ミンコフスキー時空内で，ある事象が時間的に発展すると，対応する世界点は 1 つの軌道（曲線）を描きます．この軌道のことを**世界線**といいます．

静止している粒子の世界線

　静止している粒子は，時間が経過しても同じ場所に居続けることになるの

で, 世界線は常に**時間軸 (*ct* 軸と *ct′* 軸) に平行な直線**になります. そのため, 原点 O と O′ に固定された粒子の世界線は, 時間軸そのものです. また *x* 軸と *x′* 軸上の点 $x = x′ = a$ に静止している粒子 (図 4.3 (a)) の世界線は, 直交座標系では図 4.3 (b), 斜交座標系では図 4.3 (c) の直線になります.

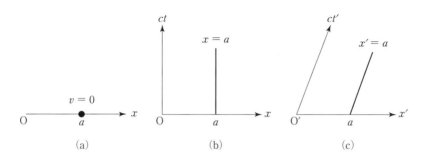

図 4.3 静止している粒子の世界線

一定の速度で動く粒子の世界線

x 軸 (*x′* 軸) の正方向に一定の速度 *v* で運動している粒子 (図 4.4 (a)) の世界線は, 直交座標系では図 4.4 (b) のように, *ct* 軸の傾きよりも右に傾いた直線 ($x = vt + a$) になり, 斜交座標系では図 4.4 (c) のように, *ct′* 軸の傾きよりも右に傾いた直線 ($x′ = vt′ + a$) になります.

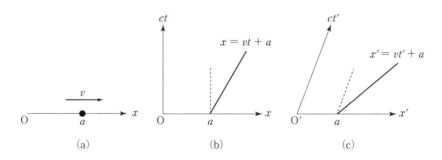

図 4.4 一定の速度で動いている粒子の世界線

 **Training 4.2**

粒子の速度が負の場合, 図 4.4 (b) と (c) に対応する図を描きなさい.

以上の例からわかるように，**粒子の静止状態を表す世界線は，時間軸そのものか，時間軸に平行な直線**になり，一定の速度で動くとそこから傾きます．これは，**ローレンツ変換をミンコフスキー図で理解するときにとても重要**になるので，覚えておいてください．

Exercise 4.1

図 4.2 の座標系と図 4.3 の世界線を使って，3 つの事象 A, B, C を図 4.5 のように描くと，「同時刻の相対性」と「A, B, C それぞれの位置関係」が視覚的に簡単に理解できることを説明しなさい．ただし，A, B, C の S 系での座標 (ct, x) と S′ 系での座標 (ct', x') をそれぞれ $(ct_A, x_A), (ct_B, x_B), (ct_C, x_C)$ と $(ct'_A, x'_A), (ct'_B, x'_B), (ct'_C, x'_C)$ とします．

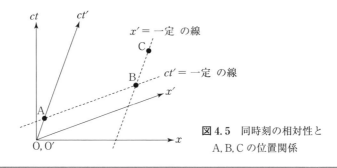

図 4.5　同時刻の相対性と A, B, C の位置関係

Coaching　図 4.5 を見ると S′ 系では事象 A と B は同時刻（$t'_A = t'_B$）ですが，S 系では $t_B > t_A$ となり，同時刻の概念は絶対的なものではありません．同様に，S′ 系で事象 B と C は同じ距離（$x'_B = x'_C$）であっても S 系では $x_C > x_B$ となり，原点からの距離が異なります．

要するに，2 つの事象のどちらが先に起こったか，2 つの事象がどれだけ離れて起こったのかなどは，慣性系，つまり観測者に依存するということがわかります．　■

4.2　ローレンツ変換の適用法

第 2 章で述べた相対論的効果の顕著な現象（「時計の遅れ」，「長さの収縮」）に対して，ローレンツ変換を具体的に適用し，ミンコフスキー図を使って考

えてみましょう.

4.2.1 時計の遅れ

S系の時計の時刻とS′系の時計の時刻を比較する問題を，2.2.2項で扱った「列車と観測者」の2つの系，すなわちS系（地上）とS′系（列車）を使って考えてみましょう．S′系はS系に対して一定の速度Vでx軸の正方向に運動しているとします.

S′系の原点に固定した時計をS系の時計と比べる場合

いま，S系とS′系の原点で同じ時刻$t = t'$ $= 0$を指している2つの時計があったとします．このとき，S′系の原点$x' = 0$に固定された時計Cの時刻t'を表す世界線はct'軸になります.

したがって，図4.6のように，S系にいる静止した観測者が自分の時計の時刻tと世界点Pにある時計Cの時刻t'を比べる場合は，(3.17)のローレンツ逆変換

$$ct = \gamma(ct' + \beta x'), \qquad x = \gamma(x' + \beta ct')$$

$$[(3.17)]$$

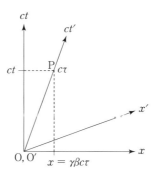

図 4.6 時計の遅れ．S′系の原点$x' = 0$に時計Cが固定されている.

の$ct = \gamma(ct' + \beta x')$を用います．なぜなら，S′系での2変数$(ct', x')$の値に対応するS系での$(ct, x)$の値を求める問題だからです．この場合，**S′系の時計は固有時間を示している**ので，固有時間をτとすると$ct' = c\tau$であることに注意しなければなりません．そうすると

$$ct = \gamma(ct' + \beta x') = \gamma(c\tau + \beta \times 0) = \gamma c\tau \tag{4.5}$$

より，次式が成り立ちます.

$$t = \gamma\tau \tag{4.6}$$

また，世界点Pのx座標はローレンツ逆変換の$x = \gamma(x' + \beta ct')$から次式になります.

$$x = \gamma(x' + \beta ct') = \gamma(0 + \beta c\tau) = \gamma\beta c\tau \tag{4.7}$$

この(4.6)から，例えば，S系で静止している時計が時間軸で$ct = 1$を指

したとき，S 系に対して V で運動している（S′ 系で静止している）時計 C は，時間軸で $ct' = c\tau = \dfrac{1}{\gamma}$ を指しています．そして $\gamma > 1$ なので，この結果は運動している時計の方がゆっくり進むことを表しています．

なお，「S 系にいる静止した観測者が自分の時計の時刻と世界点 P にある時計 C の時刻を比べる」という意味は，図 4.7（a）と（b）のように，S′ 系の 1 個の時計の時刻と S 系の x 軸上の至る所に配置された（S 系で同期している）多数個の時計を比べるということです（1.4.3 項の Coffee Break で述べた「1 対多」の考え方を参照）．

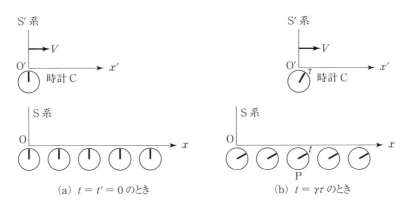

(a) $t = t' = 0$ のとき   (b) $t = \gamma\tau$ のとき

図 4.7   時計の遅れ．S′ 系の原点 $x' = 0$ に時計 C が固定されている．

S 系の原点に固定した時計を S′ 系の時計と比べる場合

今度は，S′ 系（列車）を静止した系と考え，S 系（地上）の方が一定の速度 $-V$ で x 軸の負方向に動いている場合を考えてみましょう．

このとき，S 系の原点 $x = 0$ に固定された時計 C の時刻 t を表す世界線は時間軸の ct 軸です．図 4.8 のように，S′ 系にいる静止した観測者が自分の時計の時刻 t' と世界点 P にある時計の時刻を比べる場合は，ローレンツ変換（3.16）

$$ct' = \gamma(ct - \beta x), \qquad x' = \gamma(x - \beta ct) \qquad [(3.16)]$$

の $ct' = \gamma(ct - \beta x)$ を用います．なぜなら，この場合は S 系での 2 変数 (ct, x) の値に対応する S′ 系での (ct', x') の値を求める問題だからです．

この場合，図4.6とは反対にS系の時計が固有時間を示しているので，$ct = c\tau$であることに注意しなければなりません．そうすると

$$ct' = \gamma(ct - \beta x) = \gamma(c\tau - \beta \times 0)$$
$$= \gamma c\tau \tag{4.8}$$

より，次式が成り立ちます．

$$t' = \gamma\tau \tag{4.9}$$

また，世界点Pのx'座標はローレンツ変換の$x' = \gamma(x - \beta ct)$から次式になります．

$$x' = \gamma(x - \beta ct) = \gamma(0 - \beta c\tau)$$
$$= -\gamma\beta c\tau \tag{4.10}$$

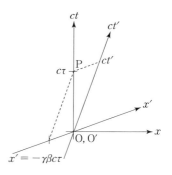

図4.8　時計の遅れ．S系の原点$x = 0$に時計Cが固定されている．

この (4.9) から，例えば，S′系で静止している時計が時間軸で$ct' = 1$を指したとき，S′系に対して$-V$で運動している（S系で静止している）時計は，時間軸で$ct = c\tau = \dfrac{1}{\gamma}$を指しています．そして$\gamma > 1$なので，この結果も運動している時計の方がゆっくり進むことを表しています．

なお，「S′系にいる静止した観測者が自分の時計の時刻と世界点Pにある時計Cの時刻を比べる」という意味は，図4.9 (a) と (b) のように，S系の1個の時計の時刻とS′系のx'軸上の至る所に配置された（S′系で同期している）多数個の時計を比べることです．

(4.6) と (4.9) の結果より，運動している系に固定された時計の時刻τ（固有時間）は**座標時間**（(4.6) のtや (4.9) のt'を指します）**よりも遅れる**ことがわかります．

繰り返しになりますが，ここで重要なことは，両者の時計の比較方法が「1対1」ではなく「1対多」の関係にあり，**測定のプロセスが対称的ではない**ということです．このことを忘れて，2つの系の時計を「1対1」の比較と考えると，「どちらの時計が移動しているかは相対的なものだから，相手側の時計が遅れるという主張はおかしい」といった誤った会話になります．要するに，いまの場合は，異なる系にいるそれぞれの観測者がそれぞれ異なる時間軸（つまり，それぞれの慣性系で同期された時計）を基準にして，双方の時

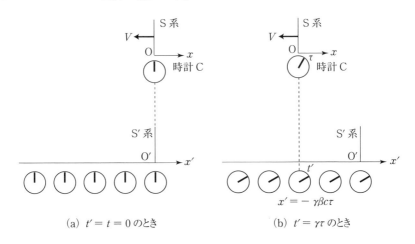

(a)　$t' = t = 0$ のとき　　　　　(b)　$t' = \gamma\tau$ のとき

図 4.9　時計の遅れ．S 系の原点 $x = 0$ に時計 C が固定されている．

計を比べる議論をしているということを正しく理解しておく必要があります．

なお，当然のことですが，**それぞれの観測者は誰も，もう一つの慣性系の時計と比べて自分の時計が遅れていることに気づくことはありません．**もし気づいたとすれば，それは特殊相対性原理が破れたことを意味します．なぜなら，特殊相対性原理は「どちらの系にいる観測者から見ても物理法則は変わらない」ことを主張しているからです．

4.2.2　ローレンツ収縮

2.4 節で「長さの収縮」を光時計の装置の箱の長さを使って述べました．そして，2.4.2 項と 3.3.3 項で「長さの収縮」が「ローレンツ収縮」とよばれることを述べました．ここでは，この「装置の箱」を単に「一様な長さの棒」とみなして，「長さの収縮」を再考しましょう．

S′ 系で測った棒の固有長 l_0 を，S 系で測った棒の長さ l と比べる場合

まず，S′ 系に固定されている棒の全長を S 系から測定する場合を考察します．この場合，S′ 系の x' 軸上に静止している棒 AB の長さは固有長になるので，この固有長を l_0 とします（棒を測定した時刻を $t' = 0$ とします）．この棒 AB は（S′ 系で静止していますが，S′ 系は S 系に対して速度 V で動いているので）S 系から見ると動いています．いま，棒端 A が S 系（地上）の

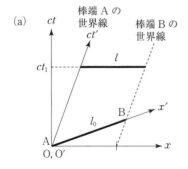 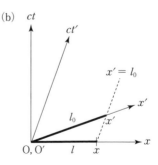

図 4.10　ローレンツ収縮. S′ 系での棒の長さは l_0 になる.

原点 O にいる観測者の前を通過した瞬間に, S 系の時計の時刻を $t = 0$ に合わせます. この棒を S 系で $t = t_1$ に測ったときの棒の長さを l とすると, l は図 4.10 (a) のミンコフスキー図で表されます.

いま問題にしているのは l と l_0 との関係なので, $t = t_1 = 0$ とおいて, 図4.10 (b) のように座標を平行移動したものを考えることにします (このように, 棒端 A を座標軸の原点に一致させるように平行移動させても, 物理的な内容が変わることはありません). そして, 図 4.10 (b) のように, 棒の世界線 $x′ = l_0$ が x 軸と交差する点の座標を x と表すことにします.

実は, S′ 系の l_0 と S 系の l の関係を議論するだけなら, 図 4.10 (b) だけで十分です. そのため, 多くのテキストには, ローレンツ収縮を解説するときに図 4.10 (b) だけが記載されています. しかし, 図 4.10 (b) だけでは, S 系と S′ 系で棒をいつ測定したのか, という順序がわかりにくくて, 何をやっているのかわからなくなる方もいるでしょう. そうならないように, 図 4.10 (b) を見たら図 4.10 (a) のような状況を意味していることを思い出してください.

さて, S′ 系で時刻 $t′ = 0$ に測った棒の長さ $x′$ を, S 系で $t = 0$ に測った棒の長さ x と比べる場合, **S′ 系の棒の長さは固有長なので** $x′ = l_0$ です. そうすると, (3.16) のローレンツ変換

$$ct′ = \gamma(ct - \beta x), \qquad x′ = \gamma(x - \beta ct) \qquad [(3.16)]$$

の $x′ = \gamma(x - \beta ct)$ を用いることになります. なぜならば, 図 4.10 (b) の

ように，ct' 軸に平行な $x' = l_0$ の世界線が x 軸と交わる点 x が，S 系で同時刻に測定した棒の長さ l になるからです．したがって，$x' = \gamma(x - \beta ct)$ から次式が得られます．

$$l_0 = \gamma(x - \beta c \times 0) = \gamma x \tag{4.11}$$

この式に $x = l$ を代入すると，次のような関係式が導けます．

$$l_0 = \gamma l \tag{4.12}$$

S 系で測った棒の固有長 l_0 を，S′ 系で測った棒の長さ l と比べる場合

次に，S 系に固定されている棒の全長を S′ 系から測定する場合を考察します．この場合，図 4.10 に対応するミンコフスキー図が図 4.11 になります．

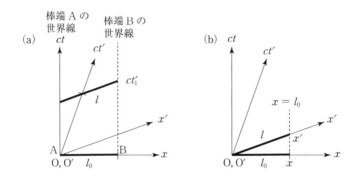

図 4.11　ローレンツ収縮．S 系での棒の長さは l_0 になる．

図 4.11 (a) は，S 系で時刻 $t = 0$ に測った棒の長さ l_0 を S′ 系で $t' = t_1'$ に測った棒の長さ l と比べる状況を表しています．先ほどの場合と同様に，図 4.11 (b) のように S 系での棒の座標を平行移動したものを考えましょう．

S 系で時刻 $t = 0$ に測った棒の長さ x を，S′ 系で $t' = 0$ に測った棒の長さ x' と比べる場合，**S 系の棒の長さは固有長なので $x = l_0$ になります**．そうすると，(3.17) のローレンツ逆変換

$$ct = \gamma(ct' + \beta x'), \qquad x = \gamma(x' + \beta ct') \qquad [(3.17)]$$

の $x = \gamma(x' + \beta ct')$ を用いることになります．なぜならば，図 4.11 (b) のように，$x = l_0$ の世界線が x' 軸と交わる点 x' が，S′ 系で同時刻に測定した棒の長さ l になるからです．したがって，$x = \gamma(x' + \beta ct')$ から次式を得ます．

$$l_0 = \gamma(x' + \beta c \times 0) = \gamma x' \tag{4.13}$$

この式に $x' = l$ を代入すると，(4.12) と同じ式になります．つまり，運動している棒の長さ l_0（固有長）は縮んで見えることがわかります．

ここで考察したローレンツ収縮が生じる理由は，簡単にいえば，静止している系での同時刻の測定が，動いている系では同時刻ではないという事実にあります．

 **Training 4.3**

固有長 l_0 の列車が，固有長 l_0 の橋を渡ります．橋に立っている人から観測した列車の長さと，列車内で静止している観測者の測る橋の長さを求めなさい．

以上，相対論的な現象をミンコフスキー図を使って，いろいろと述べましたが，もっと定量的に議論するには，ミンコフスキー図の座標軸に目盛り（単位長）を入れる必要があります．そこで，次節では，この目盛りの決め方に関係するミンコフスキー時空での距離の考え方について解説しましょう．

4.3　ミンコフスキー時空と距離の２乗

ローレンツ変換は時間と空間が絡み合う変換なので，ミンコフスキー時空の座標軸の目盛りは慣性系ごとに異なります．ここでは，２つの慣性系，S 系と S′ 系（S 系に対して一定の速度 V で運動している系）を使って，まずは目盛り（単位長）を決めるときの基礎になる**不変量**について解説します．

4.3.1　ローレンツ不変量

ローレンツ変換に対して，S 系の座標 (ct, x, y, z) と S′ 系の座標 (ct', x', y', z') の間には (3.3) の $x'^2 + y'^2 + z'^2 - c^2 t'^2 = x^2 + y^2 + z^2 - c^2 t^2 = 0$ が成り立つので，次のように定義した量

$$s^2 \equiv x^2 + y^2 + z^2 - c^2 t^2 \tag{4.14}$$

はローレンツ変換に対して不変な量（**不変量**）になります．そのため，この s^2 のような量を**ローレンツ不変量**といいます．(3.1) と (3.2) の方程式は

$s^2 = 0$ の場合にあたりますが，(4.14) は s^2 の値が正，負，ゼロによらず成り立ちます．また，この s^2 は，通常の 3 次元のユークリッド空間における原点からの距離の 2 乗 $x^2 + y^2 + z^2$ に似ているので，4 次元空間の原点からの**距離の 2 乗**に相当する量であると考えることもできます．

　話を簡単にするために，(4.14) から y, z 成分は省いて，S 系の (ct, x) と S′ 系の (ct', x') に対する次式を考えることにします．

$$x'^2 - c^2 t'^2 = x^2 - c^2 t^2 = s^2 \qquad (4.15)$$

ミンコフスキー時空の x - ct 平面に，$s^2 = 0$ の場合の (4.15) を図示すると，図 4.12 (a) のように傾き $\pm 45°$ の漸近線 $(ct = \pm x)$ になります．この図 4.12 (a) を利用して灰色の領域 A, C と白色の領域 B に分けて考察すると，2.2 節で述べた「同時刻の相対性」に対する理解が深まります．

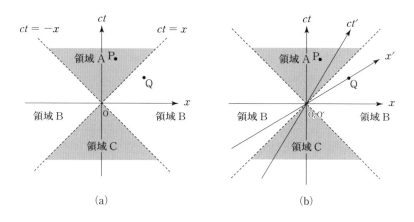

(a)   (b)

図 4.12　ミンコフスキー時空．$s^2 = 0$ の場合を x - ct 平面で描いた場合．

同時刻の相対性と因果律

　まず，白色の領域 B の中に任意の世界点 Q があるとすると，図 4.12 (a) から明らかなように，原点 O と世界点 Q は同時刻ではありません．しかし，図 4.12 (b) のように，OQ を結ぶ直線を新しい座標軸 x' にとり，それを S′ 系の (ct', x') 座標とすると，O と Q は同じ x' 軸上（つまり，$t' = 0$ という同一時刻の線上）にあるので，S′ 系では同時刻になります．このように，**白色の領域 $(s^2 > 0)$ では同時刻の相対性は自明**なことになります．

しかし, 図4.12 (a) の灰色の領域 A ($s^2 < 0$) の中にある任意の世界点 P は, 図4.12 (b) のように x' 軸上におくことはできないので, どのような慣性系をとっても (どのようにローレンツ変換を施しても), 原点 O と点 P を同時刻にすることはできません. したがって, 同時刻の概念, もっと広くいえば, 因果律の概念と図4.12 (a) のような領域分けは密接に関係していることがわかります.

光 円 錐

図4.12 (a) に y 軸を加えて, 3次元的に描くと図4.13 のようになり, 原点を通る光線 (光の世界線に相当する線) は傾き ± 1 の直線で表されます. y 方向も念頭においてこの光線の総体を考えると, それは2つの円錐の表面で表されます.

この円錐の表面は, 光の波面 $x^2 + y^2 - c^2 t^2 = 0$ を表すので, この円錐のことを光円錐といいます. そして, 例えば粒子の世界線は, この光円錐の内部に描かれます.

一定の速度 v で運動する粒子の世界線 (軌跡) は $vt = x$ より

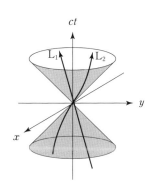

図4.13 3次元的に描いたミンコフスキー時空

$$ct = \frac{c}{v}x \tag{4.16}$$

となるので, 図4.13 のような傾き $\frac{c}{v}$ (≥ 1) の直線 L_1 になります. 一方, 粒子の速度が変化する場合の世界線は, 各点各点での傾きが $\frac{c}{v(t)}$ であるような微小な直線をつなぎ合わせれば描けるので, 例えば図4.13 に示すような曲線 L_2 になります.

4.3.2 現在・過去・未来

ここまでの内容をまとめると, ミンコフスキー時空は, 距離の2乗 s^2 の値によって, 次のような3つの領域に分類できます.

空間的領域 ($s^2 > 0$)

図 4.12 (a) の領域 B 内にある世界点は，観測者 (S′ 系) の速度を適当に選べば，常に S 系の原点 O と同時刻にできます．つまり，この領域内の点は，原点と時間的にどのような関係にも結び付けることができるので，「過去」，「現在」，「未来」という時間の順序は一義的には決まらず，観測者の運動状態から判断するしかありません．これは，同時刻の相対性そのものを意味しています．

観測者の運動状態が決まれば，この領域に必ず空間座標軸 $(x, x', \cdots)$ が引けるので，この領域 (図 4.12 (a) の領域 B) を**空間的領域**といいます．そして，相対的な距離が $s^2 > 0$ を満たす 2 点は「**空間的である**」といいます．

時間的領域 ($s^2 < 0$)

図 4.12 (a) の領域 A と C 内にある世界点は，ct 軸を含んでいるために原点との時間の前後関係を決めることは常に可能なので，この領域を**時間的領域**といいます．特に，世界点が時間的に原点より前にある領域 C を**過去の領域**といい，原点より時間的には後にある領域 A を**未来の領域**といいます．そして，相対的な距離が $s^2 < 0$ を満たす 2 点は「**時間的である**」といいます．

光 的 領 域 ($s^2 = 0$)

$s^2 = 0$ を満たす世界点は光円錐上 (図 4.12 (a) の破線上) にあり，この領域を**光的領域**といいます．そして，相対的な距離が $s^2 = 0$ を満たす 2 点は「**光的である**」といいます．

距離の 2 乗 s^2 の正負と因果律

$s^2 > 0$ の空間的領域では同時刻の概念が相対的になるので，過去や未来という時間が一義的に決まりません．これは，物理学の根底にある因果律の概念に抵触しないのでしょうか？

いま，ある物理的な原因 (という事象) が時間的領域の原点 O で生じ，その結果 (という事象) が空間的領域内の世界点 R に現れたとしましょう．空間的領域内の観測者は，運動状態を調整すれば，空間軸をこの世界点 R より上に引くことができるので，この結果を原点 O より時間的に以前 (過去) に生じた事象だと判断します．つまり，原点 O に生じる原因 (事象) よりも前に結果 (事象) の方が生じるので，因果律が破れることになります．このよ

うなことは起こりうるのでしょうか？

この現象が起こるには，原因（事象）の情報を
結果（事象）まで伝える世界線が図 4.14 の L_3 の
ようになり，光円錐の内側から外側に通り抜け
る必要があります．これは，光速度より速い
伝播速度が存在することを意味します．しかし，
光速度を宇宙最大の速度と考える特殊相対性理
論では，光速度を超えて情報を伝達することは
不可能なので，結局，このようなことは起きませ
ん．したがって，**因果律が破れることはないの**
です．

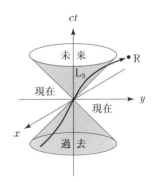

図 4.14 ミンコフスキー
時空での現在・過去・未来

 Training 4.4

S 系の同じ場所で 2 つの事象が 10 s の時間間隔で生じました．この事象が S′ 系
で 20 s の時間間隔で観測されたとすると，2 つの事象は S′ 系ではどれだけ離れて
いることになるでしょうか．

 Training 4.5

S 系の x 軸上で 3 km 離れた場所で 2 つの事象が同時に起こりました．このとき，
S 系に対して一定の速度で x 軸の正方向に動いている S′ 系からは，2 つの事象が
5 km 離れた場所に見えました．S′ 系での時間間隔はいくらだったでしょうか．

4.4 ミンコフスキー時空の幾何学

第 3 章で述べたローレンツ変換を本章で述べたミンコフスキー時空で見直
すと，ローレンツ変換は 4 次元空間における座標軸の回転に対応しているこ
とがわかります．そのため，**すべての物理法則は，この座標軸の回転に対し
て不変である**ということが，特殊相対性理論の別表現になります．ここでは，
この視点に立って，ローレンツ変換を再考してみましょう．

4.4.1　4次元空間での回転

さて，改めて (4.14) のローレンツ不変量 $s^2 = x^2 + y^2 + z^2 - c^2t^2$ をよく見てみましょう．この式の中にある $x^2 + y^2 + z^2$ だけに着目すると，これは，原点 O と点 P の座標 (x, y, z) を結ぶベクトルのノルムの2乗（スカラー積）で，O から P までの距離の2乗を表しています．いま，$\overline{\mathrm{OP}} = R$ とすると $x^2 + y^2 + z^2 = R^2$ は，半径 R の球面を表す式になるので，3次元ユークリッド空間の任意の回転に対して不変です．

具体的に，S 系の座標 (x, y, z) から反時計回りに角度 θ だけ回転させた S′ 系の座標 (x', y', z') への変換式は

$$x' = x\cos\theta + y\sin\theta, \quad y' = -x\sin\theta + y\cos\theta, \quad z' = z \tag{4.17}$$

で与えられるので $x'^2 + y'^2 + z'^2 = x^2 + y^2 + z^2 = R^2$ が成り立ちます．

ローレンツ変換を4次元ミンコフスキー時空で考えてみましょう

では，$s^2 = x^2 + y^2 + z^2 - c^2t^2$ が4次元空間内での「回転」であることが直観的にわかるように，座標 (ct, x, y, z) から (ct', x', y', z') への変換を (4.17) と同じ形の変換式で表すことを考えてみましょう．そのためには，虚数単位 $i = \sqrt{-1}$ を用いて s^2 を次のように表現します．

$$x^2 + y^2 + z^2 + (ict)^2 = s^2 \tag{4.18}$$

(4.18) は，座標 (ict, x, y, z) の4次元ミンコフスキー時空で半径 s の球面を表しています．

話を簡単にするために，$y = z = 0$ として x と ict だけを考えましょう．(4.17) の y を ict に，y' を ict' に交換すれば

$$x' = x\cos\theta + ict\sin\theta, \quad ict' = -x\sin\theta + ict\cos\theta \tag{4.19}$$

のように，x-ict 面内で (ict, x) から (ict', x') への回転を表す式になります．

ところが，座標 ct, x, ct', x' はすべて実数なので，(4.19) の $\sin\theta$ は ict との掛け算で虚数単位 i が消えるように（実数になるように），虚数でなくてはなりません．つまり，θ は**虚数になる**必要があります．そこで，回転角 θ を

$$\theta = i\eta \quad (\text{η は任意の実数}) \tag{4.20}$$

とおいて，$\sin\theta$ と $\cos\theta$ を次のような双曲線関数に書き直します[4]．

$$\sin i\eta = i\sinh\eta, \quad \cos i\eta = \cosh\eta \tag{4.21}$$

この sinh η を双曲線正弦関数, cosh η を双曲線余弦関数といいます.

この cosh η と sinh η は, (2.8) の γ と (2.7) の β で次のように表せます.

$$\cosh \eta = \gamma, \qquad \sinh \eta = \beta\gamma \tag{4.22}$$

 Training 4.6

双曲線関数の公式 $\cosh \eta = \dfrac{1}{\sqrt{1 - \tanh^2 \eta}}$ と (2.8) の γ の形を比較して, (4.22) を導きなさい.

 Exercise 4.2

2 次元時空の x-ict 面内で, (ict, x) から (ict', x') への座標軸の回転を表す式 (4.19) は, (4.22) を用いて書き換えると, ローレンツ変換(3.16)に一致することを示しなさい.

Coaching (4.19) の θ を (4.20) の $\theta = i\eta$ で書き換えると

$$\begin{cases} x' = x \cos i\eta + ict \sin i\eta = x \cosh \eta + i^2 ct \sinh \eta \\ \qquad = x \cosh \eta - ct \sinh \eta = x\gamma - ct\beta\gamma = \gamma(x - \beta ct) \\ ict' = -x \sin i\eta + ict \cos i\eta = -xi \sinh \eta + ict \cosh \eta \\ \qquad = -ix\beta\gamma + ict\gamma = i\gamma(ct - \beta x) \end{cases} \tag{4.23}$$

のようになります. ただし, 途中の計算で (4.22) を使いました.

(4.23) から求まる $x' = \gamma(x - \beta ct)$, $ct' = \gamma(ct - \beta x)$ という関係式は, (3.16) のローレンツ変換と同じものです. したがって, **ローレンツ変換はミンコフスキー時空における座標軸の回転である**ことがわかります. ∎

この Exercise 4.2 の結果を一般化すれば, ローレンツ変換は 4 次元ミンコフスキー時空の座標回転であると考えてよいことがわかります. このことを念頭において, 次項の話に進むことにしましょう.

---

4) $\sin\theta = \dfrac{e^{i\theta} - e^{-i\theta}}{2i}$ と $\cos\theta = \dfrac{e^{i\theta} + e^{-i\theta}}{2}$ に $\theta = i\eta$ を代入すると, $\sin i\eta = \dfrac{e^{-\eta} - e^{\eta}}{2i}$ $= i\dfrac{e^{\eta} - e^{-\eta}}{2}$ と $\cos i\eta = \dfrac{e^{-\eta} + e^{\eta}}{2} = \dfrac{e^{\eta} + e^{-\eta}}{2}$ になります. 一方, 双曲線正弦関数は $\sinh \eta = \dfrac{e^{\eta} - e^{-\eta}}{2}$, 双曲線余弦関数は $\cosh \eta = \dfrac{e^{\eta} + e^{-\eta}}{2}$ で定義されるので, (4.21) になります.

4.4.2 ノルムと較正曲線

ローレンツ不変量である距離の 2 乗 s^2 を利用すると，S 系と S′ 系の座標軸の目盛りが打てます．そのため，(4.15) の s^2 の式は単位長を決める**較正曲線**の役割をします．

座標軸の目盛り合わせ

まず，(4.17) を考えましょう．これは，半径 R の球面 $(x^2 + y^2 + z^2 = R^2)$ を不変にする座標変換式なので，x, y を次のようにおきましょう（ただし，$z = z'$ の式は省きます）．

$$x = R\cos\theta, \quad y = R\sin\theta \quad (R \text{ は } R > 0 \text{ の実数}) \quad (4.24)$$

これは，半径 R の円を表すので，$R = 1, 2, 3$ に対する図を描くと図 4.15 (a) のようになります．この場合，1 つの円と交わる座標軸において，その交点はどれも原点から同じ距離にあるので，x-y 座標軸と x'-y' 座標軸は同じ

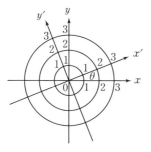

(a) x-y 軸の回転

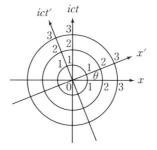

(b) x-ict 軸の回転

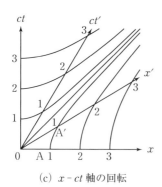

(c) x-ct 軸の回転

図 4.15　目盛りの取り方．ただし (c) にある A は $(ct, x) = (0, 1)$，A′ は $(ct', x') = (0, 1)$ の点を表す．

単位長の目盛りをもっています.

　同様に, (4.19) を表す座標系も, 形式的に (4.24) で y を ict に変えた次式

$$x = R \cos \theta, \quad ict = R \sin \theta \tag{4.25}$$

の円で表されるので, $R = 1, 2, 3$ に対する図を描くと図 4.15 (b) になります. この場合も, x - ict 座標軸と x' - ict' 座標軸は同じ単位長の目盛りをもっていますが, 縦軸が虚数なので図 4.15 (a) のユークリッド空間 (実数の空間) との関係は不明です.

　そこで, 図 4.15 (b) の虚数を実数に変えた図を描いてみましょう. それには, (4.15) の $x'^2 - c^2 t'^2 = x^2 - c^2 t^2 = s^2$ と双曲線関数の性質を使って[5], 次のような場合分けが必要になります.

$$x = s \cosh \eta, \quad ct = s \sinh \eta \quad (s^2 > 0 \text{ の場合}) \tag{4.26}$$

$$ct = s \cosh \eta, \quad x = s \sinh \eta \quad (s^2 = -|s^2| < 0 \text{ の場合})$$
$$\tag{4.27}$$

　(4.26) の場合は, $x'^2 - c^2 t'^2 = x^2 - c^2 t^2 = s^2$ が成り立つので, $ct' = ct = 0$ とおくと, $x' = x = \pm\sqrt{s^2}$ より空間軸 (x 軸と x' 軸) の目盛りが与えられます. 一方, (4.27) の場合は, $c^2 t'^2 - x'^2 = c^2 t^2 - x^2 = |s^2|$ が成り立つので, $x' = x = 0$ とおくと, $ct' = ct = \pm\sqrt{|s^2|}$ より時間軸 (ct 軸と ct' 軸) の目盛りが与えられます.

　具体的に, 空間軸の目盛りを $s = \sqrt{s^2} = 1, 2, 3$, 時間軸の目盛りを $s = \sqrt{|s^2|} = 1, 2, 3$ として校正曲線を描くと, 図 4.15 (c) のような直角双曲線で表されます. このように, 虚軸の代わりに実軸を使うと, 物理的な意味は明瞭になります. そして図から明らかなように, x - ct 座標軸と x' - ct' 座標軸の単位長の大きさが異なることになります. この単位長の大きさの違いが, 相対論的な現象をミンコフスキー図で理解するときに一種の混乱に陥らせますが, 座標軸の目盛りの倍率について理解すれば, その混乱も和らぐはずです.

---

5)　$\cosh^2 \eta - \sinh^2 \eta = 1$

♎ Exercise 4.3

図 4.15 (c) のように点 A の座標を $(ct, x) = (0, 1)$，点 A′ の座標を $(ct', x') = (0, 1)$ とすると，$\overline{\mathrm{OA}}$ が x 座標の単位長の大きさになり，$\overline{\mathrm{OA'}}$ が x' 座標の単位長の大きさになります．

(1)　点 A′ の座標 $(ct', x') = (0, 1)$ は座標 (ct, x) で次のように表せることを示しなさい．

$$(ct, x) = (\beta\gamma, \gamma) \tag{4.28}$$

(2)　x‐ct 座標系の単位で測った $\overline{\mathrm{OA'}}$ の大きさと $\overline{\mathrm{OA}} = 1$ との比で目盛りの倍率が決まります．この倍率を k とおいて，k を

$$\overline{\mathrm{OA'}} = k\,\overline{\mathrm{OA}} \tag{4.29}$$

で定義すると，k は次式で与えられることを示しなさい．

$$k = \sqrt{\frac{1 + \beta^2}{1 - \beta^2}} \tag{4.30}$$

Coaching　(1)　S′ 系の $(ct', x') = (0, 1)$ に対応する S 系の ct と x は，ローレンツ逆変換 (3.17) より，次のように求まります．

$$ct = \gamma(ct' + \beta x') = \gamma\beta \tag{4.31}$$
$$x = \gamma(x' + \beta ct') = \gamma \tag{4.32}$$

(2)　x‐ct 座標系の単位で測った $\overline{\mathrm{OA'}}$ の大きさは，(4.29) とピタゴラスの定理を使うと次のようになります．

$$\overline{\mathrm{OA'}} = \sqrt{(\beta\gamma)^2 + \gamma^2} = \gamma\sqrt{1 + \beta^2} = \sqrt{\frac{1 + \beta^2}{1 - \beta^2}} \tag{4.33}$$

この (4.33) が，$\overline{\mathrm{OA'}} = k$（(4.29) で $\overline{\mathrm{OA}} = 1$ とおいた式）と一致するので，(4.30) を示せます．　■

例えば，$\beta = \dfrac{3}{5}$ の場合，S 系から S′ 系への変換で目盛りの倍率 k は (4.30) より次のようになります．

$$k = \sqrt{\frac{1 + \beta^2}{1 - \beta^2}} = \sqrt{\frac{34}{16}} = 1.458 \approx 1.46 \tag{4.34}$$

では，実際に「時計の遅れ」のミンコフスキー図 4.6 を使って，具体的に座標軸に数字を入れて，この現象を確認しておきましょう．

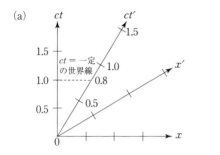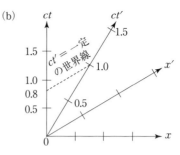

図 4.16 (a) S 系に対して S′ 系が速度 $V = \dfrac{3}{5}c$ で運動している場合

(b) S′ 系に対して S 系が速度 $V = -\dfrac{3}{5}c$ で運動している場合

まず, S 系の観測者が, S 系に対して速度 $V = \dfrac{3}{5}c \left(\beta = \dfrac{3}{5}\right)$ で動いている S′ 系の時計の時刻を見る場合は, 例えば, 図 4.16 (a) で考えることができます. なお, x 軸と x' 軸 (そして, ct 軸と ct' 軸) の間の角度 ((4.4) の θ) は $\theta = \tan^{-1}\beta = \tan^{-1}\dfrac{3}{5} = 31°$ です.

この図 4.16 (a) では, S 系で静止している観測者の腕時計は, 時間軸で $ct = 1.0$ を指しています. このとき, この観測者が S′ 系に固定された時計 C の時刻を見ると, 時計 C の時刻は時間軸で $ct' = 0.8$ を指しています. ここで, **図中の破線は S 系の観測者の目線を表しています**. なぜなら, $ct = 1.0$ の水平線 (x 軸に平行な世界線) が ct' 軸と交差する点の値 $ct' = \dfrac{1}{\gamma} \times ct = \dfrac{4}{5}$ $\times 1.0 = 0.8$ が, **S 系から見た時計 C の時刻になるからです**[6].

次に, S′ 系の観測者が, S′ 系に対して速度 $V = -\dfrac{3}{5}c$ で x' 軸の負方向に動いている S 系の時計の時刻を見る場合を, 図 4.16 (b) で考えてみましょ

---

6) この「時刻になる」という表現は, 厳密に書けば「時刻を時間軸で表したものになる」です. しかし, 縦軸の単位を, 例えば「光年」にとれば, $ct' = 0.8$ は 0.8 光年を表すので, 時刻は $t' = 0.8$ 年になります. したがって, 縦軸の単位まで考慮すれば, 時間軸 ct の値が「時刻になる」と表現しても誤りではありません. なお, 第 5 章の Exercise 5.1 の Coaching も参照してください.

う．この図では，S′ 系で静止している観測者の腕時計は時間軸で $ct' = 1.0$ を指しています．このとき，この観測者が S 系に固定された時計 C の時刻を見ると，時計 C の時刻は時間軸で $ct = 0.8$ を指しています．ここで，図中の**破線は S′ 系の観測者の目線を表しています**．なぜなら，$ct' = 1.0$ を通る x' 軸に平行な直線（世界線）が ct 軸と交差する点の時刻 $ct = \dfrac{1}{\gamma} \times ct' = \dfrac{4}{5} \times 1.0 = 0.8$ が，**S′ 系から見た時計 C の時刻になる**からです．

　以上，具体的に座標軸に数値を入れた図 4.16 の（a）と（b）を用いると，相対速度 V で運動している時計が（静止している系から見ると）$\dfrac{1}{\gamma}$ だけ遅れて見えることが実感できます．

　同様に，「ローレンツ収縮」のミンコフスキー図 4.10 の座標軸に数字を入れて具体的に考察すると，相対速度 V で運動している棒が（静止している系から見ると）$\dfrac{1}{\gamma}$ だけ縮んで見えることが実感できます（Training 4.7 を参照）．

 Training 4.7

　図 4.17（a）は，S 系に対して速度 $V = \dfrac{3}{5}c$ で動いている S′ 系に固定されている長さ 1.0 の棒を S 系で静止している観測者が測定すると，長さが 0.8 であることを描いたものです．一方，図 4.17（b）は，S′ 系に対して速度 $V = -\dfrac{3}{5}c$ で動いている S 系に固定されている長さ 1.0 の棒を S′ 系で静止している観測者が測定すると，

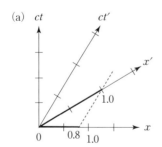
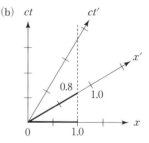

図 4.17　（a）S 系に対して S′ 系が速度 $V = \dfrac{3}{5}c$ で運動している場合

　　　　　（b）S′ 系に対して S 系が速度 $V = -\dfrac{3}{5}c$ で運動している場合

長さが 0.8 であることを描いたものです．それぞれの図に描かれている破線の意味することを，図 4.16 に対する「時計の遅れ」の説明を参考にして述べなさい．

　実際に，図 4.16 に物差しを当てて x 軸上の 1.0 の長さと x' 軸上の 1.0 の長さを測ると，目盛りの倍率が 1.46（(4.34)）倍になっていることがわかるでしょう[7]．

📘 本章の Point

▶ **ミンコフスキー時空**：4 次元ベクトル (ct, x, y, z) のスカラー積 $x^2 + y^2 + z^2 - c^2t^2$ を不変にする性質をもった空間のことで，正定値のスカラー積 $x^2 + y^2 + z^2$ をもつ 3 次元のユークリッド空間とは異なる性質をもっている．

▶ **世界点，世界線**：ミンコフスキー時空内の任意の点 P の座標 (ct, x, y, z) により，さまざまな事象を表すことができる．この点 P を世界点といい，世界点の時間経過を表す軌道を世界線という．

▶ **ローレンツ不変量**：$s^2 \equiv x^2 + y^2 + z^2 - c^2t^2$ はローレンツ変換に対して不変な量で，s^2 の値が正，負，ゼロのいずれの場合にも成り立つ．

▶ **光円錐**：$s^2 = 0$ で定義される 4 次元的な円錐で，円錐の内部（時間的領域）と外部（空間的領域），そして表面（光的領域）の 3 つの領域に分かれる（図 4.12 を参照）．

▶ **時間的領域**：絶対的過去，絶対的未来が存在し，因果律が成り立つ領域である（$s^2 < 0$）．

▶ **空間的領域**：同時刻の相対性が起こる領域である（$s^2 > 0$）．

▶ **光的領域**：光円錐の全表面で，光線の総体から成る領域である（$s^2 = 0$）．

▶ **4 次元空間での回転**：ローレンツ変換は，ミンコフスキー時空における座標軸の回転である．

---

7)　もちろん，<u>本当の</u> 4 次元時空の中で S 系と S′ 系を眺めれば，どちらの系も同じ単位長をもちますが，S′ 系を平面座標ではなく双曲線座標で記述したために単位長が異なります．これは，私たちが世界地図を球体の地球儀で見ると，国々の大きさは見た目通りの大きさなのに，メルカトル図法で平面に描いた世界地図を見ると，例えばグリーンランドとアフリカ大陸が同じ面積に見えることとちょっと似ているかもしれませんね．

▶ **目盛りの倍率**：斜交座標系で表したS′系の単位長の大きさ U' と直交座標系で表したS系の単位長の大きさ U の間には $U' = kU = \sqrt{\dfrac{1+\beta^2}{1-\beta^2}}\,U$ だけの違いがある.

 Practice

[4.1]　ローレンツ逆変換の適用

S′系と共に動く，長さ $2l_0$ の列車の中央 $x' = l_0$ から $t' = 0$ に出た光が，その両端に着く時刻は同時ですが，S系で見ると異なる時刻になります．S系での時刻差 Δct が

$$\Delta ct = 2l_0\gamma\beta \tag{4.35}$$

となることを示しなさい.

[4.2]　ローレンツ変換の適用

慣性系Sから見て，慣性系S′の速度は $V = 0.6c$ です．時計が合わせてあり，$x = x' = 0$ において $t = t' = 0$ とします.

（1）　慣性系Sから見ていると，$x_1 = 50\,\mathrm{m}$ の点で事象1が時刻 $t_1 = 2 \times 10^{-7}\,\mathrm{s}$ に起こりました．これを慣性系S′から見ると時刻 t_1' に起こったことになります．t_1' を求めなさい.

（2）　引き続き，慣性系Sから見ていると，$x_2 = 10\,\mathrm{m}$ の点で事象2が時刻 $t_2 = 3 \times 10^{-7}\,\mathrm{s}$ に起こりました．このときの時刻 t_2' を求め，そして，2つの事象の起こった時間間隔 $\Delta t' = t_2' - t_1'$ を求めなさい.

[4.3]　ローレンツ収縮を受ける奥行のある物体の見え方

一定速度 $V = \beta c$ で運動する物体はローレンツ収縮を生じますが，図4.18のように，その物体を運動方向に対して直角の方向から眺めると，大きさは変わらずに，角度が $\theta = \beta$ だけ回転して見えることを示しなさい．ただし，物体は十分遠くから眺めているものとして，光線はす

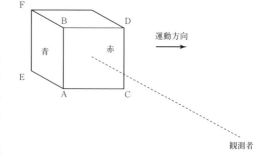

図4.18　直方体の見え方

べて平行であると仮定します（ヒント：光の速度は有限なので，物体の遠い部分と近い部分では，見える時刻が異なることを考慮しなさい）．

[4.4]　距離の2乗 $(\Delta s)^2$ の正負と慣性系の有無

ある慣性系 S において，x 軸上の点 A で事象が観測され，続いて 10^{-6}s 後に，そこから x 軸の正方向に Δx 離れた地点 B でもう1つの事象が観測されました．この2つの事象が同時に起こるように見える慣性系 S′ が存在するか否かを $(\Delta s)^2 = (\Delta x)^2 - (\Delta ct)^2 = (\Delta x')^2 - (\Delta ct')^2$ という関係式を利用して，次のそれぞれの場合について答えなさい．そして，S′ 系が存在する場合，S′ 系の S 系に対する速度 V および S′ 系での AB 間の距離 $\Delta x'$ を求めなさい．

(1)　$\Delta x = 600\,\mathrm{m}$ の場合

(2)　$\Delta x = 100\,\mathrm{m}$ の場合

相対性理論に基づく諸現象

ミンコフスキー図を利用してローレンツ変換を可視化すると，特殊相対性理論に特有な様々な現象が理解しやすくなります．本章では，「同時刻の相対性」に関する列車と駅の時計の時刻の問題，「時計の遅れ」に関する**双子のパラドックス**や光のドップラー効果などの現象を具体的に解いてみましょう．

🌱 5.1　ミュー粒子の寿命

前章までの内容で，「運動する時計は遅れる」と「運動する物体は縮む」という性質は，ローレンツ変換から自然に導かれる結論であることがわかりました．そこで本節では，この結論の正しさを，光に近い速度で運動する素粒子の崩壊現象で確認してみましょう．

宇宙から地球に高速で入射してくる極微な粒子を**宇宙線**といい，これらの大部分は，水素の原子核である陽子です．これが大気圏の上部（高度約 2 万 m 辺りの上空）で空気中の原子核と衝突して，別の粒子（2 次宇宙線）を生成します．その中に大量に含まれている荷電パイ中間子（$\pi^{\pm}$）とよばれる不安定な粒子は，すぐにミュー粒子（$\mu, \overline{\mu}$）に崩壊します．このミュー粒子も非常に不安定な粒子で寿命が短く，仮に光速度 c で飛んでいたとしても $500 \sim 600$ m で崩壊して電子になります．

しかし実際には，ある割合でミュー粒子のまま $4 \sim 5$ km ほど飛んで地上

まで到達するものもあります．この現象を具体的に計算してみましょう．

🍀 Exercise 5.1

ミュー粒子は速度 $V = \beta c = 0.99\,c$ $(\beta = 0.99)$ で飛行し，平均**寿命** $\tau = 2.20 \times 10^{-6}\mathrm{s} = 2.20\,\mu\mathrm{s}$（約 100 万分の 2 秒）で崩壊する不安定な粒子です[1]．ここで時間の単位 $\mu\mathrm{s}$ は，「マイクロセカンド」あるいは「マイクロ秒」と読みます（$\mu\mathrm{s} = 10^{-6}\mathrm{s}$）．

地上（地球）を S 系，ミュー粒子は S′ 系の原点にあるとして，次の問いに答えなさい．なお，光速度 $c = 3.0 \times 10^8\mathrm{m/s}$，また $\beta = 0.99$ より，$\sqrt{1 - \beta^2} = 0.141$ で $\gamma = \dfrac{1}{\sqrt{1 - \beta^2}} = 7.092 \approx 7.09$ です．

(1)　S′ 系の原点にあるミュー粒子が S′ 系の時計で時刻 0 に生成して時刻 τ に消滅したとして，S 系から見たミュー粒子の消滅時刻 t と飛行距離 l を，ローレンツ変換を使って求めなさい．

(2)　(1) に対するミンコフスキー図を描きなさい．そして，ミュー粒子が寿命 τ の間に飛行できる S′ 系から見た距離 l' を図に描きなさい．

(3)　ミュー粒子が寿命 τ の間に飛行できる S′ 系から見た距離 l' を，ローレンツ変換を使って求めなさい．

(4)　この現象をミュー粒子に乗って見ると，どのように見えるでしょうか？　もちろん，ミュー粒子に乗った観測者が本当にいるわけではなく，ミュー粒子が止まって見える観測者を想定しているだけです．つまり，この問いは，ミュー粒子の静止系（S′ 系）から見たら，どう見えるかを尋ねているのです．(2) で描いたミンコフスキー図を使って説明しなさい．

Coaching　(1)　これは S′ 系での世界点 $(ct', x') = (c\tau, 0)$ に対応する S 系の座標 (ct, x) を求める問題なので，(3.17) のローレンツ逆変換を使います．

$$ct = \gamma(ct' + \beta x'), \qquad x = \gamma(x' + \beta ct') \qquad\qquad [(3.17)]$$

この式に $(ct', x') = (c\tau, 0)$ と $(ct, x) = (ct, l)$ を代入すると，$ct = \gamma c\tau$ と $l = \gamma\beta c\tau$ を得ます．もちろん，l は $l = \beta ct = Vt$ を満たしています．

---

1)　ちなみに，寿命に $\ln 2$ を掛けた量が**半減期**です（詳細は Practice [5.1] を参照）．

具体的に数値を入れると，次のようになります.

$$ct = \gamma c\tau = 7.09 \times c \times 2.20\,\mu s$$
$$= 15.598\,c\mu s \simeq 15.60\,c\mu s \tag{5.1}$$
$$l = \beta\gamma c\tau = 0.99 \times 15.60\,c\mu s$$
$$\simeq 15.44\,c\mu s = 4632\,\mathrm{m} \tag{5.2}$$

ここで，$c\mu s$ は「1マイクロ秒の間に光が飛ぶ距離」なので，$c\mu s = 3.0 \times 10^8\,\mathrm{m/s}$ $\times 10^{-6}\,\mathrm{s} = 300\,\mathrm{m}$ です．この距離を「光マイクロ秒」といい，(5.1) の ct の単位は「光マイクロ秒」になります.

(2) ミュー粒子の寿命 τ とは，時刻 0 に存在するミュー粒子が時刻 τ に消滅することなので，喩えてみれば，図 4.6 のように，S′ 系の原点に置いた時計が時刻 0 から時刻 τ になるまでの時間経過を見ていることになります．したがって，この場合のミンコフスキー図は図 5.1 (a) となります．図 5.1 (b) は，具体的に数字を入れたものです.

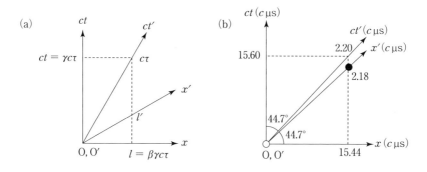

図 5.1 ミュー粒子の崩壊のミンコフスキー図

(3) 図 5.1 (a) のように，飛行距離 l' は，$x = l$ の世界線が x' 軸と交差する点（つまり，時間軸で $ct' = 0$ の原点 O′ と同時に測定される点）の値になるので，ローレンツ逆変換 (3.17) の $x = \gamma(x' + \beta ct')$ を，$x = l$ のとき $(ct', x') = (0, l')$ であるとして解くと次のような値になります.

$$l' = \frac{l}{\gamma} = \beta c\tau = 0.99 \times 2.20\,c\mu s$$
$$\simeq 2.18\,c\mu s = 654\,\mathrm{m} \tag{5.3}$$

(4) この観測者からはミュー粒子は止まって見えるので，ミュー粒子は平均寿命 2.20 μs で消滅して電子などに変わります．しかし，地上でもミュー粒子が観測されるという事実は，どんな運動をしている観測者にとっても変わりません．当然，ミュー粒子に乗った観測者から見ても，自分が乗ったミュー粒子は地上に届きます.

約 20 km の上空から数百 m 飛行しただけで地上に届くのはなぜでしょうか？

その答えのポイントは，「ローレンツ収縮による空間の縮み」です．ミュー粒子から見ると，地表はほぼ光に近い速度で近づいてくるので，空間はかなり収縮します．その結果，ミュー粒子はわずか 100 万分の 2 秒で地上に届くことができるのです．

ローレンツ収縮は（5.3）の式

$$l' = \frac{l}{\gamma} \tag{5.4}$$

で表されますが，確かに地上で測った距離 l は S′ 系から見ると l' に収縮します．ただし，ここで注意してほしいことは，**静止している地上で測った長さである l が固有長になる**ということです．

ミュー粒子は，この縮んだ距離 l' を平均寿命 τ の間に速度 V で飛行するので，次式が成り立ちます．

$$V = \frac{l'}{\tau} \tag{5.5}$$

一方，時間 τ と t の間には「時計の遅れ」によって，（5.1）の $ct = \gamma c\tau$ が成り立ちます．したがって，$t = \gamma\tau$ と（5.4）を使って（5.5）を t と l で書き換えると次のような関係式を得ます．

$$V = \frac{l'}{\tau} = \frac{\dfrac{l}{\gamma}}{\dfrac{t}{\gamma}} = \frac{l}{t} \tag{5.6}$$

これは，「距離 ÷ 時間 ＝ 速さ」という時間と空間の関係が，S 系でも S′ 系でも正しく成り立っていることを示しているので，「ミュー粒子の寿命」に対する 2 つの系での観測結果に，何の矛盾もないことがわかります．要するに，ミュー粒子自身の平均寿命 τ は短いけれども，飛行距離 l' も短いので，結局，ミュー粒子は S 系での同一地点まで到達できるのです． ■

この Exercise 5.1 からわかるように，平均寿命の短い素粒子でも光速度に近い速度で運動すると，かなりの距離を飛行できます．これを利用したものに，例えば，高エネルギーの加速器があります（詳細は 10.2 節を参照）．

 Training 5.1

静止状態での寿命が τ の不安定な粒子があります．この粒子が光速度の 0.6 倍の速度で飛んだとき，地上の観測者の時計で計ると，その寿命は伸びて t になりました．この t を求めなさい．

🌱 5.2   列車と通過駅の時刻

今度は，列車内の乗客の腕時計と通過する駅（ホーム）に固定された時計の時刻を比較する問題を考えてみましょう．具体的に，「一定の速度 V で走る列車および腕時計 C をした乗客」を S′ 系，地上に固定された一直線に伸びるレールに沿って配置された「A 駅の時計 C_A と B 駅の時計 C_B（両駅の距離 l）および駅にいる観測者」を S 系とします（図 5.2 (a) を参照）．

次の Exercise 5.2 で具体的な数値を入れて考えてみましょう．

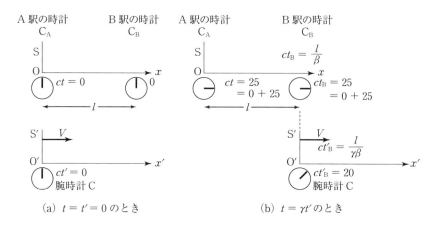

(a) $t = t' = 0$ のとき   (b) $t = \gamma t'$ のとき

図 5.2 S 系の観測者の視点．なお，(b) の時計の針の数字（20 と 25）は，108 頁の図 5.3 (b) で求めることになるものです．

🎗 Exercise 5.2 ▬▬▬▬▬▬▬▬▬▬▬▬▬▬▬▬▬▬▬▬

次の問いに答えなさい．

(1)   列車が A 駅を通過した瞬間に，列車内の乗客の腕時計 C と A 駅の時計 C_A の時刻が一致（$t = t' = 0$）していたとします．その後，列車が A 駅から l だけ離れた B 駅を通過した瞬間に，列車内の乗客の腕時計 C の指す時刻 t'_B と B 駅の時計 C_B の指す時刻 t_B はそれぞれ

$$ct_B = \frac{l}{\beta}, \qquad ct'_B = \frac{l}{\gamma\beta} \tag{5.7}$$

で与えられることを，ローレンツ変換を使って示しなさい．

(2)　A 駅から B 駅までの距離を $l = 15$，列車の速度を $V = \dfrac{3}{5}c \left(\beta = \dfrac{3}{5}\right)$ として，ミンコフスキー図を描きなさい．そして，(1) の結果を定量的に確認しなさい．

Coaching　(1)　図 5.2 (a) のように，S 系から見ると，S′ 系の腕時計 C は速度 V で動いているので，腕時計 C が距離 l だけ動いて B 駅に着いたときに B 駅の時計 C_B の指す時刻 t_B は $\dfrac{l}{V}$ です．ここで重要な点は，時計 C_A と C_B が同期しているということです．そのため，B 駅の時計 t_B は常に時刻 0 から計り始めた値（つまり，0 を加えた値）になるので，$t_B = 0 + \dfrac{l}{V} = \dfrac{l}{V}$ になるのです．

したがって，$ct_B = \dfrac{l}{\beta}$ より S 系での B 駅の座標 $(ct, x) = (ct_B, x_B) = \left(\dfrac{l}{\beta}, l\right)$ に対応する S′ 系の座標 $(ct', x') = (ct'_B, x'_B)$ を求める問題になるので，ローレンツ変換 (3.16) の $ct' = \gamma(ct - \beta x)$ を用いると

$$ct'_B = \gamma(ct_B - \beta x_B) = \gamma\left(\dfrac{l}{\beta} - \beta l\right)$$
$$= (1 - \beta^2)\dfrac{\gamma l}{\beta} = \dfrac{1}{\gamma^2}\dfrac{\gamma l}{\beta}$$
$$= \dfrac{l}{\gamma\beta} \tag{5.8}$$

となり，(5.7) が求まります．

(2)　定性的なミンコフスキー図は図 5.3 (a) になります．これに目盛りを入れた定量的な図は，x' 軸と ct' 軸の目盛りの倍率が $k = 1.46$ ((4.30)) になるので，図 5.3 (b) のようになります．直交軸と斜交軸のなす角度は $\theta = 31°$ ((4.4)) です．図中の数値は，$l = 15$，$\beta = \dfrac{3}{5}$，$\gamma = \dfrac{1}{\sqrt{1 - \beta^2}} = \dfrac{5}{4}$ から決まります．

図 5.3 (b) の $l' = 12$ と $l = 15$ は $12 = 15 \times \dfrac{4}{5}$ よりローレンツ収縮 $l' = \dfrac{l}{\gamma}$ を満たし，$ct_B = 25$ と $ct'_B = 20$ は，$20 = 25 \times \dfrac{4}{5}$ より時計の遅れ $ct'_B = \dfrac{ct_B}{\gamma}$ を満たしていることが確認できます．

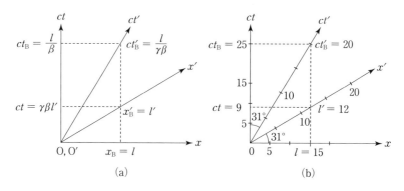

(a)　　　　　　　(b)

図5.3　S系の視点による「同時刻の相対性」のミンコフスキー図

特殊相対性原理に基づけば，Exercise 5.2 の S 系からの視点を S′ 系に変え
ても，結論は変わらないはずです．しかし，S 系から S′ 系へ視点を変えると，
Exercise 5.2 ではほとんど意識しなかった「同時刻の相対性」が特に重要に
なることがわかります．実際，この「同時刻の相対性」を慎重に考慮しない
と，正しい結論には到達できないことが，次の Exercise 5.3 で理解できるで
しょう．

 Exercise 5.3

図5.4 のように，S′ 系（列車と乗客）を静止した系と考え，S 系（駅と駅に
いる観測者）の方が一定の速度 $-V$ で左側に動いているとします．

（1）　列車内の乗客の腕時計 C の時刻が $t' = 0$ のとき，A 駅が乗客の前を
左方向に通過しました．そのときの A 駅の時計 C_A の時刻は $t = 0$ でした
（図5.4 (a)）．その後，B 駅の時計が列車内の乗客とすれ違うとき，乗客の腕
時計 C の指す時刻 t'_B と B 駅の時計 C_B の指す時刻 t_B は次式で与えられるこ
とを，ローレンツ変換を使って示しなさい（図5.4 (b)）．

$$ct'_B = \frac{l}{\gamma\beta}, \qquad ct_B = \frac{ct'_B}{\gamma} = \frac{l}{\gamma^2\beta} \tag{5.9}$$

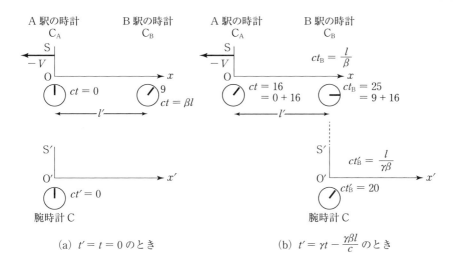

図5.4 S′系の観測者の視点. なお, 時計の針の数字は
次頁の図5.5 (b), (c) で求めることになるものです.

(2) ミンコフスキー図を描いて, Exercise 5.1 の (2) と同じ数値を使って, ct_{B}' と ct_{B} の値を記入しなさい. ただし, $l=15$, $\beta=\dfrac{3}{5}$, $\gamma=\dfrac{5}{4}$, $\theta=31°$, $k=1.46$ とします.

Coaching (1) S′系の列車内の乗客から見ると, A駅の時計 C_{A} とB駅の時計 C_{B} の距離は l ではなく, ローレンツ収縮した $l'=\dfrac{l}{\gamma}$ になります. B駅の時計はその距離 l' を速度 $-V$ で走るから, B駅の時計 C_{B} がS′系の腕時計Cとすれ違うまでの時間は l' を速さ V で割った $t_{\mathrm{B}}'=\dfrac{l'}{V}$ になります. したがって, このとき腕時計Cの指す時刻は $ct_{\mathrm{B}}'=c\dfrac{l'}{V}=\dfrac{l'}{\beta}=\dfrac{l}{\gamma\beta}$ となります.

一方, B駅の時計 C_{B} の指す時刻 t_{B} は, $ct'=ct_{\mathrm{B}}'$ の世界線と ct 軸との交点 (つまり, $x=0$ の軸と交差する点) の値になるので, ローレンツ変換 (3.16) の $ct'=\gamma(ct-\beta x)$ に $ct'=ct_{\mathrm{B}}'$ と $ct=ct_{\mathrm{B}}$ と $x=0$ を代入すると

$$ct_{\mathrm{B}}'=\gamma(ct_{\mathrm{B}}-\beta\times 0)=\gamma ct_{\mathrm{B}} \tag{5.10}$$

より, (5.9) の2番目の式が導けます.

(2) ミンコフスキー図を描くと, 図5.5 (a) のようになり, (5.9) に数値を代入

すると得られる $ct'_B = 20$ と $ct_B = 16$ を入れると図5.5（b）のようになります.

この図5.5（b）から，$ct_B = 16$ の値は，$x' = -12$ にある A 駅の時計 C_A の時刻であることがわかります. なぜなら，$t = t' = 0$ で A 駅の時計 C_A と腕時計 C は同期していたので，2 つの値の違いは「時計の遅れ」として理解できるからです $\left(ct_B = \dfrac{ct'_B}{\gamma} = 16 = \dfrac{20}{\gamma} = 20 \times \dfrac{4}{5} \right)$.

ところで，この $ct_B = 16$ は B 駅の時計 C_B の正しい値でしょうか？　ここで気づいてほしいことは，腕時計 C と A 駅の時計 C_A は同期していますが，**腕時計 C は B 駅の時計 C_B とは同期していない**ということです. 実際，Exercise 5.2 の図5.3（b）の $ct = 9$（ct 軸に記した $ct = 9$）だけ B 駅の時計 C_B は A 駅の時計 C_A より進んでいます（これが「同時刻の相対性」による効果を表しています）.

このため，ct_B の正しい値は $ct_B = 16 + 9 = 25$ となり，図5.3（b）の ct_B と一致することになります. つまり，正しいミンコフスキー図は，図5.5（c）のように ct 軸の原点をゼロから9に変えた図になります.

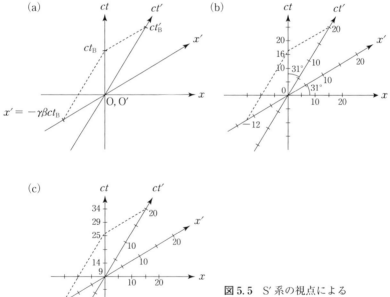

図 5.5　S' 系の視点による「同時刻の相対性」のミンコフスキー図

この Exercise 5.3 により，時刻 $t = t' = 0$ で A 駅の時計 C_A と列車内の乗客の腕時計 C を同期させた後，B 駅の時計 C_B の時刻と乗客の腕時計 C の時刻は，S 系から S′ 系へ視点を変えても一致することがわかりました．Exercise 5.2 と Exercise 5.3 から得られる教訓は，どちらの系から見ても同一の結果になる（特殊相対性原理を満たす）ためには，**「時計の遅れ」**と**「ローレンツ収縮」**の効果だけでなく，**「同時刻の相対性」の効果も正しく取り込まなければならない**ということです．

 **Training 5.2**

Exercise 5.3 において，B 駅の時計 C_B の時刻は，(5.9) の $ct_B = \dfrac{ct'_B}{\gamma}$ に，同時刻の相対性から生じる時間 $c\,\Delta t = \beta l$ を加えた

$$ct_B = \frac{ct'_B}{\gamma} + c\,\Delta t = \frac{ct'_B}{\gamma} + \beta l$$

$$= (1 - \beta^2)\frac{l}{\beta} + \beta l = \frac{l}{\beta} \tag{5.11}$$

を使うことにより，特殊相対性理論と矛盾しない正しい時刻が与えられることを確認しなさい．

図 5.2 と図 5.4 を比べて，$t = t' = 0$ での B 駅の時計の時刻が異なっていること，そして，その結果として，最終的にどちらの系の視点で考えても B 駅の時計が一致するプロセスを十分に理解してください．

5.3 双子のパラドックス

「時計の遅れ」に関する話題はたくさんありますが，特に有名なのは**双子のパラドックス**です[2]．

---

2)　本当は，パラドックスではありません．特殊相対性理論では，パラドックスに思える現象がたくさんありますが，どれもパラドックスではなく，むしろ特殊相対性理論を正しく理解するための「教育的なパズル」といえるでしょう．

5.3.1　パラドックスは存在しない

　これは，双子の A と B（これを兄 A と弟
B とします）を想定し，図5.6のように，兄
A が宇宙旅行をして地球に戻ってきたとき，
地球に留まっていた弟 B と再会すると，ど
ちらの方が若いだろうか？　という問題から
生まれるパラドックスです．

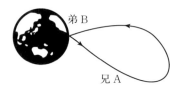

図5.6　双子のパラドックス

　双子の弟 B から見れば兄 A は常に動いていたから，兄 A の時計は遅れて
いることになります．そのため，兄 A が地球に帰還したとき，弟 B は「兄 A
の方が自分 B より若い」と主張します．しかし，兄 A から見れば，弟 B の方
が常に動いていたことになるので，この場合は弟 B の時計が遅れていること
になります．そのため，兄 A が地球に帰還したとき，兄 A は「弟 B の方が
自分 A より若い」と主張することになります．

　この問題がパラドックスとよばれる理由は，一見相矛盾する 2 つの主張が
どちらも正しいように思えるからです（ただし，自分自身が出発時より若く
なること，つまり，時間が過去に逆戻りするということではありません）．

　実は結論としては，どちらの立場をとっても，「弟 B の方が兄 A より歳を
とる」ということになります．この結論は 2 人の世界線を考えると簡単に導
けますが，その解説に入る前に，このパラドックスを解くポイントを教えて
おきます．

　それは，**特殊相対性理論の立場からいえば A と B は同等ではない**という
ことです．なぜなら，弟 B は常に<u>同じ慣性系</u>（地球）にいるのに対し，兄 A
のいる系（ロケット）は飛行中，必ず加速や減速を必要とするからです．つ
まり，兄 A は 1 つの慣性系に居続けたわけではなく，行き（往路）のロケッ
トと帰り（復路）のロケットで<u>異なる慣性系</u>にいたことになります．特殊相
対性理論は途中で変化のない**同じ慣性系**から見た記述しかできないので，こ
の「時計の遅れ」の問題は，弟 B のいる系で考えなければいけないのです．

双子の弟 B から見た 2 人の世界線

　そこで，双子の弟 B から見た 2 人の世界線を図示すると図5.7のようにな
ります．一般的に固有時 τ と座標時間 t との間には $t = \gamma\tau$ が成り立つので，

無限小の時間に対する式 $dt = \gamma\,d\tau$ を始点 P から終点 Q まで積分すると，時計の示す固有時間の経過 $\Delta\tau$ は

$$\Delta\tau = \int_{\mathrm{P}}^{\mathrm{Q}} \frac{1}{\gamma}\,dt = \int_{\mathrm{P}}^{\mathrm{Q}} dt\,\sqrt{1 - \frac{\{v(t)\}^2}{c^2}} \quad (5.12)$$

で与えられます．

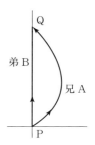

図 5.7 兄 A と弟 B の世界線

この積分で重要な点は，始点 P と終点 Q が同じでも（つまり，同じ点に戻ってきたとしても）世界線によって途中の速度 $\boldsymbol{v}(t)$ は異なるので，$\Delta\tau$ は時計の世界線に依存するということです．いまは弟 B がいる地球を静止した慣性系と考えているので，速度は常にゼロです．そのため，弟 B の固有時間の経過 $\Delta\tau_{\mathrm{B}}$ は（5.12）より次のようになります．

$$\Delta\tau_{\mathrm{B}} = \int_{\mathrm{P}}^{\mathrm{Q}} dt = t_{\mathrm{Q}} - t_{\mathrm{P}} \quad (5.13)$$

これに対して，双子の兄 A の方は世界線の中に速度がゼロでない区間を必ず含むので，兄 A の固有時間の経過 $\Delta\tau_{\mathrm{A}}$ には次のような不等式が成り立ちます．

$$\Delta\tau_{\mathrm{A}} = \int_{\mathrm{P}}^{\mathrm{Q}} dt\,\sqrt{1 - \frac{\{v(t)\}^2}{c^2}} < \int_{\mathrm{P}}^{\mathrm{Q}} dt = \Delta\tau_{\mathrm{B}} \quad (5.14)$$

したがって，兄 A の固有時 $\Delta\tau_{\mathrm{A}}$ と弟 B の固有時 $\Delta\tau_{\mathrm{B}}$ の間には

$$\Delta\tau_{\mathrm{A}} < \Delta\tau_{\mathrm{B}} \quad (5.15)$$

が成り立つので，双子の兄弟の再会時には「兄 A が弟 B より若い」ということになります．では，この「双子のパラドックス」を，具体的な数値を使って調べてみましょう．

5.3.2 弟の視点と兄の視点

話を簡単にするために，図 5.8 のように，往路（行き）の世界線 PM と復路（帰り）の世界線 MQ を点 M で対称になるようにとります．そして，具体的に，双子の兄 A が一定の速度 $V = \dfrac{3}{5}c\left(\beta = \dfrac{V}{c} = \dfrac{3}{5}\right)$ で地球から 3 光年の距離（$l = 3c$）にある星 M に行って戻ってくるとします．そうすると往復

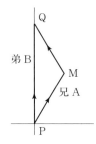

図 5.8　点 M で往路と復路を
対称にとった兄 A の世界線

で 6 光年なので，弟 B の時計では

$$t = \frac{2l}{V} = \frac{2 \times 3c}{V} = \frac{2 \times 3}{\beta}$$

$$= 2 \times 3 \times \frac{5}{3} = 10 \text{ 年} \tag{5.16}$$

となります．すなわち，兄 A が往復して戻ってくるまでに弟 B の時計では
10 年かかることになります．

　一方，兄 A の時計は弟 B から見ると速度 V で運動していることになるか
ら，「時計の遅れ」により

$$t' = \frac{t}{\gamma} = \frac{10}{\gamma}$$

$$= 10 \times \frac{4}{5} = 8 \text{ 年} \tag{5.17}$$

のように，往復して地球に戻ってくるまでに兄 A の時計では 8 年しかかか
りません．その結果，双子の兄 A が戻ってきたときには，弟 B の方が 2 歳年
上になっていることになります．

　これを具体的に図にしてみましょう．双子の弟 B から見て，兄 A は始めの
5 年間を速度 V のロケットに乗って真っ直ぐに恒星 M まで飛んでいき，そ
こで，速度 $-V$ のロケットに即座に乗り換えて，5 年間かけて地球に戻って
くることになるので，弟 B の座標系を x - ct 直交座標にとると，兄 A の行き
の座標系は図 5.9（a）で，帰りの座標系は図 5.9（b）で表されます．したが
って，$x = 3c$ にある星 M の点で 2 つの世界線を繋いだ図 5.9（c）が，双子
のパラドックス問題を考えるための座標系になります．

(a) 弟 B の世界線

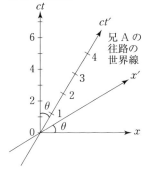

(b) 弟 B の世界線

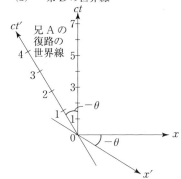

(c)

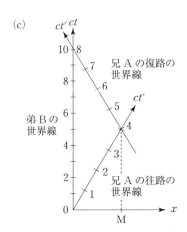

図5.9 兄 A と弟 B の座標系

🎗 Exercise 5.4

兄 A と弟 B の世界線を示した図 5.9（c）を使って，双子の兄 A が地球に戻って弟 B に会ったとき，兄 A の方が弟 B よりも 2 歳だけ若くなっていることを説明しなさい．

Coaching   弟 B に対して兄 A は一定の速度 β で動いているから、弟 B の腕時計の時刻 t と兄 A の腕時計の時刻 t' の間には「時計の遅れ」が生じます。弟 B から見た兄 A の時計の時刻 t' は、x 軸に平行な線（時刻 t が一定の線）と ct' 軸との交点で与えられるので、図 5.9 (c) は図 5.10 のようになります。

したがって、弟 B の時計で計った経過時間は時間軸で $\Delta ct = 10$ となり、兄 A の経過時間は時間軸で $\Delta ct'$ となります。両者の間には $\Delta ct = \gamma \, \Delta ct'$ が成り立つので

$$\Delta ct' = \frac{1}{\gamma}\Delta ct = \frac{1}{\dfrac{5}{4}} \times 10 = 8$$

(5.18)

のように、弟 B が過ごした 10 年間は兄 A には 8 年間になります。そのため、双子の兄 A の方が弟 B より 2 歳若くなっていることになります。

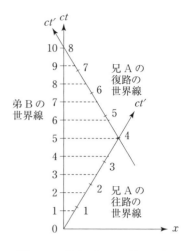

図 5.10　双子の兄 A は弟 B より若い

この Exercise 5.4 のように、弟 B から見ると双子に年齢差が生じることはパラドックスではなく、特殊相対性理論に基づく「時計の遅れ」からの自然な帰結であることがわかります。では、兄 A から見たらどのようになるでしょうか？

双子の兄 A から見た 2 人の世界線

双子の兄 A の立場で考えると、2 人の世界線は図 5.11 (a) のようになります。つまり、ロケットにいる兄 A から見ると、行きの慣性系の時間軸は $ct'(\mathrm{out})$ であり、帰りの慣性系の時間軸は $ct'(\mathrm{in})$ となるので、同時刻の線はそれぞれの x' 軸（$x'(\mathrm{out})$ と $x'(\mathrm{in})$）に平行な破線で表されます。

「同時刻の相対性」（2.2 節を参照）で述べたように、慣性系が異なると、離れた場所の同時刻は異なります。そのため、兄 A が M に到着した時刻（時間軸で ct'_{M}）と同時刻となる弟 B の時刻は、行きの慣性系では時間軸で ct_{M1} となり、帰りの慣性系では ct_{M2} となります。つまり兄 A がロケットで M に到着して方向を転換した一瞬に、弟 B のいる地球上では時間軸で $\Delta ct =$

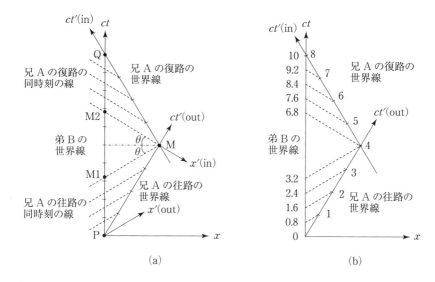

図 5.11 双子の兄 A から見た弟 B の経過時間

$ct_{M2} - ct_{M1} = 6.8 - 3.2 = 3.6$ が過ぎたことになります（図 5.11（b）を参照）.

それを理解した上で，次の Training 5.3 で「双子のパラドックス」を双子の兄 A の立場から考えてみましょう.

🌱 Training 5.3

図 5.11 を使って，「双子の兄 A の方が弟 B よりも 2 歳だけ若くなっている」という Exercise 5.4 の結論が，兄 A から見ても変わらないことを説明しなさい.

これらの解説で，「双子のパラドックス」がパラドックスではないことが理解できたでしょう. 要点は，双子の兄 A の系はロケットで方向転換をするときに加速度が加わることで，慣性系ではなくなるため，特殊相対性理論はそのままでは適用できないということです. 一方，弟 B は同じ慣性系に居続けるので，特殊相対性理論は成り立ち，正しい結論になるのです. なお，世界線の同時刻の点が M1 から M2 へ不連続に変化して時間が増える効果は，非慣性系を扱う「一般相対性理論」で説明できることをコメントしておきます.

🌱 5.4 光のドップラー効果

救急車のサイレンの音は，車が近づくときは高く，遠ざかるときは低く聞こえます．これは，音波に関する**ドップラー効果**とよばれるもので，日常的に経験する現象です．音は空気という媒質で伝播するので，「音源が動く場合」と「観測者が動く場合」によって，ドップラー効果を表す式は異なります．

ところで，ドップラー効果は波動に現れる現象なので，音波だけでなく光波（電磁波）でも観測されますが，光波には媒質が存在しないので，音波のような「場合分け」は不要になります．そのため，光波のドップラー効果を表す式は比較的簡単な形になります．

5.4.1 赤方偏移とハッブル‐ルメートルの法則

図 5.12（a）のように，S′系に固定した光源から発射された光の波列をS系に静止している観測者が見ているとしましょう．**波列**とは n 個の波を含む列のことで，観測者は，この波列を時間 Δt の間に観測するとします．

いま，S′系は速度 V でS系に近づいているので，光源はS系の観測者に速度 V で近づきます．また，光速度は c なので，S系の観測者が見る波列の長さ $n\lambda$ は次式で与えられます．

$$n\lambda = c\Delta t - V\Delta t \tag{5.19}$$

ここで，λ はS系での光の波長です．波長 λ と振動数 ν の間には $\nu\lambda = c$ という関係があるので，(5.19) の両辺を c で割り，$\dfrac{\lambda}{c} = \dfrac{1}{\nu}$ で書き換えると

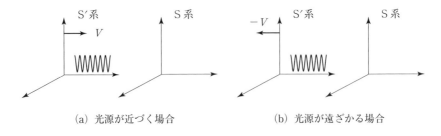

(a) 光源が近づく場合　　　　(b) 光源が遠ざかる場合

図 5.12 光のドップラー効果

$$n = \nu\left(1 - \frac{V}{c}\right)\Delta t = \nu(1 - \beta)\,\Delta t \tag{5.20}$$

となります．この n は，S′ 系で観測される量で表すこともできて，S′ 系で静止している光源から時間 $\Delta t'$ の間に発射される光の振動数（固有振動数）を ν_0 とすると，

$$n = \nu_0\,\Delta t' \tag{5.21}$$

で表されます．

一方，$\Delta t'$ は光源の固有時なので，S 系の座標時間 Δt の間に時計の遅れ

$$\Delta t = \gamma\,\Delta t' \tag{5.22}$$

が生じることになります．

光のドップラー効果の公式

(5.20) の左辺の n に (5.21) を，最右辺にある Δt に (5.22) を代入すると，$\nu_0\,\Delta t' = \nu(1 - \beta)\gamma\,\Delta t'$ という式になるので，この式の両辺の $\Delta t'$ を消去すると次式が求まります．

$$\nu = \frac{\nu_0}{(1 - \beta)\gamma} = \frac{\sqrt{1 - \beta^2}}{1 - \beta}\,\nu_0$$

$$= \sqrt{\frac{1 + \beta}{1 - \beta}}\,\nu_0 \tag{5.23}$$

したがって，S 系の観測者に光源が近づいてくると，S 系の観測者は振動数 ν が大きくなるのを観測します．しかし，ここで注意してほしいことは，(5.23) は β だけに依存しているので，音波の場合と違って，光源が動いているか観測者が動いているかによらない式だということです．要するに，**光源と観測者が相対的に近づく場合は，振動数が大きくなる（波長が短くなる）現象が観測されます．** 光が可視光の場合，この現象は青い色の方にずれて見えることを意味するので，**青方偏移**といいます．

これに対して，図 5.12 (b) のように相対的に遠ざかる場合は，相対速度 V を $-V$ に変えればよいので，(5.23) で β を $-\beta$ に変えた次式が成り立ちます．

$$\nu = \sqrt{\frac{1 - \beta}{1 + \beta}}\,\nu_0 \tag{5.24}$$

したがって，この場合に S 系で観測される振動数は，光源の静止系（S′ 系）での振動数（固有振動数）より小さくなります．これは，光が可視光であれば，赤色の方にずれて見えることを意味するので，**赤方偏移**（せきほうへんい）といいます．

ハッブル‐ルメートルの法則（ハッブルの法則）

宇宙では，遠方の銀河の色が赤く変化して観測されることが知られています．これは，望遠鏡などで観測される（地球から速度 v で遠ざかる星の放射する）光の波長 λ' が，元素のもつ固有の波長 λ に比べて長い方にずれるために生じる現象，つまり赤方偏移です．この赤方偏移の研究から，ハッブルは星雲の後退速度 v が銀河系外星雲までの距離 R に比例すると仮定して，次式が成り立つことを発見しました（1929 年）．

$$v = H_0 R \tag{5.25}$$

これを**ハッブル‐ルメートルの法則**あるいは**ハッブルの法則**といいます[3]．ここで，比例定数 H_0 はハッブル定数という量です（定義は Exercise 5.5 を参照）．

この法則によれば，距離 R にある天体は，互いに（5.25）で与えられる相対速度 v で遠ざかっていることになるので，宇宙が膨張していることを意味します．したがって，ハッブル‐ルメートルの法則の発見は，現在の宇宙構造論に非常に大きな意義をもっています．

赤方偏移のパラメータ z

赤方偏移の大きさを表すパラメータ（これを一般に，記号 z で表します）は，観測される波長 λ' と元素の固有の波長 λ との差 $\Delta\lambda = \lambda' - \lambda$ を λ で割った，次の量で定義されます．

$$z = \frac{\Delta\lambda}{\lambda} = \frac{\lambda' - \lambda}{\lambda}$$

$$= \frac{\nu}{\nu'} - 1 = \sqrt{\frac{1+\beta}{1-\beta}} - 1 \tag{5.26}$$

（5.26）から，後退速度 v が光速度 c に近づくほど（$\beta \to 1$），パラメータ z が大きくなることがわかります．あるいは，β を（5.26）から z で表すと

---

3)　従来，「ハッブル（Hubble）の法則」とよばれていましたが，2018 年の IAU 決議により「ハッブル‐ルメートルの法則」を用いる方が適切であると決まりました．

$$\beta = \frac{(1+z)^2 - 1}{(1+z)^2 + 1} = \frac{z(2+z)}{(1+z)^2 + 1} \qquad (5.27)$$

となるので, z の値が大きいほど, 銀河や銀河団の後退速度 $v = \beta c$ の値は大きくなります ($z \to \infty$ で $\beta \to 1$). そのため, ハッブル-ルメートルの法則に基づけば, z の値が大きいほど, より遠方にある天体を観測していることになります.

 Exercise 5.5

銀河 GN-z11 のパラメータ z は $z = 10.957$ です. この値を $z = 11$ として, 地球からこの銀河までの距離 R をハッブル-ルメートルの法則 (5.25) を使って求めなさい. なお, ハッブル定数 H_0 の値を $H_0 \simeq 70\,\mathrm{km/(s \cdot Mpc)}$ とします. ただし, pc はパーセク[4] で $1\,\mathrm{pc} = 3.26$ 光年, Mpc はメガパーセクで $\mathrm{Mpc} = 10^6\,\mathrm{pc}$ です.

Coaching ハッブル-ルメートルの法則 (5.25) より, この銀河までの距離 R は v を H_0 で割れば求まるから, まず $z = 11$ と (5.27) から β を求めると $\beta = 0.986$ になります. この値を代入すると, 距離 R は

$$R = \frac{\beta c}{H_0} = \frac{0.986\,c}{70\,\mathrm{km/(sec \cdot Mpc)}} = \frac{0.986\,c}{70\,\mathrm{km/sec}} \cdot \mathrm{Mpc}$$

$$= \frac{0.986 \times (3 \times 10^8\,\mathrm{m/sec})}{70 \times 10^3\,\mathrm{m/sec}} \times 10^6 \times 3.26$$

$$= 0.1377 \times 10^{11} \simeq 138 \times 10^8 \text{ 光年} \qquad (5.28)$$

より, 約 138 億光年になります. ∎

 Training 5.4

ナトリウムの D 線 (実験室での波長は 589.0 nm (ナノメートル)) の波長が, ある星からのスペクトルでは 588.0 nm にシフトして観測されました. 地球上の観測者に対する星の速度 v を (5.26) と (5.27) から求めなさい.

---

4) 用語パーセク (parsec) は, 視差 (parallax) が角度で 1 秒 (arc second) になる距離であるというところからつくられた単位で, $1\,\mathrm{pc} = 3.09 \times 10^{13}\,\mathrm{km} = 3.26$ 光年です.

今日，ハッブル望遠鏡やジェイムズ・ウェッブ宇宙望遠鏡などで，遠い銀河や星団の観測が盛んになされていますが，その基礎には，このハッブル‐ルメートルの法則があるのです．

5.4.2 「双子のパラドックス」の再考

5.3 節では，「双子のパラドックス」について双子の兄 A がロケットの向きを変えて慣性系を変えた瞬間に，弟 B が 3.6 年も歳をとる（そのため，弟は兄よりも年上になる）と述べましたが，これはいささか唐突な感じがすると思います．この双子のパラドックスは，それぞれの時計の進み具合がお互いにわかるような工夫をすれば，もっと素朴に理解できるはずです．

例えば，自分の誕生日（自分自身の固有時間で計った等間隔の時間）に相手に光信号を送り，その信号の総数から相手の歳を判断するという方法が考えられます．そして，この方法で，重要な役割をするのがドップラー効果です．前項で述べたように，光のドップラー効果の式 (5.23) と (5.24) は光源と観測者の相対速度だけに依存するので，兄 A の乗ったロケットの方向転換（つまり，慣性系から非慣性系への変化）の影響を考慮する必要はありません．そのため，5.3 節の解説よりも簡単に，双子のパラドックスはパラドックスではないことが理解できるはずです．

双子の弟 B が 1 年ごとに兄 A に信号を送る場合

そこで，双子の弟 B（S 系）が自分の誕生日ごと（1 年ごと）に 1 個のパルス信号を兄 A に送信するとしましょう（つまり，振動数 $\nu_0 = 1$ で送信します）．いま，兄 A（S′ 系）は $\beta = \dfrac{3}{5}$ で遠ざかっているので（図 5.9 を参照），兄 A が受け取るパルスの振動数 ν は (5.24) から次のようになります．

$$\nu = \sqrt{\frac{1 - \dfrac{3}{5}}{1 + \dfrac{3}{5}}}\, \nu_0 = \sqrt{\frac{\dfrac{2}{5}}{\dfrac{8}{5}}}\, \nu_0 = \frac{1}{2}\, \nu_0 \tag{5.29}$$

これは，2 年ごとに 1 個のパルスが兄 A に届くことを意味します．この (5.29) の意味がわかりにくければ，次のように周期に置き換えて考えたらよ

いかもしれません.

振動数 ν（ν_0）と周期 τ（τ_0）の間には

$$\tau = \frac{1}{\nu}, \qquad \tau_0 = \frac{1}{\nu_0} \tag{5.30}$$

という関係があるので，(5.29) を周期で表すと次のようになります.

$$\tau = 2\tau_0 \tag{5.31}$$

そうすると (5.31) より，$\tau_0 = 1$ のとき $\tau = 2$，$\tau_0 = 2$ のとき $\tau = 4$ のように，往路の兄 A は 2 年ごとに 1 個のパルスを受けとることがわかります.

その後，兄 A は星 M から帰路について $\beta = \frac{3}{5}$ で弟 B に近づくので，兄 A が受信するパルスの ν と τ は (5.23) から次のようになります.

$$\nu = \sqrt{\frac{1 + \frac{3}{5}}{1 - \frac{3}{5}}}\, \nu_0 = 2\nu_0, \qquad \tau = \frac{1}{2}\tau_0 \tag{5.32}$$

(5.32) より，$\tau_0 = 1$ のとき $\tau = \frac{1}{2}$，$\tau_0 = 2$ のとき $\tau = 1$ のように，帰路の兄 A は半年ごとに 1 個のパルスを受け取ることになります.

したがって，兄 A が自分の時計で往路 4 年の後に，帰路 4 年で地球に到着すると，その間の経過は図 5.13 で表されます. 光の信号の速度は c なので，x-ct 図では $x = ct$ が光線の世界線となり，世界線を表す破線と x 軸との角度は $45°$ になります（図 5.11 の破線の傾きとは異なることに注意してください）.

このようにして双子が再会したとき，双子の弟 B は 10 歳，兄 A は 8 歳だけ年齢を重ねています. つまり，時計の遅れの $t = \gamma\tau$ と同じ $10 = \frac{5}{4} \times 8$ が成り立っています.

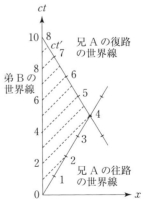

図 5.13 弟 B から兄 A に 1 年ごとに信号を送るときのミンコフスキー図

双子の兄 A が 1 年ごとに弟 B に信号を送る場合

　見方を変えて，双子の兄 A が自分の誕生日ごと（1 年ごと）に 1 個のパルス信号を弟 B に送信するとしましょう（つまり振動数 $\nu_0 = 1$，周期 $\tau_0 = 1$ で送信します）．この場合，弟 B が受信する信号の周期 τ は，それぞれ次のようになります．

$$往路：\quad \tau = \sqrt{\frac{1 + \dfrac{3}{5}}{1 - \dfrac{3}{5}}}\, \tau_0 = 2\tau_0 \tag{5.33}$$

$$復路：\quad \tau = \sqrt{\frac{1 - \dfrac{3}{5}}{1 + \dfrac{3}{5}}}\, \tau_0 = \frac{1}{2}\tau_0 \tag{5.34}$$

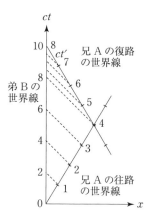

図 5.14　兄 A から弟 B に 1 年ごとに信号を送るときのミンコフスキー図

　兄 A が自分の時計で往路 4 年の後に帰路につくとすれば，その間の経過は図 5.14 で表されます．このようにして再会したときも，弟 B は 10 歳，兄 A は 8 歳だけ年を加えていることになり，図 5.13 と本質的に同じ結論になります．

本章のPoint

▶ **素粒子の崩壊現象**：「運動する時計は遅れる」と「運動する物体は縮む」という性質は，光に近い速度で運動する素粒子の崩壊現象で検証できる.

▶ **ミュー粒子の寿命**：ミュー粒子は，仮に光速度 c で飛んでいたとしても $500 \sim 600\,\mathrm{m}$ で崩壊して電子になる，寿命の短い不安定粒子であるが，相対性理論の効果により $4 \sim 5\,\mathrm{km}$ ほど飛んで地上まで到達することができる.

▶ **列車と通過駅の時刻**：「一定の速度 V で走る列車および腕時計 C をした乗客」を S′ 系，「A 駅の時計 C_A と B 駅の時計 C_B（両駅の距離 l），および駅にいる観測者」を S 系としたとき，どちらの系にいる人から見ても，B 駅の時計 C_B は同じ時刻となり，時間軸で $ct_B = \dfrac{l}{\beta}$ を指す. 同じ時刻になる理由は，「時計の遅れ」と「ローレンツ収縮」と「同時刻の相対性」がうまく折り合いを付けているためである.

▶ **双子のパラドックス**：双子の兄 A が高速ロケットで宇宙旅行して帰還する間，弟 B は地球にいるとすると，どちらが歳をとっているのか？ という，特殊相対性理論のパラドックスで，時計のパラドックスともいう. 特殊相対性理論は慣性系から見た記述しかできないので，地上にいる弟 B の主張だけが正しく，両者が再会したとき，兄 A よりも弟 B の方が歳をとっている. その結果，兄 A は弟 B より若いことになる. 要するに，双子の年齢差はパラドックスではなく真実である.

▶ **光のドップラー効果**：光のドップラー効果は，光を伝播する媒質が存在しないので光源と観測者の相対速度 $V = \beta c$ だけで決まる. 光源の振動数を ν_0，観測者の受信する振動数を ν とすると，次式が成り立つ.

- 両者が相対的に近づく場合：$\nu = \sqrt{\dfrac{1+\beta}{1-\beta}}\,\nu_0$

- 両者が相対的に遠ざかる場合：$\nu = \sqrt{\dfrac{1-\beta}{1+\beta}}\,\nu_0$

このように，光のドップラー効果の式は音波などの式よりもシンプルになる.

▶ **ハッブル‐ルメートルの法則**：赤方偏移の研究から，ハッブルは星雲の後退速度 v と銀河系外星雲までの距離 R との間に $v = H_0 R$（比例定数 H_0 はハッブル定数）が成り立つことを発見した（1929 年）.

Practice ════════════════════════

[5.1] パイ中間子の速度と飛行距離

パイ中間子は，この粒子の静止系（S′系）で，次式に従って崩壊します．

$$\frac{N(t')}{N_0} = 2^{-\frac{t'}{T}} \equiv e^{-\frac{t'}{\tau}}, \qquad \tau = \frac{T}{\ln 2} \tag{5.35}$$

ここで，N_0 は $t' = 0$ での粒子数，τ は寿命，T は半減期を表します．半減期は $T = 1.8 \times 10^{-8}$s です．いま，加速器でパイ中間子のバンチ（粒子群）を発生させ，そのバンチ内の $\frac{2}{3}$ のパイ中間子 $\left(\frac{N(t')}{N_0} = \frac{2}{3} \right)$ をパイ中間子の発生点から 35 m 先の検出器で観測するとします（ここが S 系になります）．すべてのパイ中間子は同じ速度 v をもっているとして，次の値を求めなさい．

(1)　パイ中間子の速度 v

(2)　パイ中間子の静止系から見たターゲット（標的）と検出器の間の距離 l'

[5.2] 粒子の飛行距離と寿命

実験室で粒子が生成されて，時間 t の間に距離 L だけ飛んで消滅しました．この粒子の寿命 τ を t, L，光速度 c で表しなさい．

[5.3] すれ違うロケットと人工衛星の通過時間

ある慣性系 S から眺めたとき，固有長 $l_0 = 200$ m のロケットが $u = 0.6c \, (\beta = 0.6)$ の一定の速度で図 5.15 のように人工衛星と遭遇しました．人工衛星がロケットとすれ違って完全に離れるまでの時間を，次の (1)〜(3) の場合について求めなさい．ただし，人工衛星の大きさは無視します．

図 5.15　ロケットと人工衛星

(1)　ロケットの静止系での時間 Δt_A

(2)　慣性系 S での時間 Δt_S

(3)　人工衛星の静止系での時間 Δt_B

[5.4] 天体に対する宇宙船の速度

宇宙船に乗った観測者が一定の速度で航行します．自分の時計で 30 年後に，地球から 200 光年離れた天体に達するには，天体に対する宇宙船の速度 v はいくらであればよいでしょうか．

[5.5]　双子のパラドックス

　双子の兄 A は 20 歳の誕生日に地球から 4.4 光年離れたケンタウルス座 α（アルファ）星まで光速度 c の 80％ で行き，星を周回するとすぐに同じ速度で地球に戻ってきました．兄 A がケンタウルス座 α 星に着いたとき，弟 B から見た 2 人の年齢差を求めなさい．

相対性理論に必要な数学ツール

ここで解説するローレンツ変換に対するスカラー量，ベクトル量，テンソル量などの計算法は，第7章以降のテーマを理解するのに必要な数学的なテクニックです．特に，テンソルの計算は物理法則の「共変性」を一目でチェックできる強力な数学ツールです．これらの計算方法が習得できるように，計算過程をできるだけ愚直に示します．きっと，ベクトルやテンソルの効用がわかるようになるでしょう．

🌱 6.1　ベクトルの変換性

ふつう，私たちはベクトルと聞くと，「大きさと向きをもつ量」という定義から，空間に固定された矢のような図形的イメージをもちますが，ここではベクトルの代数的な定義を導入します．その理由は，相対性理論の数学的構造を理解するために不可欠だからです．そして，ユークリッド空間（3次元空間）では不要であったベクトルの区別（**共変ベクトル**と**反変ベクトル**）が，なぜミンコフスキー時空（時間軸も加えた4次元空間）では必要になるのかを解説します．

6.1.1　ユークリッド空間の座標変換

力学などの授業で3次元のユークリッド空間の直交座標系（これを Σ 系とよぶことにします）を扱うとき，私たちはふつう直角座標（デカルト座標）

を x, y, z, **単位ベクトル**を $\boldsymbol{i}, \boldsymbol{j}, \boldsymbol{k}$ で表しています. しかし, 議論を一般化するために, ここからは座標を x^1, x^2, x^3 という記号を用いて

$$x = x^1, \qquad y = x^2, \qquad z = x^3 \tag{6.1}$$

のように表すことにします[1]. そして, **基底ベクトル**を $\boldsymbol{e}_1, \boldsymbol{e}_2, \boldsymbol{e}_3$ という新しい記号で表すことにします[2]. 直交座標の場合は, 基底ベクトルは単位ベクトルと同じものなので, 次のようになります.

$$\boldsymbol{i} = \boldsymbol{e}_1, \qquad \boldsymbol{j} = \boldsymbol{e}_2, \qquad \boldsymbol{k} = \boldsymbol{e}_3 \tag{6.2}$$

いまからベクトルの座標変換について解説をしますが, 理解しやすいように, ここでは 2 次元平面で考えることにします.

2 次元のユークリッド空間（平面）

2 次元のユークリッド空間の直交座標系（Σ 系）を図 6.1 (a) で表すと, ベクトル $\boldsymbol{x}$ は図 6.1 (b) のようにベクトルの成分 $x^j = (x^1, x^2)$ と基底ベクトル $\boldsymbol{e}_j = (\boldsymbol{e}_1, \boldsymbol{e}_2)$ で表されるので, 次式が成り立ちます（ただし, 添字を $j (- 1, 2)$ としたのは (6.4) での添字を $i (= 1, 2)$ とするためです）.

$$\boldsymbol{x} = x^1 \boldsymbol{e}_1 + x^2 \boldsymbol{e}_2 = \sum_{j=1}^{2} x^j \boldsymbol{e}_j \tag{6.3}$$

次に, 図 6.1 (a) の座標系に対して図 6.1 (c) のように, 反時計回りに角度 θ だけ回転させた座標系（これを Σ' 系とよぶことにします）を考え, この座標系でのベクトル $\boldsymbol{x}$ の成分を $x'^i = (x'^1, x'^2)$, 基底ベクトルを $\boldsymbol{e}'_i = (\boldsymbol{e}'_1, \boldsymbol{e}'_2)$ とすると, ベクトル $\boldsymbol{x}$ は次のように表すことができます.

---

1) その理由は 6.2 節でわかります. なお, 記号 x^1, x^2, x^3 のように x の右上に付いている数字 1, 2, 3 は, x の 1 乗, 2 乗, 3 乗という意味ではありません. これらの数字を**指標**といいます.

2) 基底ベクトル $\boldsymbol{e}_1, \boldsymbol{e}_2, \boldsymbol{e}_3$ は, ベクトルを測る「物差し」となる 1 組のベクトルのことで, **基底ベクトルであるための条件は, それが 1 次独立であるということだけで, 大きさが 1 であることも, 互いに直交していることも必要ではありません.** これに対して, **デカルト座標での基底ベクトルは, 互いに直交して, 大きさが 1 なので, 単位ベクトルと同じもの**になります. 例えば, 図 4.15 (c) の（直交座標での）x 軸の 1.0 と（斜交座標での）x' 軸の 1.0 をそれぞれの基底ベクトル $\boldsymbol{e}_1, \boldsymbol{e}'_1$ に割り当てると, $\boldsymbol{e}_1$ は（大きさが 1 なので）単位ベクトル $\boldsymbol{i}$ そのものですが, x' 軸の $\boldsymbol{e}'_1$ の大きさは（目盛りの倍率 k のために 1.0 ではなく）k になります. なお, 基底ベクトルの具体的な計算方法は Exercise 6.3 を参照してください.

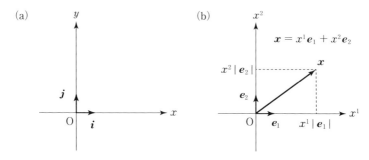

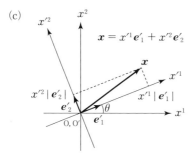

図6.1　2次元のユークリッド空間

$$\boldsymbol{x} = x'^1 \boldsymbol{e}'_1 + x'^2 \boldsymbol{e}'_2 = \sum_{i=1}^{2} x'^i \boldsymbol{e}'_i \tag{6.4}$$

　ところで，ベクトル $\boldsymbol{x}$ 自体は回転させていないので，(6.3) と (6.4) の左辺が同じ $\boldsymbol{x}$ になるのは当然です．これは，喩えていえば，上空を真っ直ぐに飛んでいる飛行機（遠目に見ればベクトルに見えるでしょう）を地上の原っぱに寝そべって見ているとき，あなたの頭の向きを変えれば，あなたからの見え方（向き）は変わっても，飛行機そのものの向きは変わらないのと同じです．しかし，それを保証するためには，(6.3) の右辺の量（ベクトルの成分 (x^1, x^2)，基底ベクトル $(\boldsymbol{e}_1, \boldsymbol{e}_2)$）と (6.4) の右辺の量 $((x'^1, x'^2), (\boldsymbol{e}'_1, \boldsymbol{e}'_2))$ との間に特別な変換則がなければなりません．その変換則を，いまから明らかにしていきましょう．

ベクトル変換

　ベクトルの成分 $x^i = (x^1, x^2)$ から $x'^i = (x'^1, x'^2)$ への変換は，次の行列で表すことができます（これは，4.4.1項の (4.17) の x, y 成分に対する行列表現です）．

$$\begin{pmatrix} x'^1 \\ x'^2 \end{pmatrix} = \begin{pmatrix} \cos\theta & \sin\theta \\ -\sin\theta & \cos\theta \end{pmatrix} \begin{pmatrix} x^1 \\ x^2 \end{pmatrix} \equiv R \begin{pmatrix} x^1 \\ x^2 \end{pmatrix} \tag{6.5}$$

ただし，変換を表す行列（**変換行列**）を R で表しています．

ここで，$R^i{}_j$ を変換行列 R の i 行 j 列の成分（ij 成分）として，行列 R を次のように表すことにします[3]．

$$R = (R^i{}_j) = \begin{pmatrix} R^1{}_1 & R^1{}_2 \\ R^2{}_1 & R^2{}_2 \end{pmatrix} = \begin{pmatrix} \cos\theta & \sin\theta \\ -\sin\theta & \cos\theta \end{pmatrix} \tag{6.6}$$

この (6.6) を用いると，(6.5) は次のように表せます．

$$x'^i = \sum_{j=1}^{2} R^i{}_j x^j \qquad (i = 1, 2) \tag{6.7}$$

(6.7) は Σ 系から Σ' 系への座標変換にともなうベクトルの成分の変換式で[4]，これを**ベクトル変換**といいます．

 Exercise 6.1 ━━━━━━━━━━━━━━━━━━━━━━━━━━━━━━

次の問いに答えなさい．

(1) (6.7) を (6.4) に代入した式をつくり，その式と (6.3) とを比べることにより，基底ベクトルに対して次式が成り立つことを示しなさい．

$$\boldsymbol{e}_i = \sum_{j=1}^{2} R^j{}_i \boldsymbol{e}'_j \qquad (i = 1, 2) \tag{6.8}$$

ここで，$R^j{}_i$ は (6.6) の $R^i{}_j$ の ij が入れかわったもので，R の転置行列 R^T の ji 成分です．したがって，(6.8) を行列で表すと次のようになります[5]．

$$\begin{pmatrix} \boldsymbol{e}_1 \\ \boldsymbol{e}_2 \end{pmatrix} = \begin{pmatrix} R^1{}_1 & R^2{}_1 \\ R^1{}_2 & R^2{}_2 \end{pmatrix} \begin{pmatrix} \boldsymbol{e}'_1 \\ \boldsymbol{e}'_2 \end{pmatrix} = R^T \begin{pmatrix} \boldsymbol{e}'_1 \\ \boldsymbol{e}'_2 \end{pmatrix} \tag{6.9}$$

(2) (6.9) を逆に解いて，$\boldsymbol{e}_j$ から $\boldsymbol{e}'_i$ への変換式が

$$\begin{pmatrix} \boldsymbol{e}'_1 \\ \boldsymbol{e}'_2 \end{pmatrix} = (R^{-1})^T \begin{pmatrix} \boldsymbol{e}_1 \\ \boldsymbol{e}_2 \end{pmatrix} \tag{6.10}$$

---

3) 添字 i, j を R の上下に付け，同時に，左右にずらして配置するのは，ベクトルやテンソルの計算テクニックのためです．詳細は 6.2 節を参照してください．

4) 例えば，$x'^1 = \sum_{j=1}^{2} R^1{}_j x^j = R^1{}_1 x^1 + R^1{}_2 x^2 = \cos\theta\, x^1 + \sin\theta\, x^2$ です．

5) 行列や行列式に馴染みのない方は本シリーズの『物理数学』などを参照してください．

となることを示しなさい.

(3) (6.10) を成分で表示すると

$$\boldsymbol{e}_i' = \sum_{j=1}^{2} (R^{-1})^j{}_i \boldsymbol{e}_j \qquad (i = 1, 2) \tag{6.11}$$

となることを示しなさい. ここで, $(R^{-1})^j{}_i$ は R の逆行列 R^{-1} の ji 成分です.

Coaching (1) (6.7) の x'^1 と x'^2 を (6.4) に代入すると

$$\boldsymbol{x} = \left(\sum_{j=1}^{2} R^1{}_j x^j\right)\boldsymbol{e}_1' + \left(\sum_{j=1}^{2} R^2{}_j x^j\right)\boldsymbol{e}_2'$$
$$= (R^1{}_1 x^1 + R^1{}_2 x^2)\boldsymbol{e}_1' + (R^2{}_1 x^1 + R^2{}_2 x^2)\boldsymbol{e}_2'$$
$$= x^1(R^1{}_1 \boldsymbol{e}_1' + R^2{}_1 \boldsymbol{e}_2') + x^2(R^1{}_2 \boldsymbol{e}_1' + R^2{}_2 \boldsymbol{e}_2') \tag{6.12}$$

となるので, これを (6.3) と比べると, 基底ベクトルに対して

$$\boldsymbol{e}_1 = R^1{}_1 \boldsymbol{e}_1' + R^2{}_1 \boldsymbol{e}_2' = \sum_{j=1}^{2} R^j{}_1 \boldsymbol{e}_j'$$
$$\boldsymbol{e}_2 = R^1{}_2 \boldsymbol{e}_1' + R^2{}_2 \boldsymbol{e}_2' = \sum_{j=1}^{2} R^j{}_2 \boldsymbol{e}_j' \tag{6.13}$$

のような関係式が求まります. これは (6.8) と同じ式です.

(2) (6.9) を逆に解くには, まず (6.9) の両辺に R^T の逆行列 $(R^T)^{-1}$ を左側から掛けてから, 恒等式 $(R^T)^{-1}R^T = 1$ を使って

$$(R^T)^{-1}\begin{pmatrix} \boldsymbol{e}_1 \\ \boldsymbol{e}_2 \end{pmatrix} = (R^T)^{-1}R^T\begin{pmatrix} \boldsymbol{e}_1' \\ \boldsymbol{e}_2' \end{pmatrix} = \begin{pmatrix} \boldsymbol{e}_1' \\ \boldsymbol{e}_2' \end{pmatrix} \tag{6.14}$$

とします. 次に, これを行列の定理 $(R^T)^{-1} = (R^{-1})^T$ を使って書き換えると[6]

$$\begin{pmatrix} \boldsymbol{e}_1' \\ \boldsymbol{e}_2' \end{pmatrix} = (R^T)^{-1}\begin{pmatrix} \boldsymbol{e}_1 \\ \boldsymbol{e}_2 \end{pmatrix} = (R^{-1})^T\begin{pmatrix} \boldsymbol{e}_1 \\ \boldsymbol{e}_2 \end{pmatrix} \tag{6.15}$$

のように, (6.10) になります.

(3) 逆行列 R^{-1} とその転置行列 $(R^{-1})^T$ はそれぞれ

$$R^{-1} = \begin{pmatrix} R^2{}_2 & -R^1{}_2 \\ -R^2{}_1 & R^1{}_1 \end{pmatrix}, \qquad (R^{-1})^T = \begin{pmatrix} R^2{}_2 & -R^2{}_1 \\ -R^1{}_2 & R^1{}_1 \end{pmatrix} \tag{6.16}$$

で与えられるので, (6.16) の成分をそれぞれ比較すると

$$[(R^{-1})^T]^i{}_j = (R^{-1})^j{}_i \tag{6.17}$$

のように, $(R^{-1})^T$ の ij 成分が R^{-1} の ji 成分に対応するので, (6.10) を成分表示すると (6.11) の形に書けます. ∎

---

6) この定理は, $(R^{-1})^T(R^T) = (RR^{-1})^T = I^T = I$ という恒等式をつくると, $(R^{-1})^T$ が R^T の逆行列, つまり $(R^{-1})^T = (R^T)^{-1}$ になるので, 簡単に証明できます.

この Exercise 6.1 は少し抽象的な内容だったので，(6.6) の変換行列 R を使って，(6.9) から (6.11) までに現れる変換行列 $(R^T, R^{-1}, (R^{-1})^T)$ の形を，具体的に確認してみましょう．

$$R^T = \begin{pmatrix} R^1{}_1 & R^2{}_1 \\ R^1{}_2 & R^2{}_2 \end{pmatrix} = \begin{pmatrix} \cos\theta & -\sin\theta \\ \sin\theta & \cos\theta \end{pmatrix} \tag{6.18}$$

$$R^{-1} = \begin{pmatrix} R^2{}_2 & -R^1{}_2 \\ -R^2{}_1 & R^1{}_1 \end{pmatrix} = \begin{pmatrix} \cos\theta & -\sin\theta \\ \sin\theta & \cos\theta \end{pmatrix} \tag{6.19}$$

$$(R^{-1})^T = \begin{pmatrix} R^2{}_2 & -R^2{}_1 \\ -R^1{}_2 & R^1{}_1 \end{pmatrix} = \begin{pmatrix} \cos\theta & \sin\theta \\ -\sin\theta & \cos\theta \end{pmatrix} \tag{6.20}$$

そして，(6.18) から $(R^T)^{-1}$ は

$$(R^T)^{-1} = \begin{pmatrix} R^2{}_2 & -R^2{}_1 \\ -R^1{}_2 & R^1{}_1 \end{pmatrix} = \begin{pmatrix} \cos\theta & \sin\theta \\ -\sin\theta & \cos\theta \end{pmatrix} \tag{6.21}$$

となるので，確かに $(R^T)^{-1}$ と $(R^{-1})^T$ が一致することが確認できます．

なお，後の都合のために，逆行列 R^{-1} の転置行列 $(R^{-1})^T$ の ji 成分 $(R^{-1})^j{}_i$ を，記号 $R_i{}^j$ を導入して，次のように定義します．

$$R_i{}^j = \begin{pmatrix} R_1{}^1 & R_1{}^2 \\ R_2{}^1 & R_2{}^2 \end{pmatrix} = (R^{-1})^j{}_i \tag{6.22}$$

このように定義すると，常に，**左側の添字が「行」，右側の添字が「列」を表**すことになるので，添字の上下関係を気にせずに，行列の計算ができます．

この Exercise 6.1 から，((6.3) と (6.4) が同じ x を表現する，つまり)**ベクトル x が不変になる理由は，ベクトルの成分の変換行列 (6.7) の成分** $R^i{}_j$ **と基底ベクトルの変換行列 (6.11) の成分** $(R^{-1})^j{}_i = R_i{}^j$ **が逆行列の関係にあるため**だとわかります．Σ 系から Σ' 系に移るときに生じるベクトルの成分の変化量と基底ベクトルの変化量が互いに打ち消し合うからです．

なお，ここで注意してほしいことは，ユークリッド空間での Σ 系から Σ' 系への変換は，変換行列 (6.5) と (6.10) が (見かけ上) 同じ形になるので[7]，逆行列の関係が見えなくなることです．本来，**これらは異なる変換行列 $((R^{-1})^T$ と $R)$ なのです**．次項で示すように，ミンコフスキー時空での S 系

---

[7]　(6.5) の変換行列 R は直交行列なので，$(R^{-1})^T$ は $(R^{-1})^T = (R^T)^T = R$ のように R に一致します．

から S′ 系への座標変換（ローレンツ変換）では，この 2 つの変換行列は異なる形になります．

 **Training 6.1**

2 つのベクトル (6.3) と (6.4) が等しいこと，つまり，不変であることは，

$$\boldsymbol{x} = (x'^1 \ x'^2)\begin{pmatrix} \boldsymbol{e}'_1 \\ \boldsymbol{e}'_2 \end{pmatrix} = (x^1 \ x^2)\begin{pmatrix} \boldsymbol{e}_1 \\ \boldsymbol{e}_2 \end{pmatrix} \tag{6.23}$$

という行列の式が成り立つことを意味します．(6.5) と (6.10) を使って，(6.23) を証明しなさい．

6.1.2 ミンコフスキー時空の座標変換

いま，2 次元のミンコフスキー時空での S 系を図 6.2 (a) の直交座標系にとると，ベクトル $\boldsymbol{x}$ は図 6.2 (b) で表せます（$(ct, x) = (x^0, x^1)$）．ここで，$(\boldsymbol{e}_0, \boldsymbol{e}_1)$ は時間方向と空間方向の基底ベクトルです．これをローレンツ変換で S 系に対して一定の速度 V で x^1 軸の正方向に動いている S′ 系に移すと，S′ 系は斜交座標系 $(ct', x') = (x'^0, x'^1)$ になるので，ベクトル $\boldsymbol{x}$ は図 6.2 (c) で表されます．$(\boldsymbol{e}'_0, \boldsymbol{e}'_1)$ は S′ 系の時間方向と空間方向の基底ベクトルです．

したがって，S 系と S′ 系でのベクトル $\boldsymbol{x}$ はそれぞれ次式で与えられます．

$$\begin{cases} \boldsymbol{x} = x^0 \boldsymbol{e}_0 + x^1 \boldsymbol{e}_1 = \sum_{\mu=0}^{1} x^\mu \boldsymbol{e}_\mu & \text{(S 系)} \\[4mm] \boldsymbol{x} = x'^0 \boldsymbol{e}'_0 + x'^1 \boldsymbol{e}'_1 = \sum_{\mu=0}^{1} x'^\mu \boldsymbol{e}'_\mu & \text{(S′ 系)} \end{cases} \tag{6.24}$$

この場合，S 系と S′ 系の間のローレンツ変換 (3.16) を行列で表すと

$$\begin{pmatrix} x'^0 \\ x'^1 \end{pmatrix} = \begin{pmatrix} \gamma & -\gamma\beta \\ -\gamma\beta & \gamma \end{pmatrix}\begin{pmatrix} x^0 \\ x^1 \end{pmatrix} \qquad \left(\gamma = \frac{1}{\sqrt{1-\beta^2}}, \ \beta = \frac{V}{c} \right) \tag{6.25}$$

と表せるので，変換行列を Λ，その行列の成分を $\Lambda^\mu{}_\nu$ として

$$\Lambda = (\Lambda^\mu{}_\nu) = \begin{pmatrix} \Lambda^0{}_0 & \Lambda^0{}_1 \\ \Lambda^1{}_0 & \Lambda^1{}_1 \end{pmatrix}$$

$$= \begin{pmatrix} \gamma & -\gamma\beta \\ -\gamma\beta & \gamma \end{pmatrix} \tag{6.26}$$

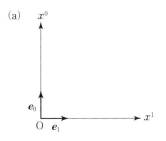

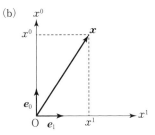

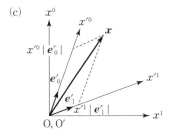

図6.2　2次元のミンコフスキー時空

のように表すと，(6.25) は次式で表せます．

$$\begin{pmatrix} x'^0 \\ x'^1 \end{pmatrix} = \Lambda \begin{pmatrix} x^0 \\ x^1 \end{pmatrix} \tag{6.27}$$

$$x'^\mu = \sum_{\nu=0}^{1} \Lambda^\mu{}_\nu x^\nu \qquad (\mu = 0, 1) \tag{6.28}$$

　この (6.28) は，ユークリッド空間における (6.7) の変換行列 $R^i{}_j$ の文字を，ミンコフスキー時空における $\Lambda^\mu{}_\nu$ に変え，それにともない添字の数字を 0, 1 にしただけの式です．これからわかるように，前項で導いた他の式も，同様にミンコフスキー時空での表記に読みかえれば使えるので，基底ベクトルの変換行列は (6.10) より

$$\begin{pmatrix} e'_0 \\ e'_1 \end{pmatrix} = (\Lambda^{-1})^T \begin{pmatrix} e_0 \\ e_1 \end{pmatrix} \tag{6.29}$$

そして，この成分表示は (6.11) より

$$e'_\mu = \sum_{\nu=0}^{1} (\Lambda^{-1})^\nu{}_\mu e_\nu \equiv \sum_{\nu=0}^{1} \Lambda_\mu{}^\nu e_\nu \qquad (\mu = 0, 1) \tag{6.30}$$

となります．また，(6.22) と (6.26) より $\Lambda_\mu{}^\nu$ は

$$\Lambda_\mu{}^\nu = \begin{pmatrix} \Lambda_0{}^0 & \Lambda_0{}^1 \\ \Lambda_1{}^0 & \Lambda_1{}^1 \end{pmatrix} = (\Lambda^{-1})^T = \begin{pmatrix} \gamma & \gamma\beta \\ \gamma\beta & \gamma \end{pmatrix} = (\Lambda^{-1})^\nu{}_\mu \qquad (6.31)$$

となります.

　ベクトルの不変性 (6.24) は，変換行列 (6.25) と (6.29) を使って Exercise 6.1 や Training 6.1 と同様な計算をすれば示せますが，行列の次元が増えると，この方法では計算が大変になるので，次の Exercise 6.2 のように成分表示を使って計算する方が効率的です.

 Exercise 6.2

　ベクトルの成分の変換式 (6.28) と基底ベクトルの変換式 (6.30) を利用して，(6.24) の関係を確認しなさい.

Coaching　(6.28) と (6.30) を (6.24) の2番目の式に代入して計算すると，

$$\begin{aligned}
\boldsymbol{x} &= \sum_{\mu=0}^{1} x'^\mu \boldsymbol{e}'_\mu = \sum_{\mu=0}^{1} \left\{ \sum_{\nu=0}^{1} (\Lambda^\mu{}_\nu x^\nu) \sum_{\sigma=0}^{1} (\Lambda_\mu{}^\sigma \boldsymbol{e}_\sigma) \right\} \\
&= \sum_{\nu=0}^{1} \sum_{\sigma=0}^{1} \sum_{\mu=0}^{1} (\Lambda^\mu{}_\nu \Lambda_\mu{}^\sigma)(x^\nu \boldsymbol{e}_\sigma) = \sum_{\nu=0}^{1} \sum_{\sigma=0}^{1} \delta^\sigma_\nu (x^\nu \boldsymbol{e}_\sigma) \\
&= \sum_{\nu=0}^{1} x^\nu \boldsymbol{e}_\nu
\end{aligned} \qquad (6.32)$$

のようになります. ここで, 記号 δ^σ_ν は単位行列 I の $\sigma\nu$ 成分を表すもので[8], 次式のように定義されます.

$$\delta^\mu_\nu = \begin{cases} 1 & (\mu = \nu) \\ 0 & (\mu \neq \nu) \end{cases} \qquad (6.33)$$

この記号 δ^μ_ν を**クロネッカーのデルタ**といいます. ∎

　ベクトルの成分の変換行列と基底ベクトルの変換行列は，ユークリッド空間では同じ形 ((6.6) と (6.20)) になりますが，ミンコフスキー時空では異なる形 ((6.26) と (6.31)) になります. このように斜交座標系を使う場合，一般に2つの変換行列は異なるので，それらを区別する必要がでてきます. そのため，次節で解説するような特別な記号と名称が登場します.

🌱 6.2　反変量と共変量

ミンコフスキー時空では，上付きの添字をもった量（x^μ）と下付きの添字をもった量（e_μ）は互いに異なる変換性をもっているので，次の2種類の変換性をもつ量が定義できます.

▶ **反変量**：上付きの添字をもち，変換行列 Λ で変換する量.
▶ **共変量**：下付きの添字をもち，Λ の逆行列 Λ^{-1} で変換する量.

6.2.1　反変ベクトルと共変ベクトル

ベクトルの定義

ベクトルは「大きさと向き」をもつ幾何学的な物理量であるといった直観的な定義よりも，むしろ，**ある物理量が（6.28）や（6.30）と同じ形の変換性をもつとき，その量をベクトルであると定義する**方が一般性があります.そして，反変と共変の用語を用いると，ベクトル A が（6.28）の $\Lambda^\mu{}_\nu$ と同じ変換性をもって変換する場合を**反変ベクトル**，（6.30）の逆行列 $\Lambda_\mu{}^\nu (= (\Lambda^{-1})^\nu{}_\mu)$ と同じ変換性をもって変換する場合を**共変ベクトル**と区別してよぶことができます.これらをベクトルの定義に使うと次のように表せます.

▶ **反変ベクトル**：

$$A'^\mu = \sum_{\nu=0}^{1} \Lambda^\mu{}_\nu A^\nu \qquad (\mu = 0, 1) \tag{6.34}$$

▶ **共変ベクトル**：

$$A'_\mu = \sum_{\nu=0}^{1} \Lambda_\mu{}^\nu A_\nu \qquad (\mu = 0, 1) \tag{6.35}$$

ここで注意してほしいことは，（6.34）の反変ベクトルと（6.35）の共変ベクトルは**同じベクトル A を表している**ということです（Exercise 6.3，および，その後の解説を参照）.両者の（見かけ上の）違いは，単に A のベクトルの成分を反変成分 A^μ にとるか，共変成分 A_μ にとるかだけで，どちらの成分を選ぶかは目的に応じて決めればよいだけです.

共変と反変の用語の由来

（6.35）の A_μ を共変ベクトルとよぶのは，基底ベクトルの変換（6.30）と同じ変換性をもっていることによります．一般に，座標系を設定しようとするとき，基底ベクトルが基準になるので，基底ベクトルと同じ変換をする成分を**共変成分（コバリアント成分）**とよび，逆の（逆行列の関係にある）変換をする成分を**反変成分（コントラバリアント成分）**とよぶのが慣習になっています[9]．

6.2.2 ベクトルの正射影

ところで，2 次元のユークリッド空間での図 6.1（b）のベクトルの成分の成り立ちを考えるために，例えばベクトルをシャープペンシルのようにイメージして，図 6.3（a）と（b）のように，光を当てたとしましょう（ただし，ここからは x の代わりに A を使います）．そうすると，座標軸上にできる影の長さがベクトルの成分の大きさになるので，座標軸に**正射影した影の長さ**を使ってベクトル A の成分を表すことができます．

同様にして，2 次元のミンコフスキー時空の図 6.2 のベクトルを考えると，その成分は図 6.4（a）と（b）のように光を当てたときの正射影で与えられます．

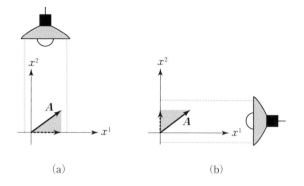

(a)　　　　　　　　　　(b)

図 6.3　直交座標系での正射影．(a) x^2 軸に平行な方向，(b) x^1 軸に平行な方向

---

9) 共変（covariant）の co は with（共に）という意味です．一方，反変（contravariant）の contra は against（逆らって）という意味です．

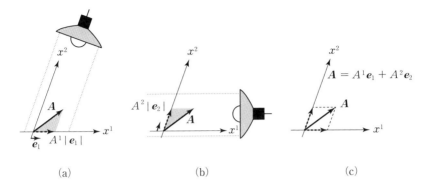

(a)　　　　　　　　　　(b)　　　　　　　　　　(c)

図 6.4　座標軸に平行な光線を使った正射影

　ここで，みなさんに質問です．図 6.3 (a) の影は，光線を x^1 軸に垂直に当てた結果得られるものと同じでしょうか？　あるいは，図 6.3 (b) の影は，x^2 軸に垂直に当てた結果得られるものと同じでしょうか？　明らかに，(a) の場合も (b) の場合も，どちらを選んでも結果は変わりませんね（だから，この質問はナンセンスに思えるでしょう）．

　では，図 6.4 (a) の影の場合はどうでしょうか？　これは，光を x^2 軸に平行に当てなければ得られません（x^1 軸に垂直に当てると異なる影になってしまいます）．言い換えれば，ベクトル A の反変成分（A^1 と A^2）は，光をそれぞれの軸に平行に当てたときの A の正射影（これを「平行な正射影成分」といいます）になります．その結果，図 6.4 (c) のベクトル A は次式のように表せます．

$$A = A^1 e_1 + A^2 e_2 \tag{6.36}$$

　それでは，図 6.4 (a) のベクトルに，光をそれぞれの軸に垂直に当てたらどうなるでしょうか？　その場合は，図 6.5 (a) と (b) のような正射影（これを「垂直な正射影成分」といいます）になるので，それらの正射影からベクトル A をつくることはできません（図 6.5 (c)）．

双対基底ベクトル

　では，図 6.5 の「垂直な正射影成分」はベクトルの成分にできないのでしょうか？　実はこの場合は，添字を上に付けた基底ベクトル $e^i = (e^1, e^2)$ を定義して，図 6.6 のような正射影を考えればベクトル A ができます．つま

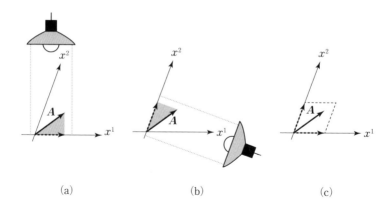

図 6.5　座標軸に垂直な光線を使った正射影

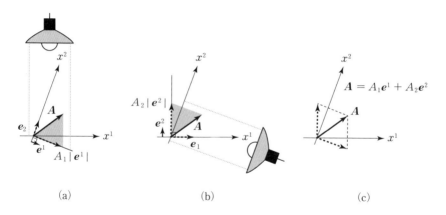

図 6.6　x^1 軸と x^2 軸に垂直な光線と双対基底ベクトルを使った正射影

り，e^1 は e_2 に直交した**基底ベクトル**（図 6.6 (a)）とし，e^2 は e_1 に直交した**基底ベクトル**（図 6.6 (b)）であると定義します．そうすると，図 6.6 (c) のようにベクトル A ができ，次式のように表せます．

$$A = A_1 e^1 + A_2 e^2 \tag{6.37}$$

ここで，A_1 と A_2 は A の「垂直な正射影成分」（共変成分）を表しています．そして，この基底ベクトル e^i は**双対基底ベクトル**とよばれ，添字が上にあることから予想できるように，反変ベクトルと同じ変換性をもっています．

▶ **双対基底ベクトル $e^i = (e^1, e^2)$**：これは，もとの基底ベクトル $e_i = (e_1, e_2)$ と，次の2つの性質をもつベクトルとして定義される.

(1) 異なる添字をもつベクトル同士は直交する.
$$e^1 \cdot e_2 = 0, \qquad e^2 \cdot e_1 = 0 \tag{6.38}$$

(2) 同じ添字をもつベクトル同士のスカラー積は常に1になる.
$$e^1 \cdot e_1 = 1, \qquad e^2 \cdot e_2 = 1 \tag{6.39}$$

 Training 6.2

(6.36) と (6.37) は同じベクトルなので，これらはまとめて
$$A = A^1 e_1 + A^2 e_2 = A_1 e^1 + A_2 e^2 \tag{6.40}$$
と表せます. (6.40) が成り立つ理由を説明しなさい.

 Exercise 6.3

図 6.7 のように，直交座標（x 軸と y 軸）と，斜交座標（x' 軸と y' 軸）として，次のベクトル A を考えます.

$$A = A^1 e_1 + A^2 e_2 \tag{6.41}$$

ベクトル A は $A = (A_x, A_y) = (4, 3)$，基底ベクトル (e_1, e_2) は $e_1 = ((e_1)_x, (e_1)_y) = (1, 0)$，$e_2 = ((e_2)_x, (e_2)_y) = (1, \sqrt{3})$ であるとして，次の問いに答えなさい.

(1) 反変ベクトルの成分 A^1 と A^2 を求めなさい.

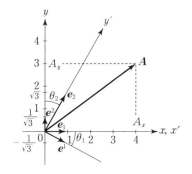

図 6.7　ベクトル A と基底ベクトル (e_1, e_2) と双対基底ベクトル (e^1, e^2)

(2) (6.41)は，双対基底ベクトル (e^1, e^2) と共変ベクトルの成分 A_1, A_2 を用いて，次のように表すことができます.

$$A = A_1 e^1 + A_2 e^2 \tag{6.42}$$

基底ベクトルとその双対基底ベクトルのスカラー積が1になるという性質 (6.39) を利用して，双対基底ベクトル (e^1, e^2) を求めなさい. ただし，e^2 と e_2 のなす角度 θ_2 は $\tan \theta_2 = \dfrac{(e_2)_x}{(e_2)_y} = \dfrac{1}{\sqrt{3}}$ より $\theta_2 = 30°$ になります.

(3) 共変ベクトルの成分 A_1 と A_2 を求めなさい.

(4) (2) と (3) の結果 $((\boldsymbol{e}^1, \boldsymbol{e}^2)$ と $(A_1, A_2))$ を使って, (6.42) の右辺が, (6.41) と同じベクトル $\boldsymbol{A}$ を与えることを確認しなさい.

Coaching (1) (6.41) に数値を入れると, 次のようになります.

$$\begin{pmatrix} 4 \\ 3 \end{pmatrix} = A^1 \begin{pmatrix} 1 \\ 0 \end{pmatrix} + A^2 \begin{pmatrix} 1 \\ \sqrt{3} \end{pmatrix} = \begin{pmatrix} 1 & 1 \\ 0 & \sqrt{3} \end{pmatrix} \begin{pmatrix} A^1 \\ A^2 \end{pmatrix} \tag{6.43}$$

この (6.43) を解いて, A^1 と A^2 を初等的な計算で求めることができますが, ここでは, 線形代数の授業で学ぶクラメルの公式を使って, 次のように解きましょう.

$$A^1 = \frac{\begin{vmatrix} 4 & 1 \\ 3 & \sqrt{3} \end{vmatrix}}{\begin{vmatrix} 1 & 1 \\ 0 & \sqrt{3} \end{vmatrix}} = 4 - \sqrt{3}, \qquad A^2 = \frac{\begin{vmatrix} 1 & 4 \\ 0 & 3 \end{vmatrix}}{\begin{vmatrix} 1 & 1 \\ 0 & \sqrt{3} \end{vmatrix}} = \sqrt{3} \tag{6.44}$$

(6.44) から, $A^1 = 4 - \sqrt{3} = 2.27$ と $A^2 = \sqrt{3} = 1.73$ であることがわかります.

(2) $\boldsymbol{e}^1$ と $\boldsymbol{e}_1$ のなす角度 θ_1 は, 図 6.7 で $(\boldsymbol{e}^1, \boldsymbol{e}^2)$ と $(\boldsymbol{e}_1, \boldsymbol{e}_2)$ の幾何学的な関係に注意すると, $\theta_1 = \theta_2$ であることがわかるので, $\boldsymbol{e}^1$ の大きさ $|\boldsymbol{e}^1|$ は, $\boldsymbol{e}^1 \cdot \boldsymbol{e}_1 = |\boldsymbol{e}^1||\boldsymbol{e}_1| \cos 30° = 1$ より $(|\boldsymbol{e}_1| = \sqrt{1^2 + 0^2} = 1)$

$$|\boldsymbol{e}^1| = \frac{1}{|\boldsymbol{e}_1| \cos 30°} = \frac{1}{1 \cdot \dfrac{\sqrt{3}}{2}} = \frac{2}{\sqrt{3}} \tag{6.45}$$

となります. 同様に, $\boldsymbol{e}^2$ の大きさ $|\boldsymbol{e}^2|$ は $\boldsymbol{e}^2 \cdot \boldsymbol{e}_2 = |\boldsymbol{e}^2||\boldsymbol{e}_2| \cos 30° = 1$ より $(|\boldsymbol{e}_2| = \sqrt{1^2 + (\sqrt{3})^2} = 2)$

$$|\boldsymbol{e}^2| = \frac{1}{|\boldsymbol{e}_2| \cos 30°} = \frac{1}{2 \cdot \dfrac{\sqrt{3}}{2}} = \frac{1}{\sqrt{3}} \tag{6.46}$$

となります. これらを使うと, $(\boldsymbol{e}^1, \boldsymbol{e}^2)$ の x, y 成分は

$$\begin{cases} (\boldsymbol{e}^1)_x = |\boldsymbol{e}^1| \cos (360° - 30°) = |\boldsymbol{e}^1| \cos 30° = \dfrac{2}{\sqrt{3}} \cdot \dfrac{\sqrt{3}}{2} = 1 \\[2mm] (\boldsymbol{e}^1)_y = |\boldsymbol{e}^1| \sin (360° - 30°) = |\boldsymbol{e}^1|(-\sin 30°) = \dfrac{2}{\sqrt{3}} \cdot \left(-\dfrac{1}{2}\right) = -\dfrac{1}{\sqrt{3}} \\[2mm] (\boldsymbol{e}^2)_x = |\boldsymbol{e}^2| \cos 90° = 0 \\[2mm] (\boldsymbol{e}^2)_y = |\boldsymbol{e}^2| \sin 90° = |\boldsymbol{e}_2| = \dfrac{1}{\sqrt{3}} \end{cases} \tag{6.47}$$

となるので, 双対基底ベクトル $(\boldsymbol{e}^1, \boldsymbol{e}^2)$ は, $\boldsymbol{e}^1 = ((\boldsymbol{e}^1)_x, (\boldsymbol{e}^1)_y) = \left(1, -\dfrac{1}{\sqrt{3}}\right) =$

$(1, -0.58)$ と $e^2 = ((e^2)_x, (e^2)_y) = \left(0, \dfrac{1}{\sqrt{3}}\right) = (0, 0.58)$ のように求まります.

（3） 共変ベクトルの成分 A_1 は，双対基底ベクトルのスカラー積の性質 (6.39) と直交性 (6.38) を使って

$$\boldsymbol{A}\cdot\boldsymbol{e}_1 = (A_1\boldsymbol{e}^1 + A_2\boldsymbol{e}^2)\cdot\boldsymbol{e}_1 = A_1\boldsymbol{e}^1\cdot\boldsymbol{e}_1 + A_2\boldsymbol{e}^2\cdot\boldsymbol{e}_1$$
$$= A_1\boldsymbol{e}^1\cdot\boldsymbol{e}_1 = A_1 \tag{6.48}$$

のように求まるので，この (6.48) に数値を入れて計算すると

$$A_1 = \boldsymbol{A}\cdot\boldsymbol{e}_1 = \begin{pmatrix} 4 & 3 \end{pmatrix}\begin{pmatrix} 1 \\ 0 \end{pmatrix} = 4 \tag{6.49}$$

になります. 同様にして，共変ベクトルの成分 A_2 も次のようになります.

$$A_2 = \boldsymbol{A}\cdot\boldsymbol{e}_2 = \begin{pmatrix} 4 & 3 \end{pmatrix}\begin{pmatrix} 1 \\ \sqrt{3} \end{pmatrix} = 4 + 3\sqrt{3} \simeq 9.20 \tag{6.50}$$

（4） (6.42) に数値を入れると

$$\boldsymbol{A} = A_1\boldsymbol{e}^1 + A_2\boldsymbol{e}^2 = 4\begin{pmatrix} 1 \\ -\dfrac{1}{\sqrt{3}} \end{pmatrix} + (4 + 3\sqrt{3})\begin{pmatrix} 0 \\ \dfrac{1}{\sqrt{3}} \end{pmatrix} = \begin{pmatrix} 4 \\ 3 \end{pmatrix} \tag{6.51}$$

となります. この結果から，確かに (6.51) は (6.42) と同じベクトル $\boldsymbol{A}$ を与えることがわかります. ▪

この Exercise 6.3 で認識しておいてほしい重要なことがあります. ここでは，双対基底ベクトル $\boldsymbol{e}^1, \boldsymbol{e}^2$ に対するベクトル $\boldsymbol{A}$ の「垂直な正射影成分」（共変成分）と，もとの基底ベクトル $\boldsymbol{e}_1, \boldsymbol{e}_2$ に対するベクトル $\boldsymbol{A}$ の「平行な正射影成分」（反変成分）を求めました.

では，みなさんに質問をします. この結果はベクトル $\boldsymbol{A}$ が共変ベクトルであることを意味しているのでしょうか？ あるいは，反変ベクトルであることを意味しているのでしょうか？

答えは，どちらでもありません（あるいは，両方です，と答えてもよいでしょう）. つまり，**共変であるか反変であるかというのは，ベクトル自体のことではなく，みなさんが「平行な正射影」や「垂直な正射影」でつくるベクトルの成分の組のことなのです**. テンソルを解説する多くの本では，**反変ベクトル A** とか**共変ベクトル B** といった表現が使われます. しかし，この表現の真意は，問題の中で「ベクトル $\boldsymbol{A}$ の反変成分」とか「ベクトル $\boldsymbol{B}$ の共変

成分」が使われているということで，そのことを簡潔に**反変ベクトルや共変ベクトル**と表現しているだけです（そのため，本書でもこの表現を使っています）．要するに，このベクトル A, B も反変成分と共変成分の両方を必ずもっているのです．そして，この Exercise 6.3 で述べた方法を使って，その成分を見つけることができるのです（6.3.2 項で，計量を使って反変成分と共変成分の間を移動する方法を解説します）．

これでベクトルの解説を終えますが，2 点コメントしておきます．

（1）反変成分が「平行な正射影成分」，共変成分が「垂直な正射影成分」に対応するので，ベクトルの共変性と反変性の区別は斜交座標系を使うときに必要になります．特にミンコフスキー時空では，S 系を直交座標系にとると S′ 系は斜交座標系になるので，**相対性理論では反変ベクトルと共変ベクトルの区別が重要になります**．なお，図 6.3 から明らかなように，ユークリッド空間のような**直交座標系では，反変ベクトルと共変ベクトルの区別はありません**．

（2）ベクトルの定義（6.34）と（6.35）で重要なのは，変換行列の添字の位置で，添字の値ではありません．（6.34）と（6.35）では便宜的に添字の値を 0, 1 にしましたが，これらの形は添字を 3 以上に増やしても変わりません．ただ，変換行列だけが次元に応じて大きくなるので，4 次元のミンコフスキー時空の場合は，4 行 4 列の変換行列（ローレンツ変換）になります．

☕ Coffee Break 〜〜〜〜〜〜〜〜〜〜〜〜〜〜〜〜〜〜〜〜〜〜〜〜〜〜〜〜〜

モダンな用語

私たちが物理学で学ぶベクトル解析は，同じ物理量の表現に反変成分と共変成分を考えるという（伝統的な）方法を取ります．それに対して，**外微分**（がいびぶん）というモダンな方法では，物理量を**ベクトル**と **1 形式**（**コベクトル**ともいいます）のどちらかに分類して考えます．

この分類では，ふつうのベクトル（位置ベクトルのように「長さの次元」をもつベクトル）がベクトルになり，逆の次元（1/長さ）をもつベクトルが 1 形式あるいは共変ベクトル（covariant vector）あるいは covariant を縮めて co だけにしたコベクトル（covector）とよばれるものになります．この 1 形式の集合もベクトル

空間をつくりますが，ふつうのベクトルのつくるベクトル空間と区別するために，**双対ベクトル空間**といいます．

このモダンな用語を使えば，速度 $\left(\boldsymbol{v} = \dfrac{d\boldsymbol{r}}{dt} \right)$ のように「長さの次元を分子にもつ量」はベクトルのカテゴリーに入り，スカラー場 ϕ の勾配 $\left(\dfrac{\partial \phi}{\partial x} \right)$ のように「長さの次元を分母にもつ量」は 1 形式のカテゴリーに入ります．

将来，みなさんは様々な分野・領域でコベクトルや 1 形式という用語に遭遇するかもしれません．そのとき，伝統的な方法とモダンな方法の関係を少しでも知っておけば，きっと遭遇のショックが和らぐでしょう．

🌱 6.3　ローレンツ変換の行列表現

前節で述べたベクトルの定義を用いると，変換行列をローレンツ変換に変えるだけで，1 次元空間での 4 次元のベクトルの回転を記述できることをこれから解説します．その解説の過程で，ベクトルの反変性と共変性の区別がテンソルの演算に必要になる理由も自然にわかってくると思います．

6.3.1　4 元位置ベクトル

4 次元のミンコフスキー時空の世界点 P の時空座標は (t, x, y, z) ですが，t を ct とおいた座標 (ct, x, y, z) を次のような反変ベクトルで表すことにします（(6.1) を参照）．

$$x^{\mu} = (x^0, x^1, x^2, x^3) = (ct, x, y, z) \tag{6.52}$$

この座標 x^{μ} は 4 個の成分をもっているので，一般に，このような量を**4 元ベクトル**といいます．いま，(6.52) は世界点 P の位置ベクトルを表しているので，(6.52) は**4 元位置ベクトル**の定義にもなります．

この 4 元位置ベクトル x^{μ} を使って，ローレンツ変換 (3.16) とローレンツ逆変換 (3.17) を表すと，次のようになります．

$$x'^0 = \gamma(x^0 - \beta x^1), \quad x'^1 = \gamma(x^1 - \beta x^0), \quad x'^2 = x^2, \quad x'^3 = x^3 \tag{6.53}$$

$$x^0 = \gamma(x'^0 + \beta x'^1), \quad x^1 = \gamma(x'^1 + \beta x'^0), \quad x^2 = x'^2, \quad x^3 = x'^3 \tag{6.54}$$

x^μ を成分とする 4 行 1 列の列行列と，変換係数を表す 4 行 4 列の変換行列 Λ は，(6.25) を拡張すればよいから，ローレンツ変換 (6.53) は

$$
\begin{pmatrix} x'^0 \\ x'^1 \\ x'^2 \\ x'^3 \end{pmatrix} = \begin{pmatrix} \gamma & -\gamma\beta & 0 & 0 \\ -\gamma\beta & \gamma & 0 & 0 \\ 0 & 0 & 1 & 0 \\ 0 & 0 & 0 & 1 \end{pmatrix} \begin{pmatrix} x^0 \\ x^1 \\ x^2 \\ x^3 \end{pmatrix} = \Lambda \begin{pmatrix} x^0 \\ x^1 \\ x^2 \\ x^3 \end{pmatrix} \tag{6.55}
$$

で表現できます．ここで，変換行列 Λ の μ 行 ν 列の成分（$\mu\nu$ 成分）$\Lambda^\mu{}_\nu$ は次式で表されます．

$$
\Lambda^\mu{}_\nu = \begin{pmatrix} \Lambda^0{}_0 & \Lambda^0{}_1 & \Lambda^0{}_2 & \Lambda^0{}_3 \\ \Lambda^1{}_0 & \Lambda^1{}_1 & \Lambda^1{}_2 & \Lambda^1{}_3 \\ \Lambda^2{}_0 & \Lambda^2{}_1 & \Lambda^2{}_2 & \Lambda^2{}_3 \\ \Lambda^3{}_0 & \Lambda^3{}_1 & \Lambda^3{}_2 & \Lambda^3{}_3 \end{pmatrix} = \begin{pmatrix} \gamma & -\gamma\beta & 0 & 0 \\ -\gamma\beta & \gamma & 0 & 0 \\ 0 & 0 & 1 & 0 \\ 0 & 0 & 0 & 1 \end{pmatrix} \tag{6.56}
$$

これらを使うと，ローレンツ変換 (6.53) は (6.28) の添字の範囲を拡張した次式で与えられます．

$$
x'^\mu = \sum_{\nu=0}^{3} \Lambda^\mu{}_\nu x^\nu \qquad (\mu = 0, 1, 2, 3) \tag{6.57}
$$

一方，ローレンツ逆変換 (6.54) は逆変換係数 $\Lambda_\nu{}^\mu$ を使って，次式で与えられます（Exercise 6.4 を参照）．

$$
x^\mu = \sum_{\nu=0}^{3} \Lambda_\nu{}^\mu x'^\nu \qquad (\mu = 0, 1, 2, 3) \tag{6.58}
$$

ただし，逆変換行列 Λ の μ 行 ν 列の成分（$\mu\nu$ 成分）$\Lambda_\mu{}^\nu$ は次式で表されます．

$$
\Lambda_\mu{}^\nu = \begin{pmatrix} \Lambda_0{}^0 & \Lambda_0{}^1 & \Lambda_0{}^2 & \Lambda_0{}^3 \\ \Lambda_1{}^0 & \Lambda_1{}^1 & \Lambda_1{}^2 & \Lambda_1{}^3 \\ \Lambda_2{}^0 & \Lambda_2{}^1 & \Lambda_2{}^2 & \Lambda_2{}^3 \\ \Lambda_3{}^0 & \Lambda_3{}^1 & \Lambda_3{}^2 & \Lambda_3{}^3 \end{pmatrix} = \begin{pmatrix} \gamma & \gamma\beta & 0 & 0 \\ \gamma\beta & \gamma & 0 & 0 \\ 0 & 0 & 1 & 0 \\ 0 & 0 & 0 & 1 \end{pmatrix} \tag{6.59}
$$

🔖 Exercise 6.4

次の問いに答えなさい．

(1)　変換行列 (6.56) と逆変換行列 (6.59) の $\mu\nu$ 成分は，それぞれ次式で

与えられることを確認しなさい[10].

$$\Lambda^{\mu}{}_{\nu} = \frac{\partial x'^{\mu}}{\partial x^{\nu}}, \qquad \Lambda_{\mu}{}^{\nu} = \frac{\partial x^{\nu}}{\partial x'^{\mu}} \tag{6.60}$$

(2) $\Lambda^{\mu}{}_{\nu}$ と $\Lambda_{\mu}{}^{\nu}$ は逆行列の関係にあるから，それらの積は単位行列 I になります．したがって，次式が成り立つことを示しなさい．

$$\delta^{\mu}_{\nu} = \sum_{\sigma=0}^{3} \Lambda^{\mu}{}_{\sigma} \Lambda_{\nu}{}^{\sigma} \tag{6.61}$$

ここで δ^{μ}_{ν} は，(6.33) で定義した**クロネッカーのデルタ**です．

(3) (6.57) と (6.61) を使って，ローレンツ逆変換 (6.58) を導きなさい．

Coaching (1) (6.53) を (6.60) の1番目の式に代入して具体的に計算してみましょう．例えば，$\Lambda^{1}{}_{0}$ の計算は次のようになります．

$$\begin{aligned}
\Lambda^{1}{}_{0} &= \frac{\partial x'^{1}}{\partial x^{0}} = \gamma \frac{\partial}{\partial x^{0}}(x^{1} - \beta x^{0}) \\
&= \gamma \frac{\partial x^{1}}{\partial x^{0}} - \gamma\beta \frac{\partial x^{0}}{\partial x^{0}} = -\gamma\beta
\end{aligned} \tag{6.62}$$

同様に，(6.54) を (6.60) の2番目の式に代入して，$\Lambda_{1}{}^{0}$ を計算すると次のようになります．

$$\begin{aligned}
\Lambda_{1}{}^{0} &= \frac{\partial x^{0}}{\partial x'^{1}} = \gamma \frac{\partial}{\partial x'^{1}}(x'^{0} + \beta x'^{1}) \\
&= \gamma \frac{\partial x'^{0}}{\partial x'^{1}} + \gamma\beta \frac{\partial x'^{1}}{\partial x'^{1}} = \gamma\beta
\end{aligned} \tag{6.63}$$

残りの項も，同様な計算で確認できます．

(2) 変換行列 Λ と逆行列 Λ^{-1} を掛けた $\Lambda\Lambda^{-1}$ の $\mu\nu$ 成分を $M^{\mu}{}_{\nu}$ と表すと，

$$M^{\mu}{}_{\nu} = \sum_{\sigma=0}^{3} \Lambda^{\mu}{}_{\sigma} \Lambda_{\nu}{}^{\sigma} \tag{6.64}$$

で与えられます．成分を計算すると，例えば，$M^{0}{}_{1}$ 成分は次のようになります．

---

10) ローレンツ変換 x'^{μ} は4つの成分をもつので $x'^{\mu} = x'^{\mu}(x^{0}, x^{1}, x^{2}, x^{3})$ と表せ，座標 x^{μ} は x'^{μ} に変換されます．このローレンツ変換を微分の形で表すと（偏微分のチェインルールにより）

$$dx'^{\mu} = \sum_{\nu=0}^{3} \frac{\partial x'^{\mu}}{\partial x^{\nu}} dx^{\nu} = \sum_{\nu=0}^{3} \Lambda^{\mu}{}_{\nu} dx^{\nu} \qquad (\mu = 0, 1, 2, 3)$$

より，$\Lambda^{\mu}{}_{\nu}$ が定義できます．同様にして，ローレンツ逆変換 $x^{\mu} = x^{\mu}(x'^{0}, x'^{1}, x'^{2}, x'^{3})$ の場合は $\Lambda_{\mu}{}^{\nu}$ が定義できます．

$$M^0{}_1 = \sum_{\sigma=0}^{3} \Lambda^0{}_\sigma \Lambda_1{}^\sigma = \Lambda^0{}_0 \Lambda_1{}^0 + \Lambda^0{}_1 \Lambda_1{}^1 + \Lambda^0{}_2 \Lambda_1{}^2 + \Lambda^0{}_3 \Lambda_1{}^3$$

$$= \frac{\partial x'^0}{\partial x^0}\frac{\partial x^0}{\partial x'^1} + \frac{\partial x'^0}{\partial x^1}\frac{\partial x^1}{\partial x'^1} + \frac{\partial x'^0}{\partial x^2}\frac{\partial x^2}{\partial x'^1} + \frac{\partial x'^0}{\partial x^3}\frac{\partial x^3}{\partial x'^1}$$

$$= \frac{\partial x'^0}{\partial x'^1} = 0 \tag{6.65}$$

同様に計算すると，$M^0{}_0 = 1,\ M^1{}_0 = 0,\ M^1{}_1 = 1$ となり，$M^\mu{}_\nu$ は単位行列 I であることがわかります．したがって，$\Lambda\Lambda^{-1} = I$ より題意が示されました．

（3）（6.57）の両辺に左側から $\Lambda_\mu{}^\lambda$ を掛けて，μ に関して和をとる $\left(\sum_{\mu=0}^{3}\right)$ と，次のようになります．

$$\sum_{\mu=0}^{3} \Lambda_\mu{}^\lambda x'^\mu = \sum_{\nu=0}^{3}\left(\sum_{\mu=0}^{3}\Lambda_\mu{}^\lambda \Lambda^\mu{}_\nu\right) x^\nu = \sum_{\nu=0}^{3} \delta_\nu^\lambda\, x^\nu = x^\lambda \tag{6.66}$$

ここで，両辺の添字 λ を μ に変え，μ を ν に変えれば，（6.58）になります．　■

アインシュタインの規約

（6.57）や（6.58）からわかるように，和をとる添字（ここでは ν としています）は上下ペアで現れます．そこで，これからは上付きと下付きの同じ**添字のペア**（上下ペア）が現れたときには，それに関する和をとるものとして，和記号を省くという約束をします．これを**アインシュタインの規約**といい，次のように定義します．

$$\sum_{\nu=0}^{3} \Lambda^\mu{}_\nu x^\nu \equiv \Lambda^\mu{}_\nu x^\nu \qquad (\mu = 0, 1, 2, 3) \tag{6.67}$$

このように，添字のペアの和をとることを**縮約**といいます．なお，縮約する添字の文字は単なる「仮の（ダミーの）」添字なので**ダミー添字**といいます．一方，「和をとらない添字」は**フリー添字**といいます[11]．ダミー添字の文字はフリー添字と異なるものであれば，何を使っても構いません[12]．

　このアインシュタインの規約を用いると，ローレンツ変換（6.57）とローレンツ逆変換（6.58）は次式のように簡潔に表現できます．

11）ダミー添字とフリー添字の英語名は dummy index と free index です．

12）（6.67）では，たまたまフリー添字に μ を，ダミー添字に ν を選んだだけであり，ダミー添字としては μ 以外の文字 $\rho, \sigma, \tau, \cdots, \lambda$ などを使って $\Lambda^\mu{}_\rho x^\rho = \Lambda^\mu{}_\sigma x^\sigma = \Lambda^\mu{}_\tau x^\tau = \cdots = \Lambda^\mu{}_\lambda x^\lambda$ と書いても結果は変わりません．

$$x'^{\mu} = \Lambda^{\mu}{}_{\nu} x^{\nu}, \qquad x^{\mu} = \Lambda_{\nu}{}^{\mu} x'^{\nu} \tag{6.68}$$

ここで覚えておいてほしいことは，この μ のように**フリー添字は両辺の同じ位置に現れる**ということです．

6.3.2 ローレンツ不変量と計量

まず，**計量**という量を次式で定義します[13]．

$$\eta_{00} = -1, \qquad \eta_{11} = \eta_{22} = \eta_{33} = 1, \qquad \eta_{\mu\nu} = 0 \quad (\mu \neq \nu \text{ のとき}) \tag{6.69}$$

この計量 (6.69) を 4 行 4 列の正方行列 η で表すと，その $\mu\nu$ 成分は $\eta_{\mu\nu}$ になるので，η は次のようになります．

$$\eta = (\eta_{\mu\nu}) = \begin{pmatrix} \eta_{00} & \eta_{01} & \eta_{02} & \eta_{03} \\ \eta_{10} & \eta_{11} & \eta_{12} & \eta_{13} \\ \eta_{20} & \eta_{21} & \eta_{22} & \eta_{23} \\ \eta_{30} & \eta_{31} & \eta_{32} & \eta_{33} \end{pmatrix} = \begin{pmatrix} -1 & 0 & 0 & 0 \\ 0 & 1 & 0 & 0 \\ 0 & 0 & 1 & 0 \\ 0 & 0 & 0 & 1 \end{pmatrix} \tag{6.70}$$

この計量を使って，(4.14) で定義されたローレンツ不変量 $s^2 = -(ct)^2 + x^2 + y^2 + z^2 = -(x^0)^2 + (x^1)^2 + (x^2)^2 + (x^3)^2$ を表すと

$$s^2 = \eta_{00}(x^0)^2 + \eta_{11}(x^1)^2 + \eta_{22}(x^2)^2 + \eta_{33}(x^3)^2 = \eta_{\mu\nu} x^{\mu} x^{\nu} \tag{6.71}$$

となります．この s^2 はローレンツ不変量なので，S 系の x で表しても，S′ 系の x' で表しても，s^2 の値は変わらないので，次の (6.72) が成り立ちます．

$$\eta_{\mu\nu} x^{\mu} x^{\nu} = \eta_{\mu\nu} x'^{\mu} x'^{\nu} \tag{6.72}$$

この (6.72) を利用すると，ローレンツ変換 (6.68) と計量との間に成り立つ関係式

$$\eta_{\mu\nu} = \Lambda^{\rho}{}_{\mu} \eta_{\rho\sigma} \Lambda^{\sigma}{}_{\nu} \tag{6.73}$$

が導けます．Λ と η のそれぞれの成分の間に成り立つこの関係式は，見方を変えれば，ローレンツ変換の定義にも使えるので，重要な式です．

---

13) 計量とは，空間における**距離の目安**のことで，簡単にいえば「距離構造」です．これが与えられると，その空間の幾何学的な性質はすべて規定されます．そして多くの場合，この距離はスカラー積で決まる距離を意味します．なお，計量は**計量テンソル**ともいいます．一般に，添字が 2 つ以上付いている量をテンソルといいますが，テンソルに関しては 6.4.2 項で解説します．

Training 6.3

　(6.73) を導きなさい．（ヒント：(6.72) の右辺を (6.68) の x''^μ で書き換えて計算しましょう．）

計量の諸性質

　ここで，計量の性質について解説します．

　(1)　計量 (6.69) を 4 行 4 列の正方行列 H で表して，この 2 乗 HH を計算すると単位行列 I（$HH = I$）になるので，これを逆行列の定義（$H^{-1}H = I$）と比べれば，$H^{-1} = H$ という関係が求まります．この関係から，**逆行列 H^{-1} の $\mu\nu$ 成分と行列 H の $\mu\nu$ 成分（$\eta_{\mu\nu}$）は同じもの**であることがわかりますが，慣習として逆行列 H^{-1} の $\mu\nu$ 成分を $\eta_{\mu\nu}$ と区別するために，記号 $\eta^{\mu\nu}$ を用いて次のように定義します．

$$\eta^{00} = -1, \quad \eta^{11} = \eta^{22} = \eta^{33} = 1, \quad \eta^{\mu\nu} = 0 \quad (\mu \neq \nu \text{ のとき}) \tag{6.74}$$

　(2)　$\eta_{\mu\nu}$ と $\eta^{\mu\nu}$ は互いに逆行列の成分なので，次のように η の上下にある添字 ρ をアインシュタインの規約を使って縮約すると

$$\eta^{\mu\rho}\eta_{\rho\nu} = \delta^\mu_\nu \tag{6.75}$$

が成り立ちます．ここで，δ^μ_ν は (6.33) で定義したクロネッカーのデルタです．

　(3)　(6.71) のローレンツ不変量 $s^2 = \eta_{\mu\nu}x^\mu x^\nu$ の x^μ と x^ν はベクトルの成分（単なる数）なので，次のように $\eta_{\mu\nu}$ を挟んでも，左辺と右辺は同じ量を表します．

$$\eta_{\mu\nu}x^\mu x^\nu = x^\mu \eta_{\mu\nu} x^\nu \tag{6.76}$$

そこで，(6.76) の右辺 $x^\mu \eta_{\mu\nu} x^\nu$ を $(x^\mu)(\eta_{\mu\nu}x^\nu)$ に分けると，2 つ目のカッコの中は下付きの添字をもつ共変ベクトル x_μ を表すことがわかります．

$$x_\mu = \eta_{\mu\nu}x^\nu \tag{6.77}$$

そして，(6.77) に (6.75) を使うと，次式が導けます[14]．

$$x^\mu = \eta^{\mu\nu}x_\nu \tag{6.78}$$

---

　14)　(6.77) の両辺に左から $\eta^{\rho\mu}$ を掛けて，縮約すれば次式になります．
$$\eta^{\rho\mu}x_\mu = \eta^{\rho\mu}\eta_{\mu\nu}x^\nu = \delta^\rho_\nu x^\nu = x^\rho$$
ここで，ダミー添字 μ を ν に変え，フリー添字 ρ を μ に変えれば (6.78) になります．

この (6.77) と (6.78) から，**計量（$\eta_{\mu\nu}$ と $\eta^{\mu\nu}$）は演算される量の添字を規則的に上下させる機能をもっている**ことがわかります[15]．したがって，反変ベクトル A^μ と共変ベクトル A_μ は次のように相互に変換されます．

$$A_\mu = \eta_{\mu\nu}A^\nu, \qquad A^\mu = \eta^{\mu\nu}A_\nu \tag{6.79}$$

 **Training 6.4**

ローレンツ変換 (6.57) とローレンツ逆変換 (6.58) は，共変ベクトルを用いて次のように表されることを示しなさい．

$$\begin{aligned} x'_\mu &= \Lambda_\mu{}^\nu x_\nu \qquad \text{（ローレンツ変換）} \\ x_\mu &= \Lambda^\nu{}_\mu x'_\nu \qquad \text{（ローレンツ逆変換）} \end{aligned} \tag{6.80}$$

🌱 6.4 ベクトル場とテンソル場の性質

一般に，物理量が座標の値に依存する場合，その量を場といいます．ここでは，世界点の座標 x に依存するベクトル場とテンソル場の諸性質を解説します．これらの性質は第 7 章以降で利用されるので，よく理解してください．

6.4.1 スカラー場とベクトル場の性質

スカラー場

スカラーは，「大きさ」だけをもつ量として定義される物理量です．ミンコフスキー時空におけるスカラーとは，ローレンツ変換 (6.57) に対して不変な量をいいます．つまり，ある物理量の値が S 系で C，S′ 系で C' とするとき，常に次式が成り立つ場合に，C を**スカラー**といいます．

$$C' = C \tag{6.81}$$

スカラーが時空間の各点 x^μ で定義される場合，そのようなスカラーの集合を**スカラー場**といいます．そのため，ある点 P でのスカラー場が S 系で $S(x)$，S′ 系で $S'(x')$ であるとすると，常に次式が成り立つことになります．

$$S'(x') = S(x) \tag{6.82}$$

---

15) (6.72) からわかるように，$\eta_{\mu\nu}$ と $\eta^{\mu\nu}$ はローレンツ不変量です．この $\eta_{\mu\nu}$ と $\eta^{\mu\nu}$ のローレンツ不変量が，添字を規則的に上下させる機能を保証しています．

ただし，(6.82) は点 P での関数 (S' と S) の値が等しいことを表すだけで，一般に 2 つの関数形は異なります．もし関数形まで同じになる場合には，次式が成り立ちます．

$$S(x') = S(x) \tag{6.83}$$

このように，値だけでなく関数形も変わらない量のことを**不変量**といいます．

ベクトル場

反変ベクトル場 $A^\mu(x)$ と共変ベクトル場 $A_\mu(x)$ に対するローレンツ変換とローレンツ逆変換は，反変ベクトル x^μ の (6.68) と共変ベクトル x_μ の (6.80) と同じなので，それぞれ次のようになります．

$$A'^\mu(x') = \Lambda^\mu{}_\nu A^\nu(x), \quad A^\mu(x) = \Lambda_\nu{}^\mu A'^\nu(x') \quad \text{(反変ベクトル場)} \tag{6.84}$$

$$A'_\mu(x') = \Lambda_\mu{}^\nu A_\nu(x), \quad A_\mu(x) = \Lambda^\nu{}_\mu A'_\nu(x') \quad \text{(共変ベクトル場)} \tag{6.85}$$

6.4.2 テンソル場の性質

ベクトルの概念を拡張したものがテンソルという量ですが，みなさんの中には初めて習う方も多いかもしれません．一般的な定義から始めるよりも，イメージしやすいように，2 個の反変ベクトル場 $B^\mu(x)$ と $C^\nu(x)$ を使って具体的に見ていきましょう．

まず，$B^\mu(x)$ と $C^\nu(x)$ の積 $B^\mu(x)\,C^\nu(x)$ をつくり，これを記号 $T^{\mu\nu}(x)$ で

$$T^{\mu\nu}(x) = B^\mu(x)\,C^\nu(x) \tag{6.86}$$

とおくと，この $T^{\mu\nu}(x)$ は 16 個の成分をもっています．次に，この $T^{\mu\nu}$ のローレンツ変換は，B^μ と C^ν に (6.84) を使うと，次式になります．

$$T'^{\mu\nu}(x') = B'^\mu(x')\,C'^\nu(x') = \{\Lambda^\mu{}_\rho B^\rho(x)\}\{\Lambda^\nu{}_\sigma C^\sigma(x)\}$$
$$= \Lambda^\mu{}_\rho \Lambda^\nu{}_\sigma B^\rho(x) C^\sigma(x) = \Lambda^\mu{}_\rho \Lambda^\nu{}_\sigma T^{\rho\sigma}(x) \tag{6.87}$$

(6.87) で，$T^{\rho\sigma}(x)$ から $T'^{\mu\nu}(x')$ の変換における添字 $\mu\nu$ と $\rho\sigma$ に着目すると，それぞれの添字は共にベクトルと同じ変換性をもつことがわかります．

いま，16 個の成分をもつ物理量 T を考えるとして，その 16 個の成分が (6.87) のように，**添字 1 つ 1 つについてベクトルと同じように変換する場合，その量をテンソルと定義**します．このように定義すると，$T^{\mu\nu}$ は (6.86)

のように 2 個の反変ベクトル場の積 $B^\mu C^\nu$ で表される必要はなく,(6.87)の左辺 $T'^{\mu\nu}$ と最右辺の $T^{\rho\sigma}$ の変換性だけが重要になります.

一般に,n 個の下付き添字をもつ量を n **階共変テンソル**,m 個の上付き添字をもつ量を m **階反変テンソル**と定義します.この定義によれば,0 階のテンソルがスカラー,$n = 1$ の場合が共変ベクトル,$m = 1$ の場合が反変ベクトルになります.

したがって,(6.87)から **2 階の反変テンソル場**は次式で定義されます.

$$T'^{\mu\nu}(x') = \Lambda^\mu{}_\rho \Lambda^\nu{}_\sigma T^{\rho\sigma}(x) \tag{6.88}$$

ここで,4 つの添字 μ, ν, ρ, σ はそれぞれ $0, 1, 2, 3$ の値をとるので,(6.88)で定義した 2 階の反変テンソル場は合計 16 個の成分をもつことになります.具体的に 16 個の成分 $T^{\rho\sigma}$ を表せば,次のようになります.

$$T = (T^{\rho\sigma}) = \begin{pmatrix} T^{00} & T^{01} & T^{02} & T^{03} \\ T^{10} & T^{11} & T^{12} & T^{13} \\ T^{20} & T^{21} & T^{22} & T^{23} \\ T^{30} & T^{31} & T^{32} & T^{33} \end{pmatrix} \tag{6.89}$$

一方,(6.70)の計量テンソル $\eta = (\eta_{\mu\nu})$ を使ってテンソル $T = (T^{\mu\nu})$ の添字を下げると,**2 階の共変テンソル場**は

$$T'_{\mu\nu}(x') = \Lambda_\mu{}^\rho \Lambda_\nu{}^\sigma T_{\rho\sigma}(x) \tag{6.90}$$

で定義されます.要するに,**テンソルであるか否かは,(6.88)や(6.90)のような変換則を満たすか否かだけで判断できる**のです.

Training 6.5

次の問いに答えなさい.

(1) 2 階の反変テンソル場 $T^{\mu\nu}$ を(6.86)として,次の変換式を導きなさい.

$$T^{\mu\nu}(x) = \eta^{\mu\lambda}\eta^{\nu\sigma}T_{\lambda\sigma}(x) \tag{6.91}$$

(2) (6.91)を利用して,(6.90)を導きなさい.

テンソルの基本的な諸性質

テンソルの基本的な性質をまとめておきましょう.これからテンソルを $T_{\mu\nu}$ と表記しますが,$T^{\mu\nu}$ でも同様の議論ができます.

▶ **テンソルの性質**：

1. テンソル $T_{\mu\nu}$ にスカラー λ を掛けた $\lambda T_{\mu\nu}$ もテンソルである.

2. すべての成分がゼロのテンソルを**ゼロテンソル**という. ゼロテンソルは座標系が変わっても, ゼロテンソルである[16].

3. ある慣性系で**テンソル場方程式**「$T_{\rho\sigma}(x) = 0$」が成り立てば, 他の慣性系でも「$T'_{\mu\nu}(x') = 0$」が成り立つ (**共変性**[17]).

4. 2つのテンソル $T_{\mu\nu}, U_{\mu\nu}$ の**和** ($T_{\mu\nu} + U_{\mu\nu}$) はテンソルになる.

5. 2つのテンソル $T_{\mu\nu}, U_{\mu\nu}$ の**差** ($T_{\mu\nu} - U_{\mu\nu}$) はテンソルになる.

対称テンソルと反対称テンソル

2階のテンソル $T_{\mu\nu}$ は, 一般に次のように2つの項の和で表すことができます.

$$T_{\mu\nu} = \frac{1}{2}(T_{\mu\nu} + T_{\nu\mu}) + \frac{1}{2}(T_{\mu\nu} - T_{\nu\mu}) \tag{6.92}$$

ここで, (6.92) の右辺の項をそれぞれ

$$S_{\mu\nu} = \frac{1}{2}(T_{\mu\nu} + T_{\nu\mu}), \qquad A_{\mu\nu} = \frac{1}{2}(T_{\mu\nu} - T_{\nu\mu}) \tag{6.93}$$

とおくと, (6.92) は次式で表されます.

$$T_{\mu\nu} = S_{\mu\nu} + A_{\mu\nu} \tag{6.94}$$

テンソル $S_{\mu\nu}$ は, 添字 μ と ν の入れかえに対して $S_{\mu\nu} = S_{\nu\mu}$ という性質があるので**対称テンソル**といい, そして, $S_{\mu\nu}$ には10個の独立な成分があります. 一方, テンソル $A_{\mu\nu}$ は, $A_{\mu\nu} = -A_{\nu\mu}$ という性質があるので**反対称テンソル**といい, $A_{\mu\nu}$ には6個の独立な成分があります. 要するに, 16個の成分をもつテンソル $T_{\mu\nu}$ は, 10個の成分をもつ対称テンソル $S_{\mu\nu}$ と6個の成分をもつ反対称テンソル $A_{\mu\nu}$ に分解できます (次の Exercise 6.5 を参照).

---

[16]　なぜなら, S系で $T_{\rho\sigma} = 0$ である場合, (6.90) の $T'_{\mu\nu} = \Lambda_\mu{}^\rho \Lambda_\nu{}^\sigma T_{\rho\sigma} = 0$ より S′系でも $T'_{\mu\nu} = 0$ になるからです.

[17]　この共変性は, 物理法則がローレンツ変換に対して形を変えない性質を表す用語で, ベクトルの共変性とは無関係です. 紛らわしいので注意してください.

 **Exercise 6.5**

$S_{\mu\nu}$ には 10 個の成分があり，$A_{\mu\nu}$ には 6 個の成分があることを示しなさい.

Coaching 対称テンソル $S_{\mu\nu}$ の成分の数は，$S_{00} = S_{00}$ と $S_{ii} = S_{ii}$ $(i = 1, 2, 3)$ を満たす 4 個の対角成分 $(S_{00}, S_{11}, S_{22}, S_{33})$ と，$S_{0j} = S_{j0}$ と $S_{ij} = S_{ji}$ を満たす 6 個の非対角成分 $(S_{01}, S_{02}, S_{03}, S_{12}, S_{13}, S_{23})$ を合わせた 10 個になります.

一方，反対称テンソル $A_{\mu\nu}$ の成分の数は，対角成分が $A_{00} = -A_{00}$ と $A_{ii} = -A_{ii}$ $(i = 1, 2, 3)$ よりすべてゼロ $(A_{00} = A_{11} = A_{22} = A_{33} = 0)$ で，非対角成分の $A_{0j} = -A_{j0}$ と $A_{ij} = -A_{ji}$ を満たす 6 個 $(A_{01}, A_{02}, A_{03}, A_{12}, A_{13}, A_{23})$ だけになります.

ちなみに，添字が 3 個ある 3 階のテンソルの場合，添字の中に等しいものが 2 個あるとゼロになるとき，このテンソルを**完全反対称のテンソル**であるといいます．例えば，$T_{\lambda\mu\nu}$ をそのようなテンソルとすれば，$T_{\lambda\mu\nu}$ は完全反対称の 3 階共変テンソルです（Exercise 7.2 を参照）.

6.4.3 場の微分

第 7 章以降で，電磁気学の基礎方程式であるマクスウェル方程式をローレンツ不変な形にする方法を解説しますが，そのとき必要になる数学ツールが場の微分です．その準備として，ここでは反変性や共変性に着目して，スカラー場やベクトル場やテンソル場などを微分すると，新たなスカラー場，ベクトル場，テンソル場が定義できることを解説しましょう.

スカラー場の微分はベクトル場

(6.82) のスカラー場 $S'(x') = S(x)$ の両辺を x'^{μ} で微分すると，次のようになります.

$$\frac{\partial S'(x')}{\partial x'^{\mu}} = \frac{\partial S(x)}{\partial x'^{\mu}} = \frac{\partial x^{\rho}}{\partial x'^{\mu}} \frac{\partial S(x)}{\partial x^{\rho}} = \Lambda_{\mu}{}^{\rho} \frac{\partial S(x)}{\partial x^{\rho}} \tag{6.95}$$

ここで，2 つ目から 3 つ目へ移るときは，$S(x)$ を x'^{μ} の合成関数と考えて x^{ρ} で微分し，3 つ目から 4 つ目（最右辺）に移るときは (6.60) を使いました.

この変換係数 $\Lambda_{\mu}{}^{\rho}$ からわかるように，スカラー場 $S'(x')$ を x'^{μ} で微分した

量は共変ベクトル場になります. したがって, **共変ベクトル演算子**という量を次のように定義できます.

$$\partial_\mu \equiv \frac{\partial}{\partial x^\mu} = (\partial_0, \partial_1, \partial_2, \partial_3) = \left(\frac{\partial}{\partial (ct)}, \frac{\partial}{\partial x}, \frac{\partial}{\partial y}, \frac{\partial}{\partial z} \right) \tag{6.96}$$

この共変ベクトル演算子 ∂_μ は共変ベクトルなので, 当然 (6.85) と同じローレンツ変換をします. そのため次式が成り立ちます.

$$\partial'_\mu = \Lambda_\mu{}^\nu \partial_\nu \tag{6.97}$$

計量テンソル $\eta^{\mu\nu}$ を (6.96) と (6.97) にそれぞれ作用させると[18], 次のように**反変ベクトル演算子**とそのローレンツ変換が求まります.

$$\partial^\mu \equiv \frac{\partial}{\partial x_\mu} = (\partial^0, \partial^1, \partial^2, \partial^3) = \left(-\frac{\partial}{\partial (ct)}, \frac{\partial}{\partial x}, \frac{\partial}{\partial y}, \frac{\partial}{\partial z} \right) \tag{6.98}$$

$$\partial'^\mu = \Lambda^\mu{}_\nu \partial^\nu \tag{6.99}$$

ベクトル場の微分はテンソル場あるいはスカラー場

共変ベクトル場 $A'_\nu(x')$ を共変ベクトル演算子 ∂'_μ で微分すると, 次のようになります.

$$\partial'_\mu A'_\nu(x') = (\Lambda_\mu{}^\rho \partial_\rho)\{\Lambda_\nu{}^\sigma A_\sigma(x)\} = \Lambda_\mu{}^\rho \Lambda_\nu{}^\sigma \partial_\rho A_\sigma(x) \tag{6.100}$$

ここで, 1つ目から2つ目へ移るときは (6.97) と (6.85) を使いました.

いま, $T'_{\mu\nu} = \partial'_\mu A'_\nu$, $T_{\rho\sigma} = \partial_\rho A_\sigma$ とおくと, (6.100) は (6.90) と同じ変換性をもつので, $\partial'_\mu A'_\nu$ **は2階の共変テンソル場になる**ことがわかります[19]. なお, 共変ベクトル場 $A'_\mu(x)$ を反変ベクトル演算子 ∂'^μ で微分 (つまり, $A_\mu(x)$ を同じ添字の x_μ で微分) すると

$$\partial'^\mu A'_\mu(x') = \partial^\rho A_\rho(x) \tag{6.101}$$

のように, $\partial'^\mu A'_\mu(x')$ **はスカラー場になる**ことがわかります (Practice [6.3] を参照). なお, (6.101) のように同じ添字で微分をすることも, 総和をとるときと同じように, **縮約する**といいます.

テンソル場の微分はベクトル場

反変テンソル場 $T'^{\mu\nu}(x')$ を共変ベクトル演算子 ∂'_ν で微分すると, 次のようになります.

---

18) 例えば, (6.98) は $\partial^\mu = \eta^{\mu\nu} \partial_\nu$ から導けます.

19) 反変ベクトルと反変ベクトル演算子を使うと, 2階の反変テンソル場になります.

$$\partial'_\nu T'^{\mu\nu}(x') = (\Lambda_\nu{}^\sigma \partial_\sigma)\{\Lambda^\mu{}_\rho \Lambda^\nu{}_\tau T^{\rho\tau}(x)\} = \Lambda_\nu{}^\sigma \Lambda^\mu{}_\rho \Lambda^\nu{}_\tau (\partial_\sigma T^{\rho\tau})$$

$$= \delta^\sigma_\tau \Lambda^\mu{}_\rho \partial_\sigma T^{\rho\tau} = \Lambda^\mu{}_\rho \partial_\sigma T^{\rho\sigma} \tag{6.102}$$

ここで，1つ目から2つ目へ移るときは (6.97) と (6.88) を使いました．また，途中で $\Lambda_\nu{}^\sigma \Lambda^\nu{}_\tau = \delta^\sigma_\tau$ も使いました．

いま，$\partial'_\nu T'^{\mu\nu}$ は添字 ν で縮約しているので，フリー添字は上付きの μ だけです．そこで，$A'^\mu = \partial'_\nu T'^{\mu\nu}$，$A^\rho = \partial_\lambda T^{\rho\lambda}$ とおくと，(6.102) は (6.84) と同じ変換性をもつので，**$\partial'_\nu T'^{\mu\nu}$ は反変ベクトル場になる**ことがわかります．

同様に，共変テンソル場 $T'_{\mu\nu}$ を反変ベクトル演算子 ∂'^ν で微分すると，

$$\partial'^\nu T'_{\mu\nu}(x') = \Lambda_\mu{}^\rho \partial^\lambda T_{\rho\lambda}(x) \tag{6.103}$$

のように，共変ベクトル場 (6.85) と同じ変換をするので，**$\partial'^\nu T'_{\mu\nu}(x')$ は共変ベクトル場になる**ことがわかります．

以上，本章で述べたローレンツ変換に対するスカラー量，ベクトル量，テンソル量などの計算法は，第7章以降のテーマを理解するのに不可欠な数学テクニックです．特に，テンソルの計算は物理法則の「共変性」をクリアに教えてくれる強力な数学ツールになります．

📘 本章のPoint

▶ **反変量**：x^μ や A^μ や $T^{\mu\nu}$ のように上付き添字をもち，ローレンツ変換の変換行列 Λ で変換する量のことをいう．

▶ **共変量**：x_μ や A_μ や $T_{\mu\nu}$ のように下付き添字をもち，ローレンツ逆変換の逆変換行列 Λ^{-1} で変換する量のことをいう．

▶ **ベクトルの幾何学的な定義**：ベクトルとは「大きさと向きをもつ量」である．

▶ **ベクトルの代数的な定義**：ベクトルとは「座標間での特定の変換ルールで決まる量」である．$A'^\mu = \sum_{\nu=0}^{3} \Lambda^\mu{}_\nu A^\nu$ で変換する量を**反変ベクトル**，

$A'_\mu = \sum_{\nu=0}^{3} \Lambda_\mu{}^\nu A_\nu$ で変換する量を**共変ベクトル**と定義する．

▶ **アインシュタインの規約**：上付きと下付きの同じ添字のペア（上下ペア）が現れたときには，それに関する和をとる（**縮約**する）ものとして，和記号を省くという便利なルールである．

▶ **計量テンソル**：$\eta_{00} = -1$，$\eta_{11} = \eta_{22} = \eta_{33} = 1$，$\eta_{\mu\nu} = 0$（$\mu \neq \nu$ のとき）で定義される $\eta_{\mu\nu}$ を計量あるいは計量テンソルという．ローレンツ変換と計量との間には $\eta_{\mu\nu} = \Lambda^\rho{}_\mu \eta_{\rho\sigma} \Lambda^\sigma{}_\nu$ が成り立つ．

▶ **計量テンソルの諸性質**：
 (1) $\eta_{\mu\nu}$ と $\eta^{\mu\nu}$ の間には $\eta^{\mu\sigma}\eta_{\rho\nu} = \delta^\mu_\nu$ が成り立つ．
 (2) $A_\mu = \eta_{\mu\nu}A^\nu$，$A^\mu = \eta^{\mu\nu}A_\nu$ のように，添字を規則的に上下させることができる．

▶ **スカラー場**：ローレンツ変換に対して形を変えない量をスカラーという．空間の各点 x^μ で定義されたスカラーの集合をスカラー場 $S(x)$ といい，S 系での $S(x)$ と S′ 系での $S'(x')$ の間に $S'(x') = S(x)$ が成り立つ．

▶ **テンソル場**：$T'^{\mu\nu}(x') = \Lambda^\mu{}_\rho \Lambda^\nu{}_\sigma T^{\rho\sigma}(x)$ のように，添字1つ1つについてベクトルと同じように変換する量をテンソルという．n 個の下付き添字をもつ量を n **階共変テンソル**，m 個の上付き添字をもつ量を m **階反変テンソル**と定義すると，0 階のテンソルがスカラー，1 階の場合がベクトルになる．

▶ **テンソルの計算**：テンソルの計算は，一見複雑に見えるが，添字の上げ下げや縮約などの機械的操作が多いので，多くの計算例を眺めてコツをつかめば簡単である．

Practice ═══════════════════════════

[6.1]　共変ベクトルのローレンツ変換

共変ベクトル A_μ に対するローレンツ変換を，反変ベクトル A^μ のローレンツ変換から導きなさい．

[6.2]　テンソルの対称性と反対称性

テンソルの対称性や反対称性の性質は，ローレンツ変換を行っても変わりません．このことを，次の (1) と (2) の場合に，具体的に (6.90) のローレンツ変換を行って示しなさい．

 (1)　2階の対称テンソル $S_{\mu\nu}$ の場合

 (2)　2階の反対称テンソル $A_{\mu\nu}$ の場合

[6.3]　ベクトル場の微分とスカラー場

共変ベクトル場 $A_\mu(x)$ に ∂^μ を演算すると，スカラー場になることを表す (6.101) を証明しなさい．

[6.4]　添字の縮約とテンソルの階数

添字の縮約で得られたテンソルが，階数の下がったテンソルとして変換することを証明しなさい．（ヒント：縮約された添字のペアが，スカラーとして変換することを示せばよいので，$A^\mu B_\mu$ がスカラーになることを具体的に示せば題意は満たされます．）

相 対 論 的 な 電 磁 気 学

　マクスウェル方程式とは，電場と磁場の相互作用を統一して記述する4つの方程式の総称で，電磁気学において，このマクスウェル方程式が力学におけるニュートンの運動方程式に相当します．相対性理論は電磁気学と矛盾しないように構築されたため，この方程式の共変性は自明なことになります．

　本章では，共変性を一瞬で見抜くことができるテンソルの手法について解説しましょう．

🌱 7.1　マクスウェル方程式のおさらい

　電磁気学の根幹を成すマクスウェル方程式は，4つのベクトル方程式から成り，それらはそれぞれ，「電場のガウスの法則」，「磁場のガウスの法則」，「ファラデーの法則」，そして，「アンペール–マクスウェルの法則」とよばれています．

　マクスウェル方程式は積分形と微分形の2種類の形式で表現できますが，相対性理論では微分形が必要になります．なぜなら，微分形は前章で述べたベクトルの演算やテンソルの演算などの数学ツールに適した形式だからです．そこで，マクスウェル方程式の微分形から始めることにしましょう[1]．

---

1)　微分形のマクスウェル方程式に馴染みのない方は，本シリーズの『電磁気学入門』などを参照してください．

7.1.1 マクスウェル方程式と波動方程式

微分はローカル（局所的）な変化を表すものなので，例えば，波のように場の変動が次々と空間を伝わる現象を記述するのに不可欠な数学です．そして，光（電磁波）はまさに電磁場の変動が空間を伝わるものなので，最適な数学ツールが微分なのです．

マクスウェル方程式は，電場 E と磁場 B が満たす場の方程式で，次の 4 つの方程式で表されます．

▶ **微分形で表したマクスウェル方程式：**

$$\nabla \cdot E = \frac{\rho}{\varepsilon_0} \qquad （電場のガウスの法則） \tag{7.1}$$

$$\nabla \cdot B = 0 \qquad （磁場のガウスの法則） \tag{7.2}$$

$$\nabla \times E = -\frac{\partial B}{\partial t} \qquad （ファラデーの法則） \tag{7.3}$$

$$\nabla \times B = \mu_0 i + \mu_0 \varepsilon_0 \frac{\partial E}{\partial t} \qquad （アンペール–マクスウェルの法則） \tag{7.4}$$

（ε_0 は真空の誘電率，μ_0 は真空の透磁率（1.5.1 項の Training 1.2 を参照）．）

静電場の場合，(7.1) は積分すると**クーロンの法則**になります．(7.2) は，磁荷[2] が存在しないことを表しています．(7.3) は，**電磁誘導の法則**で，「ファラデーの法則」ともよばれています．(7.4) は，**電荷の保存則**に関係した法則です．

ここで，ρ は電荷密度，i は電流密度を表しますが，このような物理量は電場や磁場を生み出すソース（源）なので，本書では，これらを**ソース項**ということにします．そうすると，マクスウェル方程式は，ソース項を含まない方程式（(7.2) と (7.3)）とソース項を含む方程式（(7.1) と (7.4)）に分類することができます．

電磁波の波動方程式

4 つのマクスウェル方程式はそれぞれを独立に扱っても，電場と磁場の

---

2) **磁気単極子**あるいは，単にモノポールともいいます．

ソース $(\rho, \boldsymbol{i})$ と場の振る舞いの重要な関係を与えてくれますが，これらの方程式の真の威力は，これらを組み合わせて電場と磁場の波動方程式を導くと実感できます．具体的に，真空 $(\rho = 0,\ \boldsymbol{i} = 0)$ の場合に4つのマクスウェル方程式を組み合わせると，次のように電場 $\boldsymbol{E}$ と磁場 $\boldsymbol{B}$ に対する波動方程式を導くことができます[3]．

$$\nabla^2 \boldsymbol{E} = \mu_0 \varepsilon_0 \frac{\partial^2 \boldsymbol{E}}{\partial t^2} \qquad (\text{電場 } \boldsymbol{E} \text{ の波動方程式}) \qquad (7.5)$$

$$\nabla^2 \boldsymbol{B} = \mu_0 \varepsilon_0 \frac{\partial^2 \boldsymbol{B}}{\partial t^2} \qquad (\text{磁場 } \boldsymbol{B} \text{ の波動方程式}) \qquad (7.6)$$

 **Training 7.1**

　真空 $(\rho = 0,\ \boldsymbol{i} = 0)$ でのマクスウェル方程式から，電場の波動方程式 (7.5) を導きなさい．

マクスウェルの驚くべき発見

　電磁波の重要な面は，(7.5) や (7.6) を，音波などを記述する波動方程式（振幅を $\Psi(t, x, y, z)$ とする）

$$\nabla^2 \Psi = \frac{\partial^2 \Psi}{\partial x^2} + \frac{\partial^2 \Psi}{\partial y^2} + \frac{\partial^2 \Psi}{\partial z^2} = \frac{1}{v_{\mathrm{p}}^2} \frac{\partial^2 \Psi}{\partial t^2} \qquad (7.7)$$

と比べればわかります．係数 v_{p} は波の位相速度ですが，(7.5) や (7.6) と比べると $\dfrac{1}{v_{\mathrm{p}}^2} = \mu_0 \varepsilon_0$ となるので，電磁波の位相速度は次式で与えられます．

$$v_{\mathrm{p}} = \frac{1}{\sqrt{\mu_0 \varepsilon_0}} \qquad (7.8)$$

したがって，真空中の電磁波の速度は，真空の誘電率 ε_0 と真空の透磁率 μ_0 で決まる定数になります．これらの値はコンデンサーやコイルを使って実験的に決めることができ，ε_0, μ_0 の実測値を (7.8) に代入すると，光速度 c と同じ $v_{\mathrm{p}} = 2.9979 \times 10^8 \mathrm{m/s}$ という値になります（(1.24) を参照）．

---

　3)　これらはベクトル方程式なので，それぞれの方程式は，実際には成分にすると3つの方程式を表しています．

☕ Coffee Break

光速度の値を秘めていた電子部品

$v_\mathrm{p} = 2.9979 \times 10^8\,\mathrm{m/s}$ の値は，当時（19 世紀の中頃）フランスのフィゾー（1849年）が行った，高速回転する歯車で光を通したり遮ったりする方法で決定した光速度の値 $3.13 \times 10^8\,\mathrm{m/s}$ や，フーコー（1850 年）が水槽に満たした水を通過する光を高速回転する鏡で反射させる方法で決定した光速度の値に非常に近い値でした．そのため，マクスウェルは「光は電磁的な波動である」という驚くべき結論を導きました．

私たちの感覚でいえば，今日でも，光は「一瞬で伝わる」としか思えないほどの速度ですが，光速度の有限性を初めて実証したのはデンマークのレーマーでした．彼は木星の衛星イオによる食の現象を利用して，光速度が約 $2.2 \times 10^8\,\mathrm{m/s}$ であると算出しました（1676 年）．広大な宇宙の天体観測や，実験室の歯車や水槽を使った実験などで決定されていた光速度の値と，それらとは無縁に思える電子部品のコンデンサーやコイルに関係した誘電率 ε_0 と透磁率 μ_0 だけで決まる値が一致するというのは，本当に驚嘆すべき発見だったといえるでしょう．あるいは，光速度の不変性を見事に看破した大発見だったともいえるでしょう．

7.1.2 テンソル場を示唆する電磁誘導

大学で学ぶ電磁気学では，電場と磁場がそれぞれ 3 次元ベクトルの形で書かれているので，普段私たちは電場と磁場が別々の物理量だという印象をもっています．事実，マクスウェル方程式（7.1）〜（7.4）も電場 E と磁場 B を区別して記述しているので，そのような印象をもつのは当然かもしれません．しかし，それは電磁場を測定するとき，測定装置が電場と磁場を分けて測定するからであり，本当は，電場と磁場は不可分のもので，それらのベクトルを成分とするテンソルによって記述されるものなのです．そのことを如実に教えてくれるのが，ファラデーが発見した電磁誘導の現象です．

時空の概念を一変させたアインシュタインの論文「動いている物体の電気力学」（Zur Elektrodynamik bewegter Körper）は，この電磁誘導の話から始まります．このことからも，電磁誘導が電磁場のテンソル的性質を示唆する重要な現象だったことがわかります．そこで，まずは電磁誘導の復習から始めましょう．

電磁誘導に対する2つの視点

電磁誘導とは，磁場の中で導線から成るコイルを動かすと，コイル内に誘導起電力が生じて電流が流れる現象です．これは，コイルを貫く磁束が変化したために起こる現象で，発電機や変圧器はこれを応用したものです．

図7.1で示すように，この電磁誘導は2種類の異なる視点aとbのどちらに立っても同じ結果（コイルに誘導電流 I が流れる現象）が得られます．

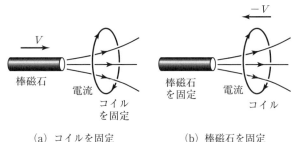

(a) コイルを固定   (b) 棒磁石を固定

図7.1   電磁誘導

視点a：コイルを固定して，棒磁石を速度 V でコイルに近づけると，磁極の周りに誘導電場が生じて，コイルに誘導電流 I が流れる（図7.1 (a)）．

視点b：棒磁石を固定して，コイルを速度 $-V$ で棒磁石に近づけると，コイル内の電子にローレンツ力がはたらいて，コイルに誘導電流 I が流れる（図7.1 (b)）．

視点aに立つと，ローレンツ力は現れないので，起電力の起源を説明できません．一方，視点bに立つと，コイルが静磁場内を運動するときに，コイル内の電子はローレンツ力によって片方に寄せられるので，静磁場内に起電力が生じます．つまり，起電力に対する解釈は，棒磁石が動くという視点aとコイルが動くという視点bで明らかに異なります．

しかし，ここで着目してほしいのは，この電磁誘導はコイルを貫く磁場の時間変化だけに依存する現象だということです．そのため，この現象から視点aと視点bのどちらが物理的に妥当な解釈であるかを判定することはできません．要するに，この実験からわかることは，**電磁誘導はコイルと棒磁**

石の相対運動だけで生じる現象であるということだけです.

テンソル場の必要性

電磁誘導は, 1つの系（視点 a）から見て磁場 B だけがあって電場 E がないときでも, 他の系（視点 b）から見れば電場 E が存在することを教えています.

ところで, 特殊相対性原理が正しければ, 電磁場に関する諸法則はどの慣性系でも同じになり, 電場と磁場はローレンツ変換に従わなければなりません. そのように考えれば, 電磁誘導の現象は私たちに**電場 E と磁場 B が一体となって変換される物理量である**ことを教えていることになります.

したがって, 電磁場の法則を相対性理論で扱う場合, 電場ベクトル（3個の成分）と磁場ベクトル（3個の成分）を組み合わせた, ふつうのベクトル量では記述できない物理量を考えなければならないことになります. ここに, 6個の成分をもつ物理量, つまりテンソルの導入が必要になる理由があるのです. 次節以降の解説で, **電場と磁場は2階反対称テンソル場の6個の成分である**ことがわかりますが, その準備のために, 次節では電磁ポテンシャルを解説します.

🌱 7.2　電磁ポテンシャル

マクスウェル方程式がテンソルで表現できれば, マクスウェル方程式はローレンツ変換に対して不変な形になるので, どの慣性系でも同じ形で成り立つこと（共変性）が保証されます. そのためには, まず**電磁気学での4次元量を決めなければなりません**. その4次元量は**電磁ポテンシャル**とよばれる量で, これの定義にはベクトルポテンシャルとスカラーポテンシャルを用います.

7.2.1　ベクトルポテンシャルとスカラーポテンシャル

電磁気学では, 電場 E と磁場 B がベクトルポテンシャル A とスカラーポテンシャル ϕ を使って次のように定義できることを学びます.

$$E = -\nabla\phi - \frac{\partial A}{\partial t}, \qquad B = \nabla \times A \tag{7.9}$$

2つのポテンシャル A, ϕ は電場と磁場だけを表すので，これらはソース項を含まないマクスウェル方程式 (7.2) と (7.3) を満たすはずです．まずは，そのことを Exercise 7.1 で確認してみましょう．

 Exercise 7.1

ベクトルポテンシャル A とスカラーポテンシャル ϕ を導入すると，マクスウェル方程式 (7.2) と (7.3) は自動的に満たされることを示しなさい．

Coaching　磁場のガウスの法則 (7.2) とファラデーの法則 (7.3) をベクトルポテンシャル A とスカラーポテンシャル ϕ で書き換えると

$$\nabla \cdot B = \nabla \cdot (\nabla \times A) \tag{7.10}$$

$$\nabla \times E + \frac{\partial B}{\partial t} = -\nabla \times (\nabla\phi) - \nabla \times \frac{\partial A}{\partial t} + \frac{\partial}{\partial t}(\nabla \times A) \tag{7.11}$$

となります．ここで，任意のベクトル場 $C(t, r)$ と任意のスカラー場 $\phi(t, r)$ に対して成り立つベクトル解析の2つの公式「$\nabla \cdot (\nabla \times C) = 0$」と「$\nabla \times (\nabla\phi) = \mathbf{0}$」を使うと，(7.10) と (7.11) の右辺はどちらもゼロになるので，2つの法則 (7.2) と (7.3) は自動的に満たされることがわかります．　∎

2種類のポテンシャル A と ϕ がマクスウェル方程式 (7.2) と (7.3) を満たすことが確認できたので，次に A と ϕ を使って磁場 B と電場 E の成分を表すことにしましょう．

磁場 B と電場 E の成分

E の x 成分 $(E)_x$ を E_x，磁場 B の x 成分 $(B)_x$ を B_x と表すと，E_x と B_x は (7.9) からそれぞれ次のように表せます[4]．

$$E_x = -(\nabla)_x\phi - \frac{\partial(A)_x}{\partial t} = -\frac{\partial\phi}{\partial x} - \frac{\partial A_x}{\partial t}$$

---

4)　$(\nabla)_x$ は ∇ の x 成分という意味なので，∇ の定義 $\nabla = i\dfrac{\partial}{\partial x} + j\dfrac{\partial}{\partial y} + k\dfrac{\partial}{\partial z}$ より $\dfrac{\partial}{\partial x}$ になります．

$$= c\left\{\frac{\partial\left(\dfrac{-\phi}{c}\right)}{\partial x} - \frac{\partial A_x}{\partial ct}\right\} \tag{7.12}$$

$$B_x = (\nabla \times \boldsymbol{A})_x$$
$$= (\nabla)_y(\boldsymbol{A})_z - (\nabla)_z(\boldsymbol{A})_y$$
$$= \frac{\partial A_z}{\partial y} - \frac{\partial A_y}{\partial z} \tag{7.13}$$

ここで，(7.12) の最後の式変形で時間変数 t を ct に変えて，ϕ を $\dfrac{-\phi}{c}$ の形に書き換えた理由は，（次項で解説するように）4元ベクトルの電磁ポテンシャルという量を定義するためです．

7.2.2 電磁ポテンシャル

目的の4次元量である**電磁ポテンシャル**（4元ベクトルポテンシャル）は，(7.12) と (7.13) を参考にして $\boldsymbol{A} = (A_x, A_y, A_z)$ と $-\dfrac{\phi}{c}$ から次のように共変ベクトル A_μ で定義できます．

$$A_\mu = (A_0, A_1, A_2, A_3) = \left(-\frac{\phi}{c}, A_x, A_y, A_z\right) \tag{7.14}$$

そして，反変ベクトル A^μ は，(7.14) から次のように与えられます[5]．

$$A^\mu = (A^0, A^1, A^2, A^3) = \left(\frac{\phi}{c}, A_x, A_y, A_z\right) \tag{7.15}$$

ここで，電磁ポテンシャルを共変ベクトル A_μ と反変ベクトル A^μ の2通りの形で表示しましたが，**どちらを使うかは，使用目的に応じて便利な方を選べばよいだけです**．

次に，A_μ と A^μ のそれぞれの場合について，電場と磁場の成分を見ていきましょう．

電磁ポテンシャル A_μ（共変ベクトル）で表した電場と磁場の成分

この場合，電場の x 成分は (7.12) から次のようになります．

---

5) A_μ と A^μ の違いは時間成分（$\mu = 0$ 成分）の符号だけで，空間成分は同じです．

$$E_x = c\left\{\frac{\partial\left(\dfrac{-\phi}{c}\right)}{\partial x} - \frac{\partial A_x}{\partial ct}\right\} = c\left(\frac{\partial A_0}{\partial x^1} - \frac{\partial A_1}{\partial x^0}\right)$$

$$= c\,(\partial_1 A_0 - \partial_0 A_1) \tag{7.16}$$

ただし，ここでの座標 (ct, x, y, z) に関する微分は，共変ベクトル演算子 ∂_μ （(6.96)）を使います（理由は，次節で解説する電磁場テンソルの定義からの要請です）．同様の表記ルールにより，電場の y, z 成分は次のように表せます.

$$E_y = c\,(\partial_2 A_0 - \partial_0 A_2), \qquad E_z = c\,(\partial_3 A_0 - \partial_0 A_3) \tag{7.17}$$

一方，磁場の x 成分は (7.13) から次のようになります.

$$B_x = \frac{\partial A_z}{\partial y} - \frac{\partial A_y}{\partial z} = \frac{\partial A_3}{\partial x^2} - \frac{\partial A_2}{\partial x^3} = \partial_2 A_3 - \partial_3 A_2 \tag{7.18}$$

同様の表記ルールにより，磁場の y, z 成分は次のように表せます.

$$B_y = \partial_3 A_1 - \partial_1 A_3, \qquad B_z = \partial_1 A_2 - \partial_2 A_1 \tag{7.19}$$

電磁ポテンシャル A^μ（反変ベクトル）で表した電場と磁場の成分

共変ベクトルで表した電磁ポテンシャル A_μ から反変ベクトルで表した電磁ポテンシャル A^μ への変換は $A^\mu = \eta^{\mu\nu} A_\nu$ を用いて定義でき，この場合の電場 $\boldsymbol{E}$ と磁場 $\boldsymbol{B}$ は，次のようになります（Training 7.2 を参照）.

$$\begin{cases} E_x = -c\,(\partial^1 A^0 - \partial^0 A^1), \ \ E_y = -c\,(\partial^2 A^0 - \partial^0 A^2) \\ E_z = -c\,(\partial^3 A^0 - \partial^0 A^3) \end{cases} \tag{7.20}$$

$$B_x = \partial^2 A^3 - \partial^3 A^2, \ \ B_y = \partial^3 A^1 - \partial^1 A^3, \ \ B_z = \partial^1 A^2 - \partial^2 A^1 \tag{7.21}$$

ただし，反変ベクトル演算子 ∂^μ （(6.98)）を用いました.

 **Training 7.2**

電場と磁場の成分 (7.20)，(7.21) を，(7.16) ～ (7.19) から求めなさい.

ここまでの作業で，電場と磁場を表す電磁ポテンシャルが定義できたので，これらを使って電磁場のテンソルである電磁場テンソルを定義できる段階まで来ました．次節では，これの定義に移りましょう.

🌱 7.3 電磁場テンソル

電磁場テンソルは，電磁ポテンシャルの種類（反変ベクトルの A^μ と共変ベクトルの A_μ）に応じて，次のように２種類の表現があります[6]．

▶ **共変テンソルで表した電磁場テンソル：**

$$f_{\mu\nu} = \partial_\mu A_\nu - \partial_\nu A_\mu \tag{7.22}$$

▶ **反変テンソルで表した電磁場テンソル：**

$$f^{\mu\nu} = \partial^\mu A^\nu - \partial^\nu A^\mu \tag{7.23}$$

共変テンソルの電磁場テンソル $f_{\mu\nu}$ を使って，(7.16) 〜 (7.19) を書き換えると，電場 $\boldsymbol{E} = (E_x, E_y, E_z)$ と磁場 $\boldsymbol{B} = (B_x, B_y, B_z)$ の各成分と電磁場テンソル $f_{\mu\nu}$ の成分との関係が次のように決まります．

$$\frac{E_x}{c} = f_{10} = -f_{01}, \qquad \frac{E_y}{c} = f_{20} = -f_{02}, \qquad \frac{E_z}{c} = f_{30} = -f_{03}$$
$$B_x = f_{23} = -f_{32}, \qquad B_y = f_{31} = -f_{13}, \qquad B_z = f_{12} - f_{21}$$

$$\tag{7.24}$$

(7.24) は，$\boldsymbol{E} = (E_x, E_y, E_z)$, $\boldsymbol{B} = (B_x, B_y, B_z)$ のそれぞれ３つの成分を合わせた，６つの成分をもつ４行４列の行列として，次のようにも表現できます．

▶ **電磁場テンソル $f_{\mu\nu}$（共変テンソル）の行列表示：**

$$f_{\mu\nu} = \begin{pmatrix} f_{00} & f_{01} & f_{02} & f_{03} \\ f_{10} & f_{11} & f_{12} & f_{13} \\ f_{20} & f_{21} & f_{22} & f_{23} \\ f_{30} & f_{31} & f_{32} & f_{33} \end{pmatrix} = \begin{pmatrix} 0 & -\dfrac{E_x}{c} & -\dfrac{E_y}{c} & -\dfrac{E_z}{c} \\ \dfrac{E_x}{c} & 0 & B_z & -B_y \\ \dfrac{E_y}{c} & -B_z & 0 & B_x \\ \dfrac{E_z}{c} & B_y & -B_x & 0 \end{pmatrix} \tag{7.25}$$

このテンソルは，**２階の反対称テンソル**なので，独立な成分は $E_x, E_y, E_z,$ B_x, B_y, B_z の６個です．この６という数は重要で，$\boldsymbol{E}, \boldsymbol{B}$ の成分が６個しかな

---

6) 一般には，共変テンソルの $f_{\mu\nu}$ の方を電磁場テンソルと定義します．その理由は，<ruby>外微分<rt>がいびぶん</rt></ruby>の**微分１形式**として定義されることによります．

い事実を反映しています.

7.3.1 ソース項を含まないマクスウェル方程式のテンソル表示

いま, ソース項を含まない「磁場のガウスの法則 $\nabla \cdot \boldsymbol{B} = 0$」と「ファラデーの法則 $\nabla \times \boldsymbol{E} + \dfrac{\partial \boldsymbol{B}}{\partial t} = \boldsymbol{0}$」の 2 つの式は, (7.24) を用いて書き換えると, 次のようになります ((7.26) の導出は Practice [7.2] を参照).

$$
\begin{cases}
\nabla \cdot \boldsymbol{B} = \partial_1 f_{23} + \partial_2 f_{31} + \partial_3 f_{12} = 0 \\[2mm]
\left(\dfrac{\partial \boldsymbol{B}}{\partial t} + \nabla \times \boldsymbol{E} \right)_x = c\,(\partial_0 f_{23} + \partial_2 f_{30} + \partial_3 f_{02}) = 0 \\[2mm]
\left(\dfrac{\partial \boldsymbol{B}}{\partial t} + \nabla \times \boldsymbol{E} \right)_y = c\,(\partial_0 f_{31} + \partial_3 f_{10} + \partial_1 f_{03}) = 0 \\[2mm]
\left(\dfrac{\partial \boldsymbol{B}}{\partial t} + \nabla \times \boldsymbol{E} \right)_z = c\,(\partial_0 f_{12} + \partial_1 f_{20} + \partial_2 f_{01}) = 0
\end{cases}
\tag{7.26}
$$

そして, これら 4 つの式を 1 つの式にまとめると, 次のようになります.

$$
\partial_\lambda f_{\mu\nu} + \partial_\mu f_{\nu\lambda} + \partial_\nu f_{\lambda\mu} = 0 \qquad (\lambda, \mu, \nu = 0, 1, 2, 3)
\tag{7.27}
$$

(7.27) は, 3 個の下付き添字をもつので, 3 階の共変テンソル場方程式です. この (7.27) は, $(0, 1, 2, 3)$ の中から勝手に取りだした 3 個の数 λ, μ, ν に対して成り立つ式なので, (7.27) には 64 個 ($= 4^3$) の方程式が含まれています. しかし, ほとんどの式は「$0 = 0$」という自明な式になるので, 残るのは, たった 4 個の式だけです. その 4 個の式が (7.26) になるのです.

🎎 Exercise 7.2

いま, (7.27) の左辺を記号 $F_{\lambda\mu\nu}$ を使って

$$
F_{\lambda\mu\nu} = \partial_\lambda f_{\mu\nu} + \partial_\mu f_{\nu\lambda} + \partial_\nu f_{\lambda\mu}
\tag{7.28}
$$

のように表すと, $f_{\mu\nu}$ が反対称テンソル場 ($f_{\mu\nu} = -f_{\nu\mu}$) なので

$$
F_{\lambda\mu\nu} = -F_{\lambda\nu\mu}
\tag{7.29}
$$

が成り立ちます. (7.29) を使って, $F_{\lambda\mu\nu}$ のゼロでない独立な成分は $F_{123}, F_{023}, F_{031}, F_{012}$ の 4 個だけであることを示しなさい.

Coaching $F_{\lambda\mu\nu}$ は完全反対称の3階共変テンソル場なので，3つの添字の中に等しいものが2つあると自動的にゼロとなります（6.4.2項を参照）．また，λ, μ, ν の順序だけが異なるものは，符号を除けば，値は変わりません．このことから，独立なテンソル場の成分の数は，添字 $0, 1, 2, 3$ の中から異なる3個を取りだす組み合わせの数になります．したがって，${}_4C_3 = 4$ より4個の成分がゼロでない独立な成分になります． ■

ソース項を含まないマクスウェル方程式の共変性

マクスウェル方程式の「磁場のガウスの法則 $\nabla \cdot \boldsymbol{B} = 0$」と「ファラデーの法則 $\nabla \times \boldsymbol{E} + \dfrac{\partial \boldsymbol{B}}{\partial t} = \boldsymbol{0}$」は，(7.27) と (7.28) から3階の共変テンソル場方程式

$$F_{\lambda\mu\nu} = 0 \qquad (\lambda, \mu, \nu = 0, 1, 2, 3) \tag{7.30}$$

で表せることがわかりました．

いま，(7.30) のテンソル場方程式がS系で成り立っているとすると，S系に対して等速度運動しているS′系においても，(7.30) と全く同じ形の法則

$$F'_{\lambda\mu\nu} = \partial'_\lambda f'_{\mu\nu} + \partial'_\mu f'_{\nu\lambda} + \partial'_\nu f'_{\lambda\mu} = 0 \tag{7.31}$$

が成り立っていることを特殊相対性原理は要請しますが，この要請は満たされているのでしょうか？ この問いは，$F_{\lambda\mu\nu}$ がローレンツ変換に対して形を変えないかどうか（共変であるかどうか）というものなので，$F_{\lambda\mu\nu}$ のローレンツ変換を調べてみればわかります．

♊ Exercise 7.3

(7.31) と (7.30) から $F_{\lambda\mu\nu}$ が共変であることを示しなさい．

Coaching ローレンツ変換に対する $f'_{\mu\nu}$ の変換式 (6.90) と ∂'_λ の変換式 (6.97) を用いて，(7.31) を具体的に書き換えると次のようになります．

$$\begin{aligned}
F'_{\lambda\mu\nu} &= \partial'_\lambda f'_{\mu\nu} + \partial'_\mu f'_{\nu\lambda} + \partial'_\nu f'_{\lambda\mu} \\
&= (\Lambda_\lambda{}^\rho \partial_\rho)(\Lambda_\mu{}^\sigma \Lambda_\nu{}^\tau f_{\sigma\tau}) + (\Lambda_\mu{}^\sigma \partial_\sigma)(\Lambda_\nu{}^\tau \Lambda_\lambda{}^\rho f_{\tau\rho}) + (\Lambda_\nu{}^\tau \partial_\tau)(\Lambda_\lambda{}^\rho \Lambda_\mu{}^\sigma f_{\rho\sigma}) \\
&= \Lambda_\lambda{}^\rho \Lambda_\mu{}^\sigma \Lambda_\nu{}^\tau (\partial_\rho f_{\sigma\tau} + \partial_\sigma f_{\tau\rho} + \partial_\tau f_{\rho\sigma}) \\
&= \Lambda_\lambda{}^\rho \Lambda_\mu{}^\sigma \Lambda_\nu{}^\tau F_{\rho\sigma\tau}
\end{aligned} \tag{7.32}$$

この (7.32) は (7.30) よりゼロ ($F_{\rho\sigma\tau} = 0$) となるので，(7.32) の左辺 $F'_{\lambda\mu\nu}$ はゼロになり，(7.31) が確かに成り立ちます．つまり，慣性系が変わっても運動法則は同じ形で成り立つので，特殊相対性原理の要請を満たしていることがわかります．

■

　一般に，慣性系が変わっても運動法則が形を変えず，法則に含まれる物理量がローレンツ変換に従うとき，これを**ローレンツ共変性**といいます．ここで述べたように，ベクトルで表した 2 つのマクスウェル方程式（磁場のガウスの法則 (7.2) とファラデーの法則 (7.3)）を (7.30) のテンソル場方程式で表すと，マクスウェル方程式のローレンツ共変性は一目でわかることになります．

7.3.2　ソース項を含むマクスウェル方程式のテンソル表示

　次に，電荷や電流などのソース項を含む 2 つのマクスウェル方程式（「電場のガウスの法則 $\nabla \cdot \boldsymbol{E} = \dfrac{\rho}{\varepsilon_0}$」と「アンペール‐マクスウェルの法則 $\nabla \times \boldsymbol{B} = \mu_0 \boldsymbol{i} + \mu_0 \varepsilon_0 \dfrac{\partial \boldsymbol{E}}{\partial t}$」）に対するテンソル場方程式を求めてみましょう．

電磁場テンソル $f^{\mu\nu}$

　この場合のマクスウェル方程式のテンソル表示は，電磁ポテンシャルを (7.15) の反変ベクトル A^μ にとった (7.23) の電磁場テンソル

$$f^{\mu\nu} = \partial^\mu A^\nu - \partial^\nu A^\mu \qquad [(7.23)]$$

を用いると，見通し良く導くことができます．この電磁場テンソル $f^{\mu\nu}$ を使うと，電場 $\boldsymbol{E}$ と磁場 $\boldsymbol{B}$ は次のように表せます．

$$\frac{E_x}{c} = -f^{10} = f^{01}, \qquad \frac{E_y}{c} = -f^{20} = f^{02}, \qquad \frac{E_z}{c} = -f^{30} = f^{03}$$

$$B_x = f^{23} = -f^{32}, \qquad B_y = f^{31} = -f^{13}, \qquad B_z = f^{12} = -f^{21}$$

$$(7.33)$$

🎗 **Exercise 7.4** ━━━━━━━━━━━━━━━━━━━━━━━━━━━━━

(6.19) より電磁場テンソル $f_{\mu\nu}$ と $f^{\mu\nu}$ の間の変換式は

$$f^{\mu\nu} = \eta^{\mu\lambda}\eta^{\nu\sigma}f_{\lambda\sigma} \tag{7.34}$$

と表せるので，これを使って，電場 $\boldsymbol{E}$ と磁場 $\boldsymbol{B}$ の成分を $f_{\mu\nu}$ で表した (7.24) から (7.33) を導きなさい．

━━

Coaching 計量 $\eta^{\mu\nu}$ がゼロ以外の値をもつのは，定義 (6.74) より，$\eta^{00} = -1$, $\eta^{11} = \eta^{22} = \eta^{33} = 1$ の対角成分だけです．一方，電磁場テンソルは反対称テンソルなので，$f^{\mu\nu}$ の対角成分はすべてゼロ (つまり，$f^{00} = f^{11} = f^{22} = f^{33} = 0$) になります．そのことに注意すると，$f^{\mu\nu}$ の 4 行 4 列の行列において，1 行目の列成分と 2 行目の列成分を，いくつか求めればよいことに気づきます．そこで，まず，1 行 2 列成分 f^{01} を計算すると，次のようになります．

$$f^{01} = \eta^{0\lambda}\eta^{1\sigma}f_{\lambda\sigma} = \eta^{00}\eta^{1\sigma}f_{0\sigma}$$
$$= -\eta^{11}f_{01} = -f_{01} = E_x/c \tag{7.35}$$

最右辺は，(7.24) の結果を使いました．同様に 1 行 3 列成分 f^{02} を計算すると，次のようになります．

$$f^{02} = \eta^{0\lambda}\eta^{2\sigma}f_{\lambda\sigma} = \eta^{00}\eta^{2\sigma}f_{0\sigma}$$
$$= -\eta^{22}f_{02} = -f_{02} = E_y/c \tag{7.36}$$

一方，2 行 4 列成分 f^{13} を計算すると

$$f^{13} = \eta^{1\lambda}\eta^{3\sigma}f_{\lambda\sigma} = \eta^{11}\eta^{3\sigma}f_{1\sigma}$$
$$= \eta^{33}f_{13} = -f_{13} = -B_y \tag{7.37}$$

となり，2 行 3 列成分 f^{12} を計算すると，次のようになります．

$$f^{12} = \eta^{1\lambda}\eta^{2\sigma}f_{\lambda\sigma} = \eta^{11}\eta^{2\sigma}f_{1\sigma}$$
$$= \eta^{22}f_{12} = f_{12} = B_z \tag{7.38}$$

これ以外の残りの行列成分に対して，同様の計算を続ければ，(7.33) を確実に導くことができます．しかし，(7.35) から (7.38) までの計算結果を眺めて，添字の規則性に着目すれば，これ以上の計算をしなくても，(7.33) が成り立つことは推測できるでしょう． ■

　電磁場テンソルの定義 (7.23) と (7.33) を用いれば，$f^{\mu\nu}$ は $\boldsymbol{E}, \boldsymbol{B}$ の 6 つの成分をもつ 4 行 4 列の行列で次のように表現できます．

▶ **電磁場テンソル $f^{\mu\nu}$（反変テンソル）の行列表示：**

$$f^{\mu\nu} = \begin{pmatrix} f^{00} & f^{01} & f^{02} & f^{03} \\ f^{10} & f^{11} & f^{12} & f^{13} \\ f^{20} & f^{21} & f^{22} & f^{23} \\ f^{30} & f^{31} & f^{32} & f^{33} \end{pmatrix} = \begin{pmatrix} 0 & \dfrac{E_x}{c} & \dfrac{E_y}{c} & \dfrac{E_z}{c} \\ -\dfrac{E_x}{c} & 0 & B_z & -B_y \\ -\dfrac{E_y}{c} & -B_z & 0 & B_x \\ -\dfrac{E_z}{c} & B_y & -B_x & 0 \end{pmatrix} \tag{7.39}$$

さらに，ソース項を扱うので，電荷密度 ρ と電流密度 $\boldsymbol{i}$ を合わせて，次のような **4元電流密度** j^μ を定義しましょう．

▶ **4元電流密度 j^μ：**

$$j^\mu = (j^0, j^1, j^2, j^3) = (c\rho, i_x, i_y, i_z) = (c\rho, \boldsymbol{i}) \tag{7.40}$$

ここで，4元電流密度を反変ベクトルで定義したのは，電磁場テンソルを反変テンソルで定義したことと関係しています[7]．

アンペール‐マクスウェルの法則

それでは，ソース項を含む2つのマクスウェル方程式をテンソル場方程式に書き換えていきましょう．

まず，アンペール‐マクスウェルの法則「$\nabla \times \boldsymbol{B} - \mu_0\varepsilon_0 \dfrac{\partial \boldsymbol{E}}{\partial t} = \mu_0 \boldsymbol{i}$」に含まれる係数 $\mu_0\varepsilon_0$ を $\mu_0\varepsilon_0 = \dfrac{1}{c^2}$ で書き換えてから，この法則の x 成分の式

$$(\nabla \times \boldsymbol{B})_x - \frac{1}{c^2}\frac{\partial E_x}{\partial t} = \mu_0 i_x \tag{7.41}$$

を計算すると，次のようになります．

$$\frac{\partial B_z}{\partial y} - \frac{\partial B_y}{\partial z} - \frac{1}{c^2}\frac{\partial E_x}{\partial t} = \mu_0 i_x \tag{7.42}$$

この式は，電磁場テンソルの成分（7.33）と4元電流密度（7.40）を用いると

---

7) ソース項を含むマクスウェル方程式を，（7.50）のようなテンソル場方程式に書き換えたいからです．

$$\frac{\partial f^{12}}{\partial y} + \frac{\partial f^{13}}{\partial z} + \frac{1}{c^2}\frac{\partial(cf^{10})}{\partial t} = \mu_0 j^1 \tag{7.43}$$

より

$$\partial_2 f^{12} + \partial_3 f^{13} + \partial_0 f^{10} = \mu_0 j^1 \tag{7.44}$$

となります. したがって, (7.44) の左辺にアインシュタインの規約を用いると, (7.44) は次のように表せます.

$$\partial_\nu f^{1\nu} = \mu_0 j^1 \tag{7.45}$$

同様の計算から, y, z 成分も (7.45) と同じ形 ($\partial_\nu f^{2\nu} = \mu_0 j^2, \partial_\nu f^{3\nu} = \mu_0 j^3$) になるので, アンペール – マクスウェルの法則 (7.4) は次式で表すことができます.

$$\partial_\nu f^{k\nu} = \mu_0 j^k \qquad (k = 1, 2, 3, \quad \nu = 0, 1, 2, 3) \tag{7.46}$$

電場のガウスの法則

続いて,「電場のガウスの法則 $\nabla \cdot \boldsymbol{E} = \dfrac{\rho}{\varepsilon_0}$」を電場 $\boldsymbol{E}$ の成分を使って, 次のように表してみましょう.

$$\frac{\partial E_x}{\partial x} + \frac{\partial E_y}{\partial y} + \frac{\partial E_z}{\partial z} = \frac{\rho}{\varepsilon_0} \tag{7.47}$$

右辺の ε_0 を $\varepsilon_0 = \dfrac{1}{\mu_0 c^2}$ で書き換え, 左辺に電磁場テンソルの成分 (7.33) と 4 元電流密度 (7.40) を用いると

$$\partial_1 f^{01} + \partial_2 f^{02} + \partial_3 f^{03} = \mu_0(c\rho) = \mu_0 j^0 \tag{7.48}$$

となるので, (7.48) は次式で表されます.

$$\partial_\nu f^{0\nu} = \mu_0 j^0 \qquad (\nu = 0, 1, 2, 3) \tag{7.49}$$

この (7.49) が, 電場のガウスの法則 (7.1) を表すテンソル場方程式になります.

ソース項を含むマクスウェル方程式の共変性

テンソルで表したアンペール – マクスウェルの法則 (7.46) と電場のガウスの法則 (7.49) は, まとめて次のテンソル場方程式で表現できます.

$$\partial_\nu f^{\mu\nu} = \mu_0 j^\mu \qquad (\mu = 0, 1, 2, 3) \tag{7.50}$$

この (7.50) は, ソース項を含まないマクスウェル方程式の (7.30) と同様に,

ローレンツ共変性をもっています（Practice［7.3］を参照）.

　以上の解説から，物理法則の共変性はテンソルを使うと一目瞭然に示されることが理解できたと思います．次章では，この章で述べた相対論的な視点に立って，電磁場のいくつかの法則を具体的に調べてみましょう．

本章のPoint

▶ **ベクトルポテンシャル**：磁場 $\boldsymbol{B}$ はベクトルポテンシャル $\boldsymbol{A}$ を使って，$\boldsymbol{B} = \nabla \times \boldsymbol{A}$ で定義される.

▶ **スカラーポテンシャル**：電場 $\boldsymbol{E}$ はスカラーポテンシャル ϕ とベクトルポテンシャル $\boldsymbol{A}$ を使って，$\boldsymbol{E} = -\nabla\phi - \dfrac{\partial \boldsymbol{A}}{\partial t}$ で定義される.

▶ **電磁ポテンシャル**：電磁ポテンシャルは，$\boldsymbol{A}$ と ϕ を用いて共変ベクトル $A_\mu = (A_0, A_1, A_2, A_3) = \left(-\dfrac{\phi}{c}, A_x, A_y, A_z\right)$ で定義される. 同様に，反変ベクトル $A^\mu = (A^0, A^1, A^2, A^3) = \left(\dfrac{\phi}{c}, A_x, A_y, A_z\right)$ も定義できるが，どちらを使うかは使用目的に応じて便利な方を選べばよい.

▶ **電磁場テンソル**：電磁場テンソルは，電磁ポテンシャルの種類（A^μ と A_μ）に応じて，共変テンソルの $f_{\mu\nu} = \partial_\mu A_\nu - \partial_\nu A_\mu$ と反変テンソルの $f^{\mu\nu} = \partial^\mu A^\nu - \partial^\nu A^\mu$ があるが，慣習として，共変テンソルの $f_{\mu\nu}$ を電磁場テンソルと定義する.

▶ **ソース項を含まないマクスウェル方程式のテンソル場方程式**：「磁場のガウスの法則」と「ファラデーの法則」は $\partial_\lambda f_{\mu\nu} + \partial_\mu f_{\nu\lambda} + \partial_\nu f_{\lambda\mu} = 0$ というテンソル場方程式で表せる.

▶ **4元電流密度**：電荷密度 ρ と電流密度 $\boldsymbol{i}$ から4元電流密度 $j^\mu = (j^0, j^1, j^2, j^3) = (c\rho, \boldsymbol{i})$ が定義される. j^μ を反変ベクトルで定義した理由は，反変の電磁場テンソル $f^{\mu\nu}$ と組ませてテンソル場方程式をつくるためである.

▶ **ソース項を含むマクスウェル方程式のテンソル場方程式**：「電場のガウスの法則」と「アンペール–マクスウェルの法則」は，$\partial_\nu f^{\mu\nu} = \mu_0 j^\mu$ というテンソル場方程式で表せる. 右辺の4元電流密度 j^μ がソース項である.

▶ **マクスウェル方程式のローレンツ共変性**：マクスウェル方程式をテンソル場方程式で表すと，ローレンツ共変性は一目でわかる.

Practice

[7.1]　電磁場テンソルのスカラー積

電磁場テンソル $f_{\mu\nu}$ のスカラー積 $f_{\mu\nu}f^{\mu\nu}$ はローレンツ変換に対して不変なので，どのような座標系でも同じ値をもちます．この $f_{\mu\nu}f^{\mu\nu}$ を電場 $\boldsymbol{E}$ と磁場 $\boldsymbol{B}$ で表せば，次式のようになることを示しなさい．

$$f_{\mu\nu}f^{\mu\nu} = 2\left(\boldsymbol{B}\cdot\boldsymbol{B} - \frac{1}{c^2}\boldsymbol{E}\cdot\boldsymbol{E}\right) \tag{7.51}$$

[7.2]　ソース項を含まないマクスウェル方程式の電磁場テンソルによる表示

磁場のガウスの法則 (7.2) とファラデーの法則 (7.3) を電磁場テンソル $f_{\mu\nu}$ で表した (7.26) を導きなさい．

[7.3]　ソース項を含むマクスウェル方程式の共変性

ソース項を含むマクスウェル方程式 (7.50) のローレンツ共変性を Exercise 7.3 を参考にして説明しなさい．

相対論的な電磁気学に基づく諸現象

第7章で見たように，テンソルを使うと，マクスウェル方程式はとても簡単な形に表せます．しかし，テンソル形式の本当の威力は，異なる座標系から見たときの電場と磁場の振る舞いを調べるときにわかります．

本章では，ある座標系に対して等速度で動いている座標系への変換で，電場と磁場が観測者の運動状態にどのように依存するかを具体的に調べてみることにしましょう．

🌱 8.1 電磁場のローレンツ変換

S系に対して x 軸方向へ一定の速度 V で運動している S′ 系へ，(7.24) の電磁場テンソル $f_{\mu\nu}$ のローレンツ変換を考えると，S系での電場 $\boldsymbol{E}$ と磁場 $\boldsymbol{B}$ は組み合わされたままで，S′ 系の電場 $\boldsymbol{E}'$ と磁場 $\boldsymbol{B}'$ に変換されることがわかります．そして，S系から見て，ある点に電場 $\boldsymbol{E} = (E_x, E_y, E_z)$ と磁場 $\boldsymbol{B} = (B_x, B_y, B_z)$ が存在すると，これらを S′ 系から見たときの電場 $\boldsymbol{E}'$ と磁場 $\boldsymbol{B}'$ の成分は，次の (8.1)〜(8.6) のように与えられます．これらの導出方法は，この後すぐに解説します．

$$E'_x = E_x \tag{8.1}$$
$$E'_y = \gamma(E_y - c\beta B_z) = \gamma(E_y - VB_z) \tag{8.2}$$
$$E'_z = \gamma(E_z + c\beta B_y) = \gamma(E_z + VB_y) \tag{8.3}$$

$$B'_x = B_x \tag{8.4}$$

$$B'_y = \gamma\left(B_y + \frac{\beta}{c}E_z\right) = \gamma\left(B_y + \frac{V}{c^2}E_z\right) \tag{8.5}$$

$$B'_z = \gamma\left(B_z - \frac{\beta}{c}E_y\right) = \gamma\left(B_z - \frac{V}{c^2}E_y\right) \tag{8.6}$$

(8.1)～(8.6) までの電場と磁場の導出方法

S′ 系の電磁場 $\boldsymbol{E}', \boldsymbol{B}'$ は，S 系の電磁場テンソル $f_{\mu\nu}$ を S′ 系にローレンツ変換した $f'_{\mu\nu}$ から導けます．S 系の $\boldsymbol{E}, \boldsymbol{B}$ を記述する $f_{\mu\nu}$ と S′ 系の $f'_{\mu\nu}$ の間の変換式は (6.90) なので，$f'_{\mu\nu}$ は

$$f'_{\mu\nu} = \Lambda_\mu{}^\rho \Lambda_\nu{}^\sigma f_{\rho\sigma} \tag{8.7}$$

で与えられます．このときローレンツ逆変換の逆変換行列 $\Lambda_\mu{}^\rho$ は，(6.59) より，ゼロでない成分は次の 6 個だけであることがわかります．

$$\begin{cases} \Lambda_0{}^0 = \gamma, & \Lambda_1{}^0 = \gamma\beta, & \Lambda_0{}^1 = \gamma\beta \\ \Lambda_1{}^1 = \gamma, & \Lambda_2{}^2 = 1, & \Lambda_3{}^3 = 1 \end{cases} \tag{8.8}$$

したがって，$f'_{\mu\nu}$ の 6 個のゼロでない成分だけが $\boldsymbol{E}'$ と $\boldsymbol{B}'$ を与えます．

電場 $\boldsymbol{E}'$ の 3 成分

(7.24) から $\dfrac{E'_x}{c}$ は f'_{10} に相当するので，(8.7) を計算すると次のようになります．

$$\begin{aligned} f'_{10} &= \Lambda_1{}^\rho \Lambda_0{}^\sigma f_{\rho\sigma} = \Lambda_1{}^1 \Lambda_0{}^0 f_{10} + \Lambda_1{}^0 \Lambda_0{}^1 f_{01} \\ &= \gamma^2 f_{10} + (\gamma\beta)^2 f_{01} = \gamma^2(1 - \beta^2) f_{10} \\ &= \gamma^2 \frac{1}{\gamma^2} f_{10} = f_{10} \end{aligned} \tag{8.9}$$

ここで，$f_{01} = -f_{10}$ を使いました．なお，(8.9) の計算は $\Lambda_0{}^0 = \Lambda_1{}^1 = \gamma$, $\Lambda_1{}^0 = \Lambda_0{}^1 = \gamma\beta$ 以外はゼロであることに気づけば，すぐできます．

同様に，$\dfrac{E'_y}{c}$ に相当する f'_{20} は $\Lambda_2{}^2 = 1$ 以外はすべてゼロなので，

$$\begin{aligned} f'_{20} &= \Lambda_2{}^\rho \Lambda_0{}^\sigma f_{\rho\sigma} = \Lambda_2{}^2 \Lambda_0{}^\sigma f_{2\sigma} \\ &= \Lambda_0{}^\sigma f_{2\sigma} = \Lambda_0{}^0 f_{20} + \Lambda_0{}^1 f_{21} \\ &= \gamma f_{20} + \gamma\beta f_{21} = \gamma(f_{20} + \beta f_{21}) \end{aligned} \tag{8.10}$$

となり，また，$\dfrac{E'_z}{c}$ に相当する f'_{30} は $\varLambda_3{}^3 = 1$ 以外はすべてゼロなので，

$$f'_{30} = \varLambda_3{}^\rho \varLambda_0{}^\sigma f_{\rho\sigma} = \varLambda_3{}^3 \varLambda_0{}^\sigma f_{3\sigma}$$
$$= \varLambda_0{}^\sigma f_{3\sigma} = \varLambda_0{}^0 f_{30} + \varLambda_0{}^1 f_{31}$$
$$= \gamma f_{30} + \gamma\beta f_{31} = \gamma(f_{30} + \beta f_{31}) \tag{8.11}$$

となります．そして，この3つの式を（7.24）を使って電磁場の成分で書き換えると，電場 $\boldsymbol{E}'$ は（8.1）〜（8.3）になることがわかります．

磁場 $\boldsymbol{B}'$ の3成分

磁場の成分についても，電場の場合と同様の計算を行います．

（7.24）から B'_x は f'_{23} に相当するので，（8.7）を計算すると，次のようになります．

$$f'_{23} = \varLambda_2{}^\rho \varLambda_3{}^\sigma f_{\rho\sigma} = \varLambda_2{}^2 \varLambda_3{}^3 f_{23}$$
$$= f_{23} \tag{8.12}$$

この計算は，$\varLambda_2{}^2 = 1$，$\varLambda_3{}^3 = 1$ 以外はすべてゼロなので，すぐにできます．

同様に，B'_y に相当する f'_{31} と B'_z に相当する f'_{12} はそれぞれ

$$f'_{31} = \varLambda_3{}^\rho \varLambda_1{}^\sigma f_{\rho\sigma} = \gamma(f_{31} + \beta f_{30}) \tag{8.13}$$
$$f'_{12} = \varLambda_1{}^\rho \varLambda_2{}^\sigma f_{\rho\sigma} = \gamma(f_{12} + \beta f_{02}) \tag{8.14}$$

となります．そして，これら3つの式を（7.24）を使って電磁場の成分で書き換えると，磁場 $\boldsymbol{B}'$ は（8.4）〜（8.6）になることがわかります．

 Training 8.1

（8.13）と（8.14）を導きなさい．

ここで，電場 $\boldsymbol{E}$ と磁場 $\boldsymbol{B}$ を，S系に対するS′系の速度ベクトル

$$\boldsymbol{V} = (V_x, V_y, V_z) = (V, 0, 0) \tag{8.15}$$

に平行な成分 $\boldsymbol{E}_\parallel,\boldsymbol{B}_\parallel$ と垂直な成分 $\boldsymbol{E}_\perp,\boldsymbol{B}_\perp$ に分けると

$$\boldsymbol{E}_\parallel = (E_x, 0, 0), \qquad \boldsymbol{E}_\perp = (0, E_y, E_z) \tag{8.16}$$
$$\boldsymbol{B}_\parallel = (B_x, 0, 0), \qquad \boldsymbol{B}_\perp = (0, B_y, B_z) \tag{8.17}$$

と表せるので，（8.1）〜（8.6）はそれぞれ次のようになります．

$$E'_{\parallel} = E_{\parallel}, \qquad E'_{\perp} = \gamma(E_{\perp} + V \times B_{\perp}) \tag{8.18}$$

$$B'_{\parallel} = B_{\parallel}, \qquad B'_{\perp} = \gamma\left(B_{\perp} - \frac{V \times E_{\perp}}{c^2}\right) \tag{8.19}$$

一方，(8.18) と (8.19) の逆変換は，次式になります．

$$E_{\parallel} = E'_{\parallel}, \qquad E_{\perp} = \gamma(E'_{\perp} - V \times B'_{\perp}) \tag{8.20}$$

$$B_{\parallel} = B'_{\parallel}, \qquad B_{\perp} = \gamma\left(B'_{\perp} + \frac{V \times E'_{\perp}}{c^2}\right) \tag{8.21}$$

この逆変換は，形式的には (8.18) と (8.19) の電場と磁場をそれぞれ置き換えて $(E \leftrightarrow E', B \leftrightarrow B')$，$V$ を $-V$ に変えた形になります．

 Exercise 8.1

(8.18) の垂直成分 $E'_{\perp}$ が成り立つことを示しなさい．

Coaching $E'_{\perp}$ の y 成分は (8.2) の $E'_y = \gamma(E_y - VB_z)$ です．右辺の $-VB_z$ は

$$(V \times B)_y = V_z B_x - V_x B_z$$
$$= -VB_z \tag{8.22}$$

と表せるので，(8.16) の $E_y = (E_{\perp})_y$ を考慮すると，(8.2) は

$$(E'_{\perp})_y = \gamma\{(E_{\perp})_y + (V \times B)_y\} \tag{8.23}$$

で表せます．

同様に，$E'_{\perp}$ の z 成分は (8.3) の $E'_z = \gamma(E_z + VB_y)$ ですが，右辺の VB_y は

$$(V \times B)_z = V_x B_y - V_y B_x$$
$$= VB_y \tag{8.24}$$

と表せるので，(8.3) は次式で表せます．

$$(E'_{\perp})_z = \gamma\{(E_{\perp})_z + (V \times B)_z\} \tag{8.25}$$

したがって，(8.18) の $E'_{\perp}$ が成り立つことがわかります． ∎

 Training 8.2

(8.19) の $B'_{\perp}$ が成り立つことを示しなさい．

この結果からもわかるように，電磁場は 3 次元ベクトルで書かれていても，ふつうのベクトルに対するローレンツ変換とは異なる変換性をもっています．

すなわち，S′系の進行方向と平行な成分は不変で，垂直な成分がローレンツ因子 γ だけ大きくなります．そして，電場と磁場が相互に影響し合って，電場の中に磁場が現れ，磁場の中に電場が現れることになります．要するに，(8.18) と (8.19) は，電場と磁場が観測者の運動状態に依存する量であることを示しています．

🌱 8.2 ファラデーの法則

7.1 節で考えた電磁誘導について具体的に考えてみましょう．

図8.1 に示すように，S 系には棒磁石 M があり，S 系に対して速度 V で動いている S′系にはコイル C があるとします．そして，棒磁石 M は S 系の x 軸上に固定されていて，S 系には磁場 B だけが存在し，電

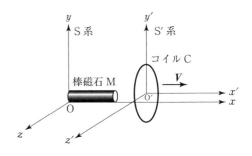

図8.1　ファラデーの法則

場 E は存在しないものとしましょう[1]．このとき，S 系の電磁場は次式で与えられます．

$$B_{\parallel} \neq 0, \quad B_{\perp} \neq 0, \quad E_{\parallel} = 0, \quad E_{\perp} = 0 \tag{8.26}$$

そこで，速度 V で動いている S′系から S 系の電磁場を観測すると，(8.26) と (8.18) と (8.19) から

$$B'_{\parallel} = B_{\parallel}, \quad B'_{\perp} = \gamma B_{\perp}, \quad E'_{\parallel} = 0, \quad E'_{\perp} = \gamma(V \times B_{\perp}) \tag{8.27}$$

となり，S′系には磁場 B' だけでなく電場 E' も存在することになります．

したがって，この電場 $E' = (E'_{\parallel}, E'_{\perp})$ により，S′系に固定されているコイル内の自由電子（電荷を q とします）には電気的な力 $F' = qE'_{\perp}$ がはたらきますが，この力は

$$F' = qE'_{\perp} = \gamma(qV \times B_{\perp}) \tag{8.28}$$

---

[1]　S 系の電場と磁場が $B = (B_{\parallel}, B_{\perp}) \neq 0$ と $E = (E_{\parallel}, E_{\perp}) = 0$ ということです．

のように，**ローレンツ力**とよばれる力と同じ形をしています．つまり，この
ローレンツ力によりコイル内に電流が流れた（誘導電流が発生した）と解釈
できることになります（7.1.2 項の視点 b を参照）．

　一方，S 系のコイル C に乗って S′ 系の磁場（磁束密度）を見ると，磁場が
時間的に変化していることになります．そのため，S′ 系に固定されたコイル
には（7.3）のマクスウェル方程式の「ファラデーの法則」

$$\nabla \times \boldsymbol{E} = -\frac{\partial \boldsymbol{B}}{\partial t} \qquad [(7.3)]$$

で表現される「時間変動する磁場 $\boldsymbol{B}$ による誘導電場 $\boldsymbol{E}$ の生成」，つまり，電
磁誘導の法則が成り立ちます（7.1.2 項の視点 a を参照）．

　このようにファラデーの法則は，動くコイルに対して，電磁場のローレン
ツ変換から自然に導かれます．物理学の学生実験で経験した方もいるかもし
れませんが，実験室で，コイルを固定して磁石を動かす操作と，磁石を固定
してコイルを動かす操作は，共に同じ結果を与えます．これら 2 つの操作に
よる実験は，一見異なった現象に思えますが，S′ 系（コイルの固定系）から
見ると，常に磁石が動いて磁場が時間的に変動していることになるので，そ
の結果として周りの空間に電場が生じたのです．はからずも私たちは，この
実験を通して，「1 つの慣性系から見ると磁場だけあって電場がないときにも，
他の慣性系から見ると電場が存在する」という相対論的な世界を垣間見てい
たともいえるでしょう．

🌱 8.3　運動する点電荷のつくる場

　今度は，一定の速度で運動をする点電荷がつくる電場と磁場を求める問題
を考えてみましょう．点電荷が静止していれば，つくられる場は静電場です
が，静止している点電荷に対して運動している観測者がこの点電荷を見れば，
点電荷は動いていることになります．よって，この観測者にとっては電場も
磁場も存在することになるのです．これは，クーロンの法則とビオ－サバール
の法則とが密接に関係していることを示唆しています．

　運動している点電荷がつくる電磁場は，静止していた点電荷のつくる静電

場をローレンツ変換すれば求まるはずです．点電荷 q が S′ 系の原点 O′ に静止しているとすれば（磁場は存在しないので），S′ 系における電場 $E′ = (E′_∥, E′_⊥)$ と磁場 $B′ = (B′_∥, B′_⊥)$ は次式で与えられます．

$$E' = \frac{q}{4\pi\varepsilon_0}\frac{r'}{r'^3} = (E'_∥, E'_⊥), \qquad B' = (B'_∥, B'_⊥) = (0, 0) \qquad (8.29)$$

ここで，$r′$ は原点 O′ から 3 次元空間内の点 P を指定する位置ベクトルですが，ここでは簡単のため $x′$–$y′$ 平面内に点 P があるとして，次のように定義します．

$$r' = x' + y' = x' + d' = x'\hat{x} + d' \qquad (8.30)$$

ただし，$\hat{x}$ は x 軸方向の単位ベクトル，$y′ = d′$ です[2]．したがって，(8.30) で (8.29) の $E′_∥, E′_⊥$ を表すと，

$$E' = kq\frac{x' + d'}{r'^3} = kq\frac{x'}{r'^3}\hat{x} + kq\frac{d'}{r'^3} \equiv E'_∥ + E'_⊥ \qquad (8.31)$$

より，次式が求まります．

$$E'_∥ = kq\frac{x'}{r'^3}\hat{x}, \qquad E'_⊥ = kq\frac{d'}{r'^3} \qquad \left(k \equiv \frac{1}{4\pi\varepsilon_0}\right) \qquad (8.32)$$

図 8.2 (a) のように，S′ 系の原点 O′ に静止している点電荷 q を S 系から見ると，点電荷は x 軸の正方向に一定の速度 $V = V\hat{x}$ で動いているので，S 系での電場 $E = (E_∥, E_⊥)$ は場の変換式 (8.20) により次のように与えられます（(8.21) の磁場 B は後で考察します）．

$$E_∥ = E'_∥ = kq\frac{x'}{r'^3}\hat{x}, \qquad E_⊥ = \gamma E'_⊥ = \gamma kq\frac{d'}{r'^3} \qquad (8.33)$$

いま，x 軸方向だけのローレンツ変換を考えているので，x 軸方向に垂直な方向の距離は空間の等方性から変化しません．そのため，$d′ = d$ が成り立ちます（(3.14) の説明を参照）．このことと (3.16) の $x′ = \gamma(x - \beta ct)$ を使って (8.33) を書き換えると，S 系の電場 E は次式のようになります．

$$E = E_∥ + E_⊥ = \frac{kq}{r'^3}(x'\hat{x} + \gamma d') = \gamma\frac{kq}{r'^3}\{(x - \beta ct)\hat{x} + d\} \qquad (8.34)$$

---

2)　3 次元空間内の任意の点 P に対しては $d′ = y′ + z′$ となります．

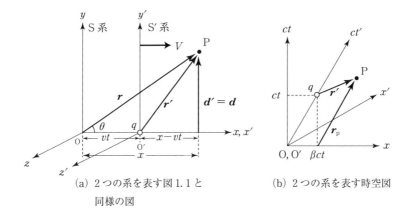

(a) 2つの系を表す図1.1と
　　同様の図

(b) 2つの系を表す時空図

図 8.2　一定の速度 V で運動する点電荷が任意の点 P につくる電磁場

ただし，$r'^2 = x'^2 + d'^2 = \gamma^2(x - \beta ct)^2 + d^2$ です.

　ここで，図 8.2 (b) のように，S系で時刻 t の瞬間に点電荷がある位置から点 P に向かうベクトル $\boldsymbol{r}_P$ を

$$\boldsymbol{r}_P = (x - \beta ct)\hat{\boldsymbol{x}} + \boldsymbol{d} \tag{8.35}$$

で定義しましょう. このベクトル $\boldsymbol{r}_P$ の始点は $x = \beta ct = Vt$ にありますが，この座標 x は S′ 系の原点 O′ に固定されている点電荷 q の（時刻 t での）位置になります（図 8.2 (b) は時空図であることに注意してください）. つまり，ct' 軸は $x' = 0$ に固定された点電荷 q の世界線を表しています（4.1.2 項を参照）. この $\boldsymbol{r}_P$ を使うと，(8.34) は次式で表現されます.

$$\boldsymbol{E} = \gamma \frac{kq}{r'^3} \boldsymbol{r}_P \tag{8.36}$$

電場の見え方

　S′ 系で図 8.3 (a) のように等方的に広がる電場は，S系から見ると，図 8.3 (b) のようなつぶれた形の電場になります. その理由を，次の Exercise 8.2 で (8.36) を使って考えてみましょう.

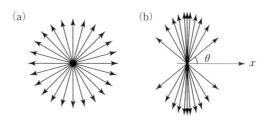

図8.3 　(a) 　等方的な電場
　　　　(b) 　偏りのある電場

 Exercise 8.2

　直線上を光速度 c に近い速度 V で運動している点電荷の周りの電場の様
子を調べてみましょう.

　(1) 　図 8.2 (a) のように, 時刻 $t = 0$ で S′ 系と S 系の原点は一致すると
して, $t = 0$ での電場を計算すると, (8.36) は次のようになります.

$$\boldsymbol{E} = \frac{kq\hat{\boldsymbol{r}}}{r^2} \frac{1 - \beta^2}{(1 - \beta^2 \sin^2\theta)^{3/2}} \qquad \left(\beta = \frac{V}{c}\right) \tag{8.37}$$

図 8.2 (a) に描かれたベクトル $\boldsymbol{r}$ と角度 θ などを使って, (8.37) を導きなさい.

　(2) 　(8.37) を使って, 電場が図 8.3 のようになることを説明しなさい.

Coaching 　(1) 　図 8.2 (a) のベクトル $\boldsymbol{r}$ と角度 θ から
$$x = r\cos\theta, \qquad d = r\sin\theta \tag{8.38}$$
を得るので, これらを $t = 0$ での r'^2 に代入すると, 次のようになります.
$$r'^2 = \gamma^2 x^2 + d^2 = r^2(\gamma^2\cos^2\theta + \sin^2\theta) = r^2\gamma^2(\cos^2\theta + \gamma^{-2}\sin^2\theta)$$
$$= r^2\gamma^2\{\cos^2\theta + (1 - \beta^2)\sin^2\theta\} = r^2\gamma^2(1 - \beta^2\sin^2\theta) \tag{8.39}$$
この (8.39) を (8.36) に代入すると, 次のようになります.
$$\boldsymbol{E} = \gamma \frac{kq}{r^3} \frac{\boldsymbol{r}_{\mathrm{P}}}{\gamma^3(1 - \beta^2\sin^2\theta)^{3/2}} = \frac{kq}{r^3} \frac{(1 - \beta^2)\boldsymbol{r}_{\mathrm{P}}}{(1 - \beta^2\sin^2\theta)^{3/2}} \tag{8.40}$$
ここで, $t = 0$ では $\boldsymbol{r}_{\mathrm{P}} = \boldsymbol{r} = r\hat{\boldsymbol{r}}$ ($\hat{\boldsymbol{r}}$ は r 方向の単位ベクトル) であることに注意す
ると, (8.40) は (8.37) になることがわかります.

　(2) 　点電荷と同じ速度 V で運動する観測者 (S′ 系) に対しては $\beta = 0$ とおける
ので, (8.37) は球対称な場を与える式になります. そのため, S′ 系の観測者には電
場が図 8.3 (a) のように見えます.

一方, 静止している観測者 (S系) には, (8.37) から, 電場 $\boldsymbol{E}$ の大きさは方向により異なり, 前方と後方 $(\theta = 0, \pi)$ では $\dfrac{1 - \beta^2}{r^2}$ に比例し, 横方向 $\left(\theta = \dfrac{\pi}{2}\right)$ では $\dfrac{1}{\sqrt{1 - \beta^2}} \dfrac{1}{r^2}$ に比例します[3]. したがって, 観測者には, 電場 $\boldsymbol{E}$ は図8.3 (b) のように x 軸と直角な方向に集中した形に見えます. ▮

磁場 $\boldsymbol{B}$ について

次に, 磁場について考えてみましょう. S系における磁場 $\boldsymbol{B}$ は, 場の変換式 (8.21) を使うと, 次のように表せます.

$$\boldsymbol{B} = \boldsymbol{B}_\perp = \frac{\gamma \boldsymbol{V} \times \boldsymbol{E}'_\perp}{c^2} = \frac{\gamma \boldsymbol{V} \times (\boldsymbol{E}' - \boldsymbol{E}'_\parallel)}{c^2} = \frac{\gamma \boldsymbol{V} \times \boldsymbol{E}'}{c^2} \tag{8.41}$$

ただし, $\boldsymbol{V}$ と $\boldsymbol{E}'_\parallel$ は平行なので, $\boldsymbol{V} \times \boldsymbol{E}'_\parallel = \boldsymbol{0}$ であることを使いました. この (8.41) の最右辺の $\boldsymbol{E}'$ を (8.29) の $\boldsymbol{E}'$ で書き換えると, 次式になります.

$$\boldsymbol{B} = k \frac{\gamma q \boldsymbol{V} \times \boldsymbol{r}'}{r'^3 c^2} \tag{8.42}$$

ここで, $\boldsymbol{V} \times \boldsymbol{r}' = \boldsymbol{V} \times (\boldsymbol{x}' + \boldsymbol{d}') = \boldsymbol{V} \times \boldsymbol{d}'$ (なぜなら, $\boldsymbol{V}$ と $\boldsymbol{x}'$ は平行なので $\boldsymbol{V} \times \boldsymbol{x}' = \boldsymbol{0}$) と, $\boldsymbol{r}'$ を $\boldsymbol{r}_P$ に変えた式 $\boldsymbol{V} \times \boldsymbol{r}_P = \boldsymbol{V} \times \{(x - \beta ct)\hat{\boldsymbol{x}} + \boldsymbol{d}\}$ $= \boldsymbol{V} \times \boldsymbol{d}$ (なぜなら, $\boldsymbol{V}$ と $\hat{\boldsymbol{x}}$ は平行なので $\boldsymbol{V} \times \hat{\boldsymbol{x}} = \boldsymbol{0}$) を比べ, $\boldsymbol{d}' = \boldsymbol{d}$ であることに注意すれば, $\boldsymbol{V} \times \boldsymbol{r}' = \boldsymbol{V} \times \boldsymbol{r}_P$ であることがわかります. したがって, (8.42) は

$$\boldsymbol{B} = k \frac{\gamma q \boldsymbol{V} \times \boldsymbol{r}_P}{r'^3 c^2} \tag{8.43}$$

と書くことができます. この (8.43) の右辺を (8.36) の $\boldsymbol{E}$ で書き換えると次式が得られます.

$$\boldsymbol{B} = \frac{\boldsymbol{V} \times \boldsymbol{E}}{c^2} \tag{8.44}$$

この (8.44) は, 電場 $\boldsymbol{E}$ と磁場 $\boldsymbol{B}$ が常に共存することを表す重要な式です.

---

3)　つまり, 球対称な電場 $\left(\dfrac{1}{r^2} \text{ に比例する場}\right)$ と比べると, 運動方向には $1 - \beta^2$ 倍だけ収縮し, 運動方向に垂直な方向には $\dfrac{1}{\sqrt{1 - \beta^2}}$ 倍だけ膨張した形状になります.

ビオ‐サバールの法則

電磁気学では，導線の中を流れる電流がつくる磁場に関する「ビオ‐サバールの法則」を次のように学びます．

▶ **ビオ‐サバールの法則**：導線の微小部分 $d\boldsymbol{r}$ を流れる電流要素 $I\,d\boldsymbol{r}$ が，距離 r の点 P につくる磁場 $d\boldsymbol{B}$ は

$$d\boldsymbol{B}(\boldsymbol{r}) = \frac{\mu_0}{4\pi} \frac{I\,d\boldsymbol{r} \times \boldsymbol{r}}{r^3} \tag{8.45}$$

で決まる．

この法則の形は（8.43）の磁場 $\boldsymbol{B}$ と明らかに似ています．

荷電粒子の速度が非常に小さい場合（$\beta \ll 1$，これを**非相対論的近似**といいます）は $\gamma = 1$ とおけます．そこで，（8.43）の $q\boldsymbol{V}$ を電流要素 $I\,d\boldsymbol{r}$ とみなし，それによって生じる磁場を $d\boldsymbol{B}$ とすると，（8.43）は非相対論的近似のもとで次のように表せます．

$$d\boldsymbol{B}(\boldsymbol{r}) = k\frac{q\boldsymbol{V} \times \boldsymbol{r}_{\mathrm{P}}}{r'^3 c^2} = k\frac{I\,d\boldsymbol{r} \times \boldsymbol{r}_{\mathrm{P}}}{r'^3 c^2} = \frac{\mu_0}{4\pi}\frac{I\,d\boldsymbol{r} \times \boldsymbol{r}_{\mathrm{P}}}{r'^3} \tag{8.46}$$

ここで，$\boldsymbol{r}_{\mathrm{P}}$ は電流要素から場を求める点 P に向いたベクトルですが，非相対論的近似では $\boldsymbol{r}_{\mathrm{P}} \approx \boldsymbol{r}'$ となります[4]．明らかに，この（8.46）はビオ‐サバールの法則（8.45）と全く同じ形です．この結果から，磁場と電場の間に密接な関係があることが理解できるでしょう．

なお，ここでは点電荷が一定の速度で運動する場合を扱いましたが，もし速度が一様でなく加速度をもつ場合には，荷電粒子から電磁場が放射されることをコメントしておきます．

 Training 8.3

一定の速度 v で運動する点電荷がつくる電場および磁場は $v \to c$ の極限でどうなるでしょうか．

---

4) （8.30）の $\boldsymbol{r}' = x'\hat{\boldsymbol{x}} + \boldsymbol{d}' = \gamma(x - \beta ct)\hat{\boldsymbol{x}} + \boldsymbol{d}'$ は，$\gamma \to 1$ で，（8.35）の $\boldsymbol{r}_{\mathrm{P}} = (x - \beta ct)\hat{\boldsymbol{x}} + \boldsymbol{d}$ に近づきます（ただし，$\boldsymbol{d}' = \boldsymbol{d}$）．

🌱 8.4 アンペールの法則

電場と磁場が独立な存在ではないことを示す現象に，アンペールの法則があります．S系に対して速度 V で動いている S′ 系に静止した点電荷があると，そこには静電場だけが存在しますが，S系から見るとその点電荷は動いていることになるので電流になります．アンペールの法則は，その電流から静磁場が生じる現象を表したものです．では，この現象は相対性理論の視点から，どのように理解できるのでしょうか？　ここでは，それについて考えてみましょう．

8.4.1　2本の帯電した絶縁棒の間の力

絶縁体（不導体）でつくられた棒を絶縁棒とよぶことにして，いま図8.4のように，2本の細い絶縁棒 A, B が x 軸に平行に置かれているとします（間隔は d）．そして，それぞれの絶縁棒には，一様な線電荷密度[5] $+\lambda'$, $-\lambda'$ で電荷が与えられているとします．この2本の絶縁棒が x 軸の正方向に速度 V で動くとき，2本の棒の間にどのような力がはたらくかを考えてみましょう．

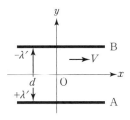

図8.4　2本の帯電した絶縁棒

いま，実験室のような静止している系をS系とし，それに対して速度 V で棒と共に動く系を S′ 系として，それぞれの系から見た力を計算することにします．

棒Aと共に動く系（S′系）で，棒Aが棒Bに及ぼす力

図8.5 (a) のように，S′ 系では，線電荷密度 $+\lambda'$ の棒 A（長さ l'）から線電荷密度 $-\lambda'$ の棒 B の位置に生じる単位長さ当たりの電場と磁場は次のようになります．

$$E'_x = 0, \quad E'_y = \frac{\lambda'}{2\pi\varepsilon_0 d}, \quad E'_z = 0, \quad \boldsymbol{B}' = 0 \tag{8.47}$$

---

[5]　単位長さ当たりの電荷密度のことです．

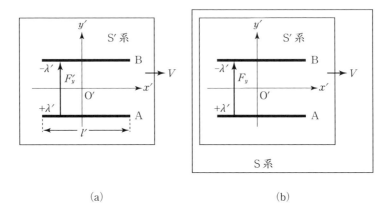

図8.5 2本の帯電した絶縁棒

 **Training 8.4**

(8.47) を導きなさい.

図8.5 (a) では, 単位長さにはたらく力 F' は, (8.47) より F'_y 成分だけです. したがって, 棒 B にはたらく力 F' は棒 B 上の線電荷密度 $-\lambda'$ と (8.47) の電場 E'_y との積で与えられるので, 次式のようになります.

$$F' = F'_y = -\lambda' E'_y = -\frac{\lambda'^2}{2\pi\varepsilon_0 d} \tag{8.48}$$

では, 次に図8.5 (b) のように, S系から速度 V で動いている2本の棒を見ると, 力はどのようになるでしょうか? 相対性理論が正しければ, (8.48) と同じ結果になるはずです. これを次の Exercise 8.3 で確かめてみましょう.

 Exercise 8.3

次の問いに答えなさい.

(1) 速度 V で動いている2本の棒をS系から見たときのS系の力 F_y とS′系の電場 E'_y の間には, 次式が成り立つことを示しなさい.

$$F_y = -\frac{\lambda}{\gamma}E_y' \qquad \left(\gamma = \frac{1}{\sqrt{1 - \dfrac{V^2}{c^2}}}\right) \tag{8.49}$$

ただし，λ はS系から見た線電荷密度です．

(2) 線電荷密度 λ, λ' の間に次式が成り立つことを示しなさい．

$$\lambda = \gamma\lambda' \tag{8.50}$$

(3) S系の力 F_y と，S′ 系の力 F_y' との間に次式が成り立つことを示しなさい．

$$F_y = F_y' \tag{8.51}$$

Coaching (1) 図8.5 (b) のように，S′ 系の電磁場をS系から見ると，電磁場の逆変換式 (8.20) と (8.21) より，S系の電磁場は次式で与えられます．

$$\begin{cases} E_x = E_x', \quad E_y = \gamma(E_y' + VB_z'), \quad E_z = \gamma(E_z' - VB_y') \\ B_x = B_x', \quad B_y = \gamma\left(B_y' - \dfrac{V}{c^2}E_z'\right), \quad B_z = \gamma\left(B_z' + \dfrac{V}{c^2}E_y'\right) \end{cases} \tag{8.52}$$

(8.47) より，E_y' 成分以外はすべてゼロなので，(8.52) からは

$$\begin{cases} E_x = 0, \qquad E_y = \gamma E_y', \qquad E_z = 0 \\ B_x = 0, \qquad B_y = 0, \qquad B_z = \gamma\dfrac{V}{c^2}E_y' \end{cases} \tag{8.53}$$

のように，電場の E_y 成分と磁場の B_z 成分だけが残ります．

S系で見た荷電粒子にはたらく力 $\boldsymbol{F}$ は電場と磁場から受ける力なので，その位置で棒Bが受ける力はローレンツ力 $\boldsymbol{F} = -\lambda(\boldsymbol{E} + \boldsymbol{V} \times \boldsymbol{B})$ になります．したがって，$\boldsymbol{F}$ の y 成分は

$$(\boldsymbol{F})_y = -\lambda(\boldsymbol{E} + \boldsymbol{V} \times \boldsymbol{B})_y = -\lambda(E_y - VB_z) \tag{8.54}$$

で与えられます．これに (8.53) を代入すると，(8.49) になることがわかります．

(2) 長さ l' のS′ 系の棒は，S系から見ると $\dfrac{l'}{\gamma}$ にローレンツ収縮するので，S系から見た棒の長さを l とすると $l = \dfrac{l'}{\gamma}$ になります．いま，S系で見た線電荷密度を λ とすると，**電荷の総量は常に一定でなければならない**ので，$\lambda'l' = \lambda l$ が成り立ちます．したがって，$\lambda = \dfrac{l'}{l}\lambda' = \gamma\lambda'$ となるので，(8.50) が示せます．

(3) (8.50) の λ で (8.49) を書き換えると

$$F_y = -\frac{\lambda}{\gamma}E_y' = -\frac{\gamma\lambda'}{\gamma}E_y'$$

$$= -\lambda' E_y' = F_y' \tag{8.55}$$

となり，S系の力 F_y とS′系の力 F_y' は一致することがわかります．　■

　このアンペールの法則もファラデーの法則と同様に，電場と磁場が独立の存在ではないという事実を如実に表していることがわかります．

8.4.2　導線内を流れる電流

　金属の導体は，一般に固定された正イオンの結晶格子と，自由に動く負電荷の伝導電子からできています．外からの電場がなければ，伝導電子は勝手な向きに動くので，平均すると電流は流れません．しかし，外から電場をかけると，伝導電子は導体に沿って電場の向きに平均速度 v で動きます．

　いま，図8.6 (a) のようにイオンの静止しているS系から電子の流れ（電流）を見る場合と，図8.6 (b) のように電子が静止しているS′系からイオンの流れ（イオン流）を見る場合に，電磁場と電流がどのように関係しているのかを調べてみましょう．

　電荷密度 ρ と電流密度 $\boldsymbol{i}$ に対するローレンツ変換は，(7.40) の4元電流密度 $j^\mu = (j^0, j^1, j^2, j^3) = (c\rho, i_x, i_y, i_z)$ と反変ベクトル場のローレンツ逆変換 (6.54) を使って，次のように与えられます．

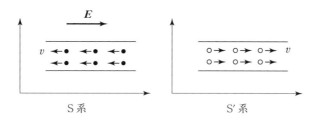

(a) イオン（○）の静止系 S　　(b) 電子（●）の静止系 S′

図 8.6　導線中を流れる電流

$$j^0 = \gamma(j'^0 + \beta j'^1) \quad \rightarrow \quad \rho = \gamma\left(\rho' + \frac{\beta}{c} i'_x\right) \tag{8.56}$$

$$j^1 = \gamma(j'^1 + \beta j'^0) \quad \rightarrow \quad i_x = \gamma(i'_x + v\rho') \tag{8.57}$$

 **Training 8.5**

(8.56) と (8.57) を導きなさい.

電荷密度 ρ (8.56) と電流密度 i (8.57) に導線の断面積を掛けると, 線電荷密度 λ と電流 I に対するローレンツ逆変換の式になります. 具体的に書くと, イオンの場合は

$$\lambda_+ = \gamma\left(\lambda'_+ + \frac{v}{c^2} I'_+\right), \qquad I_+ = \gamma(I'_+ + v\lambda'_+) \tag{8.58}$$

であり, 電子の場合は

$$\lambda_- = \gamma\left(\lambda'_- + \frac{v}{c^2} I'_-\right), \qquad I_- = \gamma(I'_- + v\lambda'_-) \tag{8.59}$$

となります. なお, ＋記号はイオンに関する量であること, そして, －記号は電子に関する量であることを表しています.

電子が静止している S′ 系では電流は流れないので, $I'_- = 0$ より (8.59) の1番目の式は

$$\lambda_- = \gamma\lambda'_- \tag{8.60}$$

となります. 一方, イオンの静止系 S では, 単位長さ当たりの電子数とイオン数は等しいので, 導線は電気的には中性です. そのため, 単位長さ当たりの正味の電荷 $(\lambda_+ + \lambda_-)$ はゼロになるので, (8.60) を使うと, S 系のイオンと S′ 系の電子の線電荷密度の間に次の関係が成り立ちます.

$$\begin{aligned} 0 &= \lambda_+ + \lambda_- \\ &= \lambda_+ + \gamma\lambda'_- \end{aligned} \tag{8.61}$$

🔱 **Exercise 8.4** ━━━━━━━━━━━━━━━━━━━━━━━━━━━━━━━━━━━━

金属の導体において線電荷密度 λ'_- によりつくられる S′ 系の電場 $\boldsymbol{E}'_-$ は

$$\boldsymbol{E}'_- = \frac{\lambda'_- \hat{\boldsymbol{r}}'}{2\pi\varepsilon_0 r'} \tag{8.62}$$

であり，λ_+ によりつくられる S 系の電場 $\boldsymbol{E}_+$ は

$$\boldsymbol{E}_+ = \frac{\lambda_+ \hat{\boldsymbol{r}}}{2\pi\varepsilon_0 r} \tag{8.63}$$

で与えられます．ここで $\hat{\boldsymbol{r}}'$ は r' 方向の単位ベクトル，$\hat{\boldsymbol{r}}$ は r 方向の単位ベクトルです．

（1）　S 系で「イオンと電子」のつくる電場は，次式になることを示しなさい．ここで，イオンのつくる電場が $\boldsymbol{E}_+$，電子のつくる電場が $\boldsymbol{E}_-$ です．

$$\boldsymbol{E} = \boldsymbol{E}_+ + \boldsymbol{E}_- = \boldsymbol{0} \tag{8.64}$$

（2）　S 系で「イオンと電子」のつくる磁場は，次式になることを示しなさい．

$$\boldsymbol{B} = \frac{\mu_0 I_-}{2\pi r} \hat{\boldsymbol{x}} \times \hat{\boldsymbol{r}} \tag{8.65}$$

━━━

Coaching　（1）　S 系の電子がつくる電場 $\boldsymbol{E}_-$ は，電場と磁場の変換公式 (8.20) から $\boldsymbol{E}_- = \gamma \boldsymbol{E}'_-$ で与えられるので，S 系の全電場 $\boldsymbol{E}$ は次式で表されます．

$$\boldsymbol{E} = \boldsymbol{E}_+ + \boldsymbol{E}_- = \boldsymbol{E}_+ + \gamma \boldsymbol{E}'_- = \frac{\hat{\boldsymbol{r}}}{2\pi\varepsilon_0 r}(\lambda_+ + \gamma \lambda'_-) \tag{8.66}$$

この右辺は (8.61) よりゼロとなるので，$\boldsymbol{E} = \boldsymbol{0}$ になります．これは，導線が電気的に中性であることを意味しています．

（2）　「イオンと電子」がつくる全磁場 $\boldsymbol{B}$ は，電場と磁場の変換式 (8.21) から

$$\boldsymbol{B} = \frac{\gamma}{c^2} \boldsymbol{v} \times \boldsymbol{E}'_- = \frac{\gamma \lambda'_- v}{2\pi\varepsilon_0 c^2} \frac{\hat{\boldsymbol{x}} \times \hat{\boldsymbol{r}}}{r} = \frac{\mu_0 \gamma \lambda'_- v}{2\pi} \frac{\hat{\boldsymbol{x}} \times \hat{\boldsymbol{r}}}{r} \tag{8.67}$$

で与えられます[6]．ただし，最右辺に移るときに $\mu_0 = \dfrac{1}{\varepsilon_0 c^2}$ を使いました．

ここでは $I'_- = 0$ なので，(8.59) の 2 番目の式より

$$I_- = \gamma v \lambda'_- \tag{8.68}$$

が成り立つので，(8.67) は (8.65) になります．この (8.65) は，導線内を流れる電流 I_- がつくる磁場 $\boldsymbol{B}$ を表すビオ - サバールの法則と同じものであることに着目してください．　■

───────────────────────

6)　$\boldsymbol{v} = v\hat{\boldsymbol{x}}$ と $\boldsymbol{r} = \boldsymbol{r}'$ と $r = r'$ に注意してください．

　Exercise 8.4 からわかるように，電流がつくる磁場は相対論的効果によって生じる現象です．この理由は，導体内の電荷が全体で中性になり，本来は大きな効果を与えるはずの電場がゼロになった（つまり，クーロン相互作用が消えてしまった）ためです．相対論的な現象が，こんなに簡単に観測されるのは驚くべきことですね．

📖 本章のPoint

▶ **電磁場のローレンツ変換（1）**：S 系で電場 $E = (E_x, E_y, E_z)$，磁場 $B = (B_x, B_y, B_z)$ とすると，S 系に対して速度 V で動いている S′ 系で，電場 E'，磁場 B' はそれぞれ次のように観測される．

電場 E'：$E_x' = E_x$，　　$E_y' = \gamma(E_y - c\beta B_z)$，　　$E_z' = \gamma(E_z + c\beta B_y)$

磁場 B'：$B_x' = B_x$，　　$B_y' = \gamma\left(B_y + \dfrac{\beta}{c}E_z\right)$，　　$B_z' = \gamma\left(B_z - \dfrac{\beta}{c}E_y\right)$

▶ **電磁場のローレンツ変換（2）**：S 系で電場 $E = (E_\parallel, E_\perp)$，磁場 $B = (B_\parallel, B_\perp)$ とすると，S 系に対して速度 V で運動している S′ 系で電場 E'，磁場 B' はそれぞれ次のように観測される．

電場 E'：$E_\parallel' = E_\parallel$，　　$E_\perp' = \gamma(E_\perp + V \times B_\perp)$

磁場 B'：$B_\parallel' = B_\parallel$，　　$B_\perp' = \gamma\left(B_\perp - \dfrac{V \times E_\perp}{c^2}\right)$

▶ **ファラデーの法則**：ファラデーの法則は，電磁場のローレンツ変換から自然に導かれる現象である．

▶ **運動する点電荷のつくる場**：クーロンの法則とビオ‐サバールの法則は，一定の速度で運動する点電荷から自然に導かれる現象である．

▶ **電場と磁場の共存**：速度 V の点電荷から生じる電場 E と磁場 B の間には，常に $B = \dfrac{V \times E}{c^2}$ の式が成り立つ．光 ($V = |V| = c$) の場合，この式は $E = cB$ となる．

▶ **アンペールの法則**：電流がつくる磁場は相対論的効果による現象なので，学生実験などでアンペールの法則を調べているときは，目の前で相対論的な現象を観測していることになる．

Practice ━━━━━━━━━━━━━━━━━━━━━━━━━━━

[8.1] ローレンツ不変量

ローレンツ変換に対して $\boldsymbol{E} \cdot \boldsymbol{B}$ が不変になることを示しなさい.

[8.2] 運動する点電荷による電場と電束

半径 r の球面 S の原点に,電場 $\boldsymbol{E}$ をつくる電荷 q があるとすると,次の面積分

$$\varPhi = \int_{S} \boldsymbol{E} \cdot \hat{\boldsymbol{n}} \, da \qquad (\hat{\boldsymbol{n}} \text{ は単位法線ベクトル},\ da \text{ は面積要素}) \qquad (8.69)$$

で,電束 $\varPhi$ という量が定義できます.この式に (8.36) の電場 $\boldsymbol{E}$ を代入すると,電束 $\varPhi$ は $\varPhi = \dfrac{q}{\varepsilon_0}$ になることを示しなさい.また,この結果の物理的な意味も答えなさい.(ヒント:(8.36) の電場 $\boldsymbol{E}$ は r 方向の成分だけであることに着目しなさい.)

[8.3] 一様な磁場内で運動する荷電粒子の円軌道

質量 m,電荷 q の荷電粒子が,一様な磁場に対して直角に円運動しています.円の半径を r,磁場の大きさを $B = |\boldsymbol{B}|$ とするとき,Br が粒子のエネルギー E を用いて

$$Br = \frac{\sqrt{E^2 - m^2 c^4}}{qc} \qquad (8.70)$$

のように表されることを示しなさい.

[8.4] 電場だけしか存在しない S 系を S′ 系から観測したときの電磁場

S 系にいる観測者が z 方向の $5\,\mathrm{V/m}$ の電場とゼロの磁場を測定した場合,x 軸の正方向に $0.4c$ の速度で動いている S′ 系の観測者は,どのような値の電場と磁場を測定することになるでしょうか(c は光速度).

[8.5] 磁場だけしか存在しない S 系を S′ 系から観測したときの電磁場

S 系にいる観測者が z 方向の $1.5\,\mathrm{T}$(テスラ)の磁場とゼロの電場を測定した場合,x 軸の正方向に $0.4c$ の速度で動いている S′ 系の観測者は,どのような値の電場と磁場を測定することになるでしょうか(c は光速度).

相 対 論 的 な 力 学

　ここまでの章で述べてきたように，**相対性理論に従えば，すべての物理法則は
ローレンツ変換に対して共変的でなければなりません．**そのため，ここからの章で
私たちがすべきことは，ガリレイ変換に対して共変的なニュートンの運動方程式を，
ローレンツ変換に対して共変的になるように（つまり，不変な形になるように）
修正する作業です．では，この作業を始めていきましょう．

 9.1　4次元世界の力学法則

　4次元空間における質点の運動は，質点を表す世界点の時間発展で記述す
ることができます．ただ，そのためには，質点の動きに付随する固有時を導
入し，世界点を指定する4元位置ベクトルから4元速度ベクトルを定義しな
ければなりません．まず，これらの定義から始めていきましょう．

9.1.1　固有時と軌道

　ニュートン力学では，質点の運動（軌跡）は質点の空間座標 (x, y, z) を時
間 t の関数として

$$(x(t), y(t), z(t)) \tag{9.1}$$

のように表すことができますが，相対性理論では時間 t と空間 x, y, z を同格
に扱わなければならないので，この表現は使えません（例えば $x(t)$ は，x が
独立変数 t の従属変数になるので，x と t は同等・同格ではありません）．

そのため，相対論的な力学を考えるには，ローレンツ変換に対して不変なパラメータを使って，質点の4次元座標 (t, x, y, z) を表現する必要があり，それに最適なものが**質点の世界線**です．これを使うと，質点の「4次元的な軌跡」は，世界線 C 上の定点から C に沿って測った弧の長さ s で表現できます．

そこで，S 系での世界線 C 上の質点 P の座標を，(6.52) の **4元位置ベクトル** x^μ

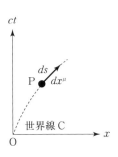

図 9.1 x-ct 平面 $(y = 0, z = 0)$ での微小変位 dx^μ

$$x^\mu = (x^0, x^1, x^2, x^3) = (ct, x, y, z)$$

$$[(6.52)]$$

で表すことにします．図 9.1 のように，質点 P が点 x^μ から点 $x^\mu + dx^\mu$ まで軌道上を移動する場合，軌道に沿った微小な2点間の線素 ds の2乗 $(ds)^2$ は

$$(ds)^2 = \eta_{\mu\nu} dx^\mu dx^\nu = -c^2 (dt)^2 + (d\boldsymbol{x})^2 \tag{9.2}$$

で表されます．ただし，$\eta_{\mu\nu}$ は (6.69) の計量，$(d\boldsymbol{x})^2 = (dx^1)^2 + (dx^2)^2 + (dx^3)^2$ です．

固 有 時

ある瞬間に，x'^μ を粒子と共に動く慣性系（S′ 系）の4元位置ベクトルとすると，この粒子は S′ 系で動かないので，その空間での微小変位 $d\boldsymbol{x}'$ はゼロになります．そのため，その微小変位 dx'^μ は $dx'^\mu = (dt', d\boldsymbol{x}') = (d\tau, \boldsymbol{0})$ とおくことができます．この τ は**固有時**（固有時間）を表しています．

ここで，$(ds)^2$ はローレンツ不変量である（つまり，$dx^\mu dx^\nu = dx'^\mu dx'^\nu$ が成り立つ）ことに注意すると，(9.2) は次のようになります．

$$\begin{aligned}(ds)^2 &= \eta_{\mu\nu} dx'^\mu dx'^\nu = -c^2 (dt')^2 + (d\boldsymbol{x}')^2 \\ &= -c^2 (d\tau)^2 \end{aligned} \tag{9.3}$$

したがって，(9.2) と (9.3) より $(d\tau)^2$ は次のように表せます．

$$(d\tau)^2 = -\frac{(ds)^2}{c^2} = \frac{1}{c^2} \{ c^2 (dt)^2 - (d\boldsymbol{x})^2 \}$$

$$= (dt)^2 \left\{ 1 - \frac{1}{c^2} \left(\frac{d\boldsymbol{x}}{dt} \right)^2 \right\} = (dt)^2 \left(1 - \frac{v^2}{c^2} \right)^2 \tag{9.4}$$

ここで, v はS系における質点の（3次元の）速度[1]

$$\boldsymbol{v} = \frac{d\boldsymbol{x}}{dt} \tag{9.5}$$

の大きさです. そうすると, $d\tau$ は (9.4) から次のように表されます.

$$d\tau = \frac{1}{\gamma_v}\,dt \qquad \left(\gamma_v^{-1} = \sqrt{1 - \beta_v^2},\ \beta_v = \frac{v}{c}\right) \tag{9.6}$$

なお, (9.6) の速度 v は, 2つの慣性系の相対速度（V）ではなく, 1つの慣性系で見た粒子の速度なので, 混同しないように, γ と β に添字 v を付けて γ_v, β_v と書いています. この (9.6) は, 質点（S′系）の時計の進み $d\tau$ が, S系における時計の進み dt よりも遅れるという「時計の遅れ」（$d\tau < dt$）を表しています.

 Training 9.1

固有時 τ による次の微分演算がローレンツ変換で不変であること, つまり

$$\frac{d}{d\tau} = \frac{1}{\sqrt{1 - \left(\dfrac{v}{c}\right)^2}}\frac{d}{dt}, \qquad \frac{d}{d\tau'} = \frac{1}{\sqrt{1 - \left(\dfrac{v'}{c}\right)^2}}\frac{d}{dt'} \tag{9.7}$$

との間に

$$\frac{d}{d\tau'} = \frac{d}{d\tau} \tag{9.8}$$

が成り立つことを示しなさい（ここで, v' はS′系における質点の速度です）.

9.1.2 4元速度と4元加速度

4元速度 u^μ

ニュートン力学で学ぶように, 質点の速度は3次元空間での質点の変位の時間変化率です. これをまねて, 4次元空間での質点の位置 x^μ（$\mu = 0, 1, 2, 3$）を固有時 τ で微分した次の量 u^μ を, 4次元空間での**4元速度**と定義します[2].

---

1) この速度 $\boldsymbol{v}$ は, S系から見た質点の速度です.

2) u^μ を4元速度とよぶ理由は, （時間 τ がローレンツ不変量であるため）u^μ が (9.9) の右辺の x^μ と同じ4元ベクトルの変換性をもつからです.

$$u^\mu = \frac{dx^\mu(\tau)}{d\tau} \qquad (\mu = 0, 1, 2, 3) \tag{9.9}$$

この 4 元速度 (9.9) の $d\tau$ を (9.6) で書き換えると，u^μ は次式になります．

$$u^\mu = \gamma_v \frac{dx^\mu(\tau)}{dt} \qquad (\mu = 0, 1, 2, 3) \tag{9.10}$$

ここで，(9.5) から，(3 次元の) 速度 $\boldsymbol{v}$ を

$$\boldsymbol{v} = \frac{d\boldsymbol{x}}{dt} = \left(\frac{dx^1}{dt}, \frac{dx^2}{dt}, \frac{dx^3}{dt} \right) = (v^1, v^2, v^3) \tag{9.11}$$

で定義し直すと，(9.10) の u^μ の 4 つの成分は次のように表されます[3]．

$$\begin{cases} u^0 = \gamma_v \dfrac{dx^0}{dt} = \gamma_v \dfrac{d(ct)}{dt} = \gamma_v c \\[3mm] u^1 = \gamma_v \dfrac{dx^1}{dt} = \gamma_v v^1, \qquad u^2 = \gamma_v v^2, \qquad u^3 = \gamma_v v^3 \end{cases} \tag{9.12}$$

以上をまとめると，u^μ の時間成分 u^0 と空間成分 $\boldsymbol{u}$ は次のようになります．

$$u^\mu = (u^0, \boldsymbol{u}) = (\gamma_v c, \gamma_v \boldsymbol{v}) = \left(\frac{c}{\sqrt{1 - \beta_v^2}}, \frac{\boldsymbol{v}}{\sqrt{1 - \beta_v^2}} \right) \tag{9.13}$$

4 元加速度 α^μ

質点の **4 元加速度**を α^μ で表すことにすると，α^μ は 4 元速度 u^μ を固有時 τ で微分した次式で定義されます．

$$\alpha^\mu = \frac{du^\mu(\tau)}{d\tau} \qquad (\mu = 0, 1, 2, 3) \tag{9.14}$$

この 4 元加速度 α^μ と 4 元速度 u^μ のスカラー積をとると，直交していることがわかります．次の Exercise 9.1 で確認してみましょう．

🎗 Exercise 9.1 ━━━━━━━━━━━━━━━━━━━━━━━

次の問いに答えなさい．

(1)　4 元加速度 α^μ と 4 元速度 u^μ が直交すること，つまり，

$$\alpha^\mu u_\mu = 0 \tag{9.15}$$

---

3)　速度 $d\boldsymbol{x}/dt$ は 3 次元空間ではベクトルですが，$dx^\mu(\tau)/dt$ はローレンツ変換に対して時間 dt が不変ではないため，4 元ベクトルにはならないことに注意してください．

のように，α^μ と u_μ のスカラー積がゼロになることを示しなさい．

(2) $\alpha^\mu = (\alpha^0, \boldsymbol{\alpha})$, $u^\mu = (u^0, \boldsymbol{u})$ とおくと，α_μ 同士のスカラー積は

$$\alpha^\mu \alpha_\mu = |\boldsymbol{\alpha}|^2 \left\{ 1 - \frac{|\boldsymbol{u}|^2 \cos^2 \theta}{(u^0)^2} \right\} \tag{9.16}$$

のように表せることを示しなさい．ただし，θ は $\boldsymbol{\alpha}$ と $\boldsymbol{u}$ のなす角度です．

***

Coaching (1) 4元速度 u^μ 同士のスカラー積は次式を満たします．

$$u^\mu u_\mu = \eta_{\mu\nu} u^\mu u^\nu = -(u^0)^2 + (u^1)^2 + (u^2)^2 + (u^3)^2$$

$$= -(\gamma_v c)^2 + (\gamma_v \boldsymbol{v})^2 = -(\gamma_v c)^2 \left(1 - \frac{v^2}{c^2} \right)$$

$$= -\frac{\gamma_v^2 c^2}{\gamma_v^2} = -c^2 \tag{9.17}$$

この (9.17) を固有時 τ で微分すると，次のように $\alpha^\mu u_\mu = 0$ となるので，(9.15) が示せます．

$$0 = \frac{d}{d\tau}(\eta_{\mu\nu} u^\mu u^\nu) = \eta_{\mu\nu} \left\{ \frac{du^\mu(\tau)}{d\tau} u^\nu + u^\mu \frac{du^\nu(\tau)}{d\tau} \right\}$$

$$= \eta_{\mu\nu}(\alpha^\mu u^\nu + u^\mu \alpha^\nu) = 2\eta_{\mu\nu} \alpha^\mu u^\nu \tag{9.18}$$

なお，スカラー積 $\alpha^\mu u_\mu$ は不変量なので，$\alpha_\mu u^\mu$ とおいても結果は変わらないことに注意してください．

(2) 直交条件 $\alpha^\mu u_\mu = \eta_{\mu\nu} \alpha^\mu u^\nu = -\alpha^0 u^0 + \boldsymbol{\alpha} \cdot \boldsymbol{u} = 0$ より

$$\alpha^0 = \frac{\boldsymbol{\alpha} \cdot \boldsymbol{u}}{u^0} = \frac{|\boldsymbol{\alpha}||\boldsymbol{u}| \cos \theta}{u^0} \tag{9.19}$$

が得られます．ここで，θ は $\boldsymbol{\alpha}$ と $\boldsymbol{u}$ のなす角度です．したがって，$\alpha^\mu \alpha_\mu$ は

$$\alpha^\mu \alpha_\mu = -(\alpha^0)^2 + |\boldsymbol{\alpha}|^2 = |\boldsymbol{\alpha}|^2 \left\{ 1 - \frac{|\boldsymbol{u}|^2 \cos^2 \theta}{(u^0)^2} \right\} \tag{9.20}$$

のように (9.16) になります．なお，(9.17) の $u^\mu u_\mu = -c^2$ より $|\boldsymbol{u}|^2 = (u^0)^2 - c^2 < (u^0)^2$ となるので，$\dfrac{|\boldsymbol{u}|^2}{(u^0)^2} < 1$ より (9.20) の最右辺のカッコ内は正になります．よって，$\alpha^\mu \alpha_\mu > 0$，つまり α^μ は**空間的なベクトルである**ことがわかります[4]．∎

Exercise 9.1 で見たように，4元加速度 α^μ は空間的で常に正なので，加速度の大きさ a を $a = \sqrt{\alpha^\mu \alpha_\mu}$ で定義することができます．

---

4) 一般に，反変（共変）ベクトル $A^\mu(A_\mu)$ のスカラー積 $A^\mu A_\mu$ の符号が正，負，ゼロに応じて，ベクトル A^μ（あるいは A_μ）は**空間的なベクトル，時間的なベクトル，光的なベクトルである**と定義します．

🌱 9.2 相対論的な運動方程式

質点の速度が光速度に比べて非常に小さい場合（非相対論的近似），ローレンツ変換はガリレイ変換に近づくので，**相対論的な運動方程式**もニュートンの運動方程式に近づくはずです．そこで，ニュートンの運動方程式をガイド（指針）にして，相対論的な運動方程式を求めてみましょう．

9.2.1 ガイドはニュートンの運動方程式

質量 m で力 $\boldsymbol{F}$ がはたらく質点の相対論的な運動方程式は，質点の速度がゼロに近づく（$\boldsymbol{v} \to 0$）と，(1.8) のニュートンの運動方程式に一致すると考え，$\boldsymbol{r}$ を (1.11) の $\boldsymbol{v}$ で書き換えた次式になるとします．

$$m\frac{d\boldsymbol{v}}{dt} = \boldsymbol{F} \qquad (9.21)$$

そして，求めたい相対論的な運動方程式の形として，(9.21) の速度 $\boldsymbol{v}$ を 4 元速度 u^μ の空間成分 $\boldsymbol{u}$ で置き換えた次式

$$m\frac{d\boldsymbol{u}}{dt} = \boldsymbol{F} \qquad (9.22)$$

と，4 元速度 u^μ の時間成分 u^0 に対する次式が成り立つことを仮定します．

$$m\frac{du^0}{dt} = F^0 \qquad (9.23)$$

このように仮定された運動方程式において，(9.22) の $\boldsymbol{F}$ は（3 次元の）力 $\boldsymbol{F}$ と同じものなので物理的な意味は明らかです．しかし，(9.23) の F^0 の方は運動方程式を 4 次元に拡張するために便宜的に導入したものなので，その物理的な意味や $\boldsymbol{F}$ との関係などは自明ではありません．ここから先に進むには，これらを明確にする必要がありますが，そのためには 4 元速度 u^μ を吟味しなければなりません．

実は，この後すぐに示すように，u^μ の 4 成分のうち独立な成分は 3 つしかないという事実を利用すると，F^0 と $\boldsymbol{F}$ の関係が明らかになります．

F^0 と $\boldsymbol{F}$ の関係

4 元速度 u^μ 同士のスカラー積 $u^\mu u_\mu$ は (9.17) より

$$(u^0)^2 - (u^1)^2 - (u^2)^2 - (u^3)^2 = c^2 \tag{9.24}$$

のように表せます[5]．この (9.24) を時間 t で微分すると

$$u^0 \frac{du^0}{dt} - u^1 \frac{du^1}{dt} - u^2 \frac{du^2}{dt} - u^3 \frac{du^3}{dt} = 0 \tag{9.25}$$

となるので，これを次式のようにまとめます．

$$u^0 \frac{du^0}{dt} = \sum_{k=1}^{3} u^k \frac{du^k}{dt} = \boldsymbol{u} \cdot \frac{d\boldsymbol{u}}{dt} \tag{9.26}$$

ここで，(9.26) の左辺は (9.13) の $u^0 = \gamma_v c$ と (9.23) の $\dfrac{du^0}{dt}$ を使うと

$$((9.26) \text{ の左辺}) = u^0 \frac{du^0}{dt} = (\gamma_v c)\left(\frac{F^0}{m}\right) = \frac{\gamma_v c F^0}{m} \tag{9.27}$$

となり，(9.26) の右辺は (9.13) の $\boldsymbol{u} = \gamma_v \boldsymbol{v}$ と (9.22) の $\dfrac{d\boldsymbol{u}}{dt}$ を使うと

$$((9.26) \text{ の右辺}) = \boldsymbol{u} \cdot \frac{d\boldsymbol{u}}{dt} = (\gamma_v \boldsymbol{v}) \cdot \left(\frac{\boldsymbol{F}}{m}\right) = \frac{\gamma_v}{m}(\boldsymbol{v} \cdot \boldsymbol{F}) \tag{9.28}$$

となります．したがって，「左辺 = 右辺」より F^0 は次のように決まります．

$$F^0 = \frac{1}{c}(\boldsymbol{v} \cdot \boldsymbol{F}) \tag{9.29}$$

F^0 の物理的な意味

ニュートン力学で学ぶように，力 $\boldsymbol{F}$ が質点に作用して微小距離 $d\boldsymbol{x}$ だけ質点を変位させるとき，この力が質点にする仕事 dW は

$$dW = \boldsymbol{F} \cdot d\boldsymbol{x} \tag{9.30}$$

で定義されます．そして，この力が単位時間にする仕事，つまり**仕事率**は，(9.30) の両辺を dt で割った

$$\frac{dW}{dt} = \boldsymbol{F} \cdot \frac{d\boldsymbol{x}}{dt} = \boldsymbol{F} \cdot \boldsymbol{v} \tag{9.31}$$

で与えられます．いま質点のもつエネルギーを E とすると，右辺の $\boldsymbol{F} \cdot \boldsymbol{v}$ は

---

5) (9.24) は，u^μ の 4 成分のうち独立な成分は 3 つだけであることを教えています（例えば，$(u_0)^2$ は $(u_0)^2 = (u^1)^2 + (u^2)^2 + (u^3)^2 + c^2$ のように，3 成分 u^1, u^2, u^3 から決まります）．

質点のエネルギー E の時間変化率 $\dfrac{dE}{dt}$ を表していることがわかります.したがって,次式が成り立ちます.

$$\frac{dE}{dt} = \boldsymbol{F} \cdot \boldsymbol{v} \tag{9.32}$$

この式と (9.29) を比較すると,要するに,F^0 はエネルギーに関係した量であることがわかります.

相対論的な運動方程式

F^0 と $\boldsymbol{F}$ との関係が (9.29) で与えられたので,相対論的な運動方程式 (9.22) と (9.23) は次のように表せます[6].

$$\frac{d}{dt}(m^* \boldsymbol{v}) = \boldsymbol{F} \tag{9.33}$$

$$\frac{d}{dt}(m^* c^2) = \boldsymbol{F} \cdot \boldsymbol{v} \tag{9.34}$$

ここで,m^* は質量 m とローレンツ因子 γ_v との積

$$m^* = \gamma_v m = \frac{m}{\sqrt{1 - \beta_v^2}} \tag{9.35}$$

で定義される**相対論的な質量**です.

なお,忘れないでほしいことは,(9.33) と (9.34) から成る 4 つの方程式のうちで,**独立なものは 3 個だけである**ということです[7].

ニュートンの運動方程式 (9.21) と (9.33) との類似性

なお,運動方程式 (9.33) の左辺の $m^* \boldsymbol{v}$ は運動量 $\boldsymbol{p}$ を表すので,$\boldsymbol{p} = m^* \boldsymbol{v}$ とすると (9.33) は次のようになります.

$$\frac{d\boldsymbol{p}}{dt} = \boldsymbol{F} \tag{9.36}$$

一方,ニュートンの運動方程式 (9.21) に運動量 $\boldsymbol{p} = m \boldsymbol{v}$ を用いると,(9.36)

---

6) $\boldsymbol{u} = \gamma_v \boldsymbol{v}$ と $u^0 = \gamma_v c$ で書き換えています.

7) 4 次元のミンコフスキー時空での運動方程式として,(9.33) は 3 つの成分から成るので 3 個の方程式,(9.34) は 1 個の方程式ですが,4 つのうちの 1 つは,他の 3 つで表すことができるので,独立な方程式は 3 個だけになります(これは導出過程からも明らかでしょう).

と同じ式になるので，**相対論的な運動方程式とニュートンの運動方程式は形式的に全く同じ形になります**.

 Training 9.2

1つの粒子（静止質量 m）が一定の力 F を受けて，x 軸に沿って運動しているとします．この粒子は時刻 $t = 0$ で静止していたとすると，時刻 t での速度 $v(t)$ が

$$v(t) = \frac{cFt}{\sqrt{m^2c^2 + F^2t^2}} \tag{9.37}$$

となることを示しなさい．また，この速度 $v(t)$ は光速度 c を超えないことを示しなさい．

9.2.2 運動方程式の共変性

ここで，相対論的な運動方程式を構成する 2 つの式 (9.22) と (9.23) をローレンツ変換に対して不変な形にするために，これらを (9.6) の $\gamma_v d\tau = dt$ を用いて，次のように書き換えます．

$$m\frac{d\boldsymbol{u}}{d\tau} = \gamma_v \boldsymbol{F}, \qquad m\frac{du^0}{d\tau} = \gamma_v F^0 \tag{9.38}$$

右辺の $\gamma_v \boldsymbol{F}$ と $\gamma_v F^0$ は，それぞれ力に関するベクトルなので，これらを

$$\boldsymbol{f} = \gamma_v \boldsymbol{F}, \qquad f^0 = \gamma_v F^0 \tag{9.39}$$

とおいて，次のような 4 次元ベクトルを定義します．

$$f^\mu = (f^0, f^1, f^2, f^3) = (f^0, \boldsymbol{f}) = (\gamma_v F^0, \gamma_v \boldsymbol{F}) \tag{9.40}$$

この定義より，(9.38) は

$$m\frac{d\boldsymbol{u}}{d\tau} = \boldsymbol{f}, \qquad m\frac{du^0}{d\tau} = f_0 \tag{9.41}$$

と表せるので，(9.41) を次の 1 つの式だけで表現することができます．

$$m\frac{du^\mu}{d\tau} = f^\mu \qquad (\mu = 0, 1, 2, 3) \tag{9.42}$$

この (9.42) の右辺 f^μ は，4 元速度 u^μ と同じ反変ベクトル場の変換則 (6.84) に従うので，S′ 系と S 系の運動方程式は次の関係を満たします．

$$m\frac{du'^{\mu}}{d\tau} - f'^{\mu} = \Lambda^{\mu}{}_{\nu}\left(m\frac{du^{\nu}}{d\tau} - f^{\nu}\right) \qquad (\mu, \nu = 0, 1, 2, 3) \qquad (9.43)$$

いま，S系で (9.42) が成り立っているので，(9.43) の右辺はゼロとなります．そのため，左辺もゼロになり，S′ 系でも S系と同じ法則が成り立ちます．これは，マクスウェル方程式の共変性をテンソル場方程式で解説したロジックと全く同じです（(7.31) と Exercise 7.3 を参照）．したがって，相対論的な運動方程式が共変であることは一目瞭然です．

なお，(9.42) の 4 元速度 u^{μ} を 4 元位置ベクトル x^{μ} で表すと，次式のようになります（(9.9) を参照）．

$$m\frac{d^2 x^{\mu}}{d\tau^2} = f^{\mu} \qquad (\mu = 0, 1, 2, 3) \qquad (9.44)$$

 **Training 9.3**

電磁気学で学ぶように，電場 $\boldsymbol{E}$ と磁場 $\boldsymbol{B}$ が共存する空間内での 1 個の荷電粒子（電荷 e，速度 $\boldsymbol{v}$）の運動は，ローレンツ力 $\boldsymbol{F}_{\mathrm{L}}$ とニュートンの運動方程式を使って，次式で与えられます．

$$\frac{d(m\boldsymbol{v})}{dt} = \boldsymbol{F}_{\mathrm{L}}, \qquad \boldsymbol{F}_{\mathrm{L}} = e\boldsymbol{E} + e\boldsymbol{v} \times \boldsymbol{B} \qquad (9.45)$$

いま，真空中の陽子（電荷 e，質量 m）が，与えられた電磁場 $f^{\mu\nu}$ の作用を受けて運動しているとすると，相対論的な運動方程式 (9.42) は

$$\frac{dp^{\mu}}{d\tau} = f^{\mu} = ef^{\mu\rho}u_{\rho} \qquad (9.46)$$

のように表せることを示しなさい．

Training 9.3 で示した相対論的な運動方程式 (9.46) を成分で表すと，次のようになります（Practice［9.2］を参照）．

$$\begin{cases} \dfrac{d\boldsymbol{p}}{dt} = e\boldsymbol{E} + e\boldsymbol{v} \times \boldsymbol{B} \\[2mm] \dfrac{dE}{dt} = e\boldsymbol{E} \cdot \boldsymbol{v} \end{cases} \qquad (9.47)$$

(9.47) の 1 番目の式は，形の上ではニュートンの運動方程式 (9.45) と同じ

です[8].

　一方，（9.47）の 2 番目の式は（9.32）より

$$\frac{dE}{dt} = \boldsymbol{F}_{\mathrm{L}} \cdot \boldsymbol{v} = e\boldsymbol{E} \cdot \boldsymbol{v} + e(\boldsymbol{v} \times \boldsymbol{B}) \cdot \boldsymbol{v}$$

$$= e\boldsymbol{E} \cdot \boldsymbol{v} + e(\boldsymbol{v} \times \boldsymbol{v}) \cdot \boldsymbol{B} = e\boldsymbol{E} \cdot \boldsymbol{v} \tag{9.48}$$

のように，ローレンツ力の磁場 $\boldsymbol{B}$ による力 $e\boldsymbol{v} \times \boldsymbol{B}$ と速度 $\boldsymbol{v}$ は直交して
ゼロ（$\boldsymbol{v} \times \boldsymbol{v} = \boldsymbol{0}$）になり（9.47）と一致します．したがって，（9.48）は
ローレンツ力による仕事率（9.32）を正しく表現していることがわかります．

🌱 9.3　運動量とエネルギーと質量

　相対性理論では，時間と空間が同格に扱われるために，運動量とエネルギー
と質量の間に特別な関係があります．これらの関係は，絶対時間を前提とし
たニュートン力学では絶対にわからなかったもので，まさに相対性理論の醍
醐味といえるでしょう．

9.3.1　運動量とエネルギーの関係

　相対論的な運動方程式（9.34）と，（9.32）のエネルギーの時間変化率 $\dfrac{dE}{dt}$
から，

$$\frac{dE}{dt} = \frac{d}{dt}(m^* c^2) \tag{9.49}$$

という式が求まるので，この両辺を時間 t で積分すると，次のようになります．

$$E = m^* c^2 + （積分定数） \tag{9.50}$$

この積分定数は任意定数なので，これ以上は決めようがありませんが，エネル
ギーの原点は任意に選べることを利用して，アインシュタインはこの定数を
ゼロと仮定しました．そして，次のような**相対論的エネルギー**を提唱しました．

---

[8]　（9.47）の運動量 $\boldsymbol{p} = \gamma_v m \boldsymbol{v}$ は相対論的運動量なので，ニュートンの運動方程式
（9.45）の運動量 $\boldsymbol{p} = m\boldsymbol{v}$ とは異なりますが，この違いを無視すれば同じ形に見えるという
意味です．

$$E = m^*c^2 = \gamma_v mc^2 \quad \left(\gamma_v = \frac{1}{\sqrt{1 - \beta_v^2}}, \beta_v = \frac{v}{c} \right) \qquad (9.51)$$

このように，(9.50) の積分定数をゼロと仮定すると，不定性がなくなるので，(9.51) から具体的な結論が引き出せることになります．この仮定の正否は実験で確かめる以外には判断できませんが，第 10 章で解説するように，多くの実験結果がこの仮定の正しさを支持しています．

　従来の物理学の観点からすると，物体のエネルギー E と質量（慣性質量）m は，異なる属性をもつ量なので，E と m が本質的に同じものであるということを示す (9.51) は，驚くべき発見です[9]．

 **Training 9.4**

　1 kg の水を 0℃から 100℃まで温めると，その質量は何 kg 増すか，水の比熱容量を 4182 J/(kg·K) として計算しなさい．

4 元運動量

　(9.50) の積分定数をゼロとおいたので，(9.51) から $\frac{E}{c} = m^*c$ という関係が決まります．そのため，**4 元運動量** p^μ は E と $\boldsymbol{p} = m^*\boldsymbol{v}$ を用いて，次のように定義できます．

$$p^\mu \equiv mu^\mu = (m^*c, m^*\boldsymbol{v})$$
$$= \left(\frac{E}{c}, \boldsymbol{p} \right) = (p^0, \boldsymbol{p}) \qquad \text{（反変ベクトル）} \qquad (9.52)$$

なお，(9.52) を共変ベクトルで表す場合は，p^μ の添字を計量テンソル $\eta_{\lambda\mu}$ を使って $p_\lambda = \eta_{\lambda\mu} p^\mu$ のように下げてからダミー添字の λ を μ に書き換えればよいので，次のようになります．

---

　9)　この式によれば，c^2 がエネルギー E J を質量 m kg に換算する係数になります．熱力学に登場する，熱量をジュール (J) とカロリー (cal) に換算する**熱の仕事当量**とのアナロジーを考えれば，この c^2 は**質量のエネルギー当量**に相当するでしょう．

$$p_\mu = m u_\mu = (-m^*c, m^*\boldsymbol{v})$$
$$= \left(-\frac{E}{c}, \boldsymbol{p}\right) = (p_0, \boldsymbol{p}) \qquad (\text{共変ベクトル}) \tag{9.53}$$

4元運動量 p^μ のスカラー積 $p_\mu p^\mu$

4元運動量のスカラー積 $p_\mu p^\mu$ を (9.52) と (9.53) を使って計算すると

$$p_\mu p^\mu = p_0 p^0 + \boldsymbol{p} \cdot \boldsymbol{p} = (-m^*c)(m^*c) + (m^*\boldsymbol{v})^2$$

$$= -(m^*c)^2\left(1 - \frac{v^2}{c^2}\right) = -\frac{(\gamma_v mc)^2}{\gamma_v^2} = -m^2c^2 \tag{9.54}$$

のように，負の定数 $-m^2c^2$ になります（つまり，p^μ や p_μ は時間的なベクトルです）．なお，(9.54) の左辺を $p^\mu p_\mu$ とおいて計算しても，結果は同じ $p^\mu p_\mu = -m^2c^2$ になります．このような計算をするとき，みなさんの中には $p_\mu p^\mu$ と $p^\mu p_\mu$ のどちらを選ぶのかに迷う方もいるかもしれませんが，その選択は各自の自由なのです（Exercise 9.1 の Coaching (1) を参照）．**スカラー積 $p_\mu p^\mu$ は相対性理論の諸計算で非常に重要になる**ので，次のように表示しましょう[10]．

$$p_\mu p^\mu = -m^2c^2 \tag{9.55}$$

ところで，(9.54) のスカラー積 $p_\mu p^\mu = p_0 p^0 + \boldsymbol{p} \cdot \boldsymbol{p}$ の右辺を $p_0 p^0 = -\dfrac{E^2}{c^2}$ で書き換えたものを，(9.55) の左辺に代入すると次式になります．

$$-\frac{E^2}{c^2} + \boldsymbol{p}^2 = -m^2c^2 \tag{9.56}$$

この (9.56) から，**E と $\boldsymbol{p}$ は互いに独立な量ではない**ことがわかります．そして，(9.56) を次のように変形したものを**エネルギー・運動量関係式**といい，この式は，エネルギー E と運動量 $\boldsymbol{p}$ との間に成り立つ恒等式です．

$$E^2 = c^2\boldsymbol{p}^2 + m^2c^4 \tag{9.57}$$

なお，すべての慣性系において，エネルギー E と運動量 $\boldsymbol{p}$ は (9.57) の「エネルギー・運動量関係式」で結ばれているので，4元運動量は

---

10) なお，(9.55) を次元解析的な視点からチェックすると，mc の次元は「質量 × 速度」なので，運動量 p^μ や p_μ の次元と確かに一致しています．したがって，(9.54) の計算は正しかったことが確信できます．

$$p^\mu = \left(\frac{E}{c}, \boldsymbol{p}\right) = (\sqrt{\boldsymbol{p}^2 + m^2 c^2}, \boldsymbol{p}) \tag{9.58}$$

のように，質量 m と運動量 $\boldsymbol{p}$ で表すこともできます．

9.3.2 質量とエネルギーの等価性

いま，非相対論的な状況を考えるために $\beta_v = \dfrac{v}{c} \ll 1$ として，相対論的エネルギー（9.51）の右辺の $\gamma_v = \dfrac{1}{\sqrt{1 - \beta_v^2}}$ を $\beta_v \left(= \dfrac{v}{c}\right)$ で展開し，その展開の第 2 項までをとることにすると

$$E = m^* c^2 = \gamma_v m c^2 = \frac{mc^2}{\sqrt{1 - \beta_v^2}}$$

$$= \left(1 + \frac{1}{2}\beta_v^2 + \cdots\right)mc^2 \approx mc^2 + \frac{1}{2}mv^2 \tag{9.59}$$

となります．このように，速度 v が光速度 c に比べて小さい非相対論的な場合に定数項 mc^2 を除くと，E はニュートン力学における粒子の運動エネルギーに近づきます．また，定数項 mc^2 は速度 v がゼロになって粒子が静止していても残るので，**静止エネルギー**といいます．

$$E = mc^2 \tag{9.60}$$

　ここで述べていることは，**質量をもつ粒子は，たとえポテンシャルエネルギーも運動エネルギーもゼロのときでも，巨大な静止エネルギーをもつ**ということであり，これは**エネルギーと質量の等価性**という特殊相対性理論から導かれた最も重要な結論の 1 つです．

　この（9.60）は，**アインシュタインの関係式**といわれ，特に原子核分裂を扱う原子力の分野では重要な式です．ただし，（9.60）は相対論的エネルギー（9.51）で $v = 0$（つまり，$\gamma_v = 1$）とおいただけの式です．したがって，アインシュタインの有名な式として $E = mc^2$ が示されている場合は，静止エネルギー（9.60）と相対論的エネルギー（9.51）の両方を指していると考えるのが妥当でしょう．

　ところで，静止エネルギーの式（9.60）は，「慣性質量 m に光速度 c の 2 乗

を掛けたものがエネルギー E と同等である」ことを述べていますが，見方を変えれば，「運動している物体の慣性質量 m は，エネルギーを光速度の2乗で割ったものである」ともいえます．そのため，「運動する物体の慣性質量は，その速さが大きくなる（つまり，エネルギーが大きくなる）ほど増大する」ことになります．このような意味において，物体が静止しているときに (9.60) で与えられる質量 m のことを**静止質量**ともいいます．

　古典物理学では質量の保存則とエネルギーの保存則は独立な法則でしたが，特殊相対性理論によって，2つの保存則は表現が異なるだけで，同一の保存則であることが明らかになりました．

相対性理論でよく使われる単位

　まず，基本となる光速度 c は (1.24) より $c = 2.9979 \times 10^8\,\mathrm{m/s}$ ですが，ふつうの計算ではこの c の値を有効数字3桁までとった $c = 3.00 \times 10^8\,\mathrm{m/s}$ で良い近似になります．一方，c^2 の値は（桁落ちしないように c の正確な値を使って）$c^2 = (2.9979)^2 \times 10^{16}\,(\mathrm{m/s})^2 = 8.9874 \times 10^{16}\,(\mathrm{m/s})^2$ のようになります．ただし，$(\mathrm{m/s})^2$ という単位は実用的ではないので，$E = mc^2$ の次元式を利用して[11]，c^2 の値を

$$c^2 = 8.99 \times 10^{16}\,\mathrm{J/kg} \tag{9.61}$$

のように，エネルギーを質量で割った単位 J/kg で表すことにします（なお，ここでも有効数字は3桁にしています）．

　次章で，電子や陽子などの素粒子を用いた高エネルギー加速器実験を扱いますが，一般に，加速器から素粒子に供給されるエネルギーは，電子の電荷 $e\,(<0)$ の大きさ $|e|$ と加速の電圧 V の積で定義される**電子ボルト** (eV) という単位で表します．具体的には，電子の電荷の大きさ $|e|$ は

$$|e| = 1.60 \times 10^{-19}\,\mathrm{C} \tag{9.62}$$

なので，1**電子ボルト** (1eV) の値は次のようになります．

$$1\,\mathrm{eV} = 1.60 \times 10^{-19}\,\mathrm{J} \tag{9.63}$$

いま，電子の質量を m_e で表せば，$m_\mathrm{e} = 9.11 \times 10^{-31}\,\mathrm{kg}$ なので，(9.60) より

---

[11]　次元解析より，$E = mc^2$ の次元式は $[E] = [m][c^2]$ と書けるので，$[c^2] = \dfrac{[E]}{[m]}$ より，c^2 の次元が $\dfrac{[E]}{[m]} = \dfrac{[\mathrm{J}]}{[\mathrm{kg}]}$ になることがわかります．

$$E_e = m_e c^2 = 9.11 \times 8.99 \times 10^{-15}\,\mathrm{J} = 5.118 \times 10^5\,\mathrm{eV} \qquad (9.64)$$

となります. ここで, 最右辺の単位 eV に移るときに (9.63) を使いました. したがって, 電子の質量 m_e は (9.64) の $m_e c^2 = 5.118 \times 10^5\,\mathrm{eV}$ から

$$m_e = 5.118 \times 10^5\,\mathrm{eV}/c^2 = 0.511\,\mathrm{MeV}/c^2 \qquad (9.65)$$

のように与えられます. ただし, 単位 MeV は $10^6\,\mathrm{eV}$ を表します (MeV $= 10^6\,\mathrm{eV}$). 同様に, 陽子の質量を m_p で表せば, $m_p = 1.672 \times 10^{-27}\,\mathrm{kg}$ なので, (9.60) より

$$E_p = m_p c^2 = 1.672 \times 8.99 \times 10^{-11}\,\mathrm{J} = 9.3827 \times 10^8\,\mathrm{eV} \qquad (9.66)$$

となり, 陽子の質量 m_p は次のように与えられます.

$$m_p = 9.3827 \times 10^8\,\mathrm{eV}/c^2 = 938\,\mathrm{MeV}/c^2 = 0.938\,\mathrm{GeV}/c^2 \qquad (9.67)$$

ただし, 単位 GeV は $10^9\,\mathrm{eV}$ を表します (GeV $= 10^9\,\mathrm{eV}$).

　以上の例からわかるように, 質量はエネルギー E を c^2 で割った単位で表されます. 素粒子の静止質量を kg の単位で表すと, 途方もなく小さくなり実用的ではありませんが, eV, MeV, GeV 等の単位を使うと扱いやすい数値になり便利です. ここで, よく使う単位の略称をまとめておきましょう.

▶ 単位の略称:

$$\begin{cases} \mathrm{keV} = 10^3\,\mathrm{eV} = \mathrm{kilo\,eV}, & \mathrm{MeV} = 10^6\,\mathrm{eV} = \mathrm{Mega\,eV} \\ \mathrm{GeV} = 10^9\,\mathrm{eV} = \mathrm{Giga\,eV}, & \mathrm{TeV} = 10^{12}\,\mathrm{eV} = \mathrm{Tera\,eV} \end{cases} \qquad (9.68)$$

なお, 高エネルギー物理学の研究者の間では, よく keV, MeV, GeV, TeV をケブ, メブ, ジェブ, テブのように, よぶことがあります.

　ちなみに, みなさんは, 1 電子ボルトのエネルギーがどのくらいの大きさかわかりますか? 乾電池に 1.5 V や 3 V のものがあることからも想像できるように, eV は化学反応のエネルギースケールになります. 例えば, 水素の原子核が電子を束縛して原子をつくるときのエネルギーは 10 eV 程度です. このことから予想できるかもしれませんが, 第 10 章で解説するように, 高エネルギー加速器実験に関与する光に近い速度をもった粒子のエネルギーは, 桁外れに大きなものなのです.

 **Training 9.5**

静止している粒子の質量が $m = 1\mathrm{g}$ だけ消失すると，その粒子から何 MeV のエネルギーが放出されるでしょうか．

運動エネルギー

相対論的エネルギー $E = m^*c^2$ から静止エネルギー $E_0 = mc^2$ を引いた量は，(9.59) より速度によるエネルギーを与えるので，運動エネルギーに相当します．そこで，運動エネルギーを T と表すことにすると，E から E_0 を引いた次の量が，相対性理論における運動エネルギーの定義となります．

$$T \equiv E - E_0 = m^*c^2 - mc^2 = (\gamma_v - 1)mc^2 \qquad (9.69)$$

非相対論的な場合（$\beta_v \ll 1$ のとき），$\gamma_v = 1 + \dfrac{1}{2}\beta_v^2 + \cdots$ と展開できるので，展開の第 2 項までをとると，(9.69) は次のようになります．

$$T = (\gamma_v - 1)mc^2 \approx \left\{\left(1 + \frac{1}{2}\beta^2\right) - 1\right\}mc^2 = \frac{1}{2}mv^2 \qquad (9.70)$$

これは，物体が非相対論的な速度（$v \ll c$）をもつときの運動エネルギーに当たるので，ニュートン力学の運動エネルギー $\dfrac{1}{2}mv^2$ が正しく導けることがわかります．

エネルギーと運動量と速度の間の関係

質量 m の粒子が速さ $v = |\boldsymbol{v}|$ で運動する場合，この粒子がもつエネルギー E と運動量の大きさ $p = |\boldsymbol{p}|$ は (9.52) から次式で与えられます．

$$E = m^*c^2 = \gamma_v mc^2, \qquad p = m^*v = \gamma_v mv \qquad (9.71)$$

いま，この粒子の速さ v が光速度 c と同じであるとき（$v = c$），つまり $\beta_v = \dfrac{v}{c} = 1$ であるとき，(9.35) の質量 m^* は

$$m^* = \gamma_v m = \frac{m}{\sqrt{1 - \beta_v^2}} \quad \to \quad \infty \qquad (9.72)$$

のように発散するので，物体の運動量 p とエネルギー E は無限大になります．これは，有限な質量をもつ粒子は速くなるほど重くなることを表してお

り，その速度は，光速度 c に達することができないことを意味します．言い換えれば，**光速度で運動する光は質量をもたない**ことになります．

では，粒子の速さ v が光速度 c に近づく極限（$\beta_v \to 1$）で，質量は本当に $m \to 0$ になるのでしょうか？　これを調べるには，(9.71) のエネルギー E と運動量の大きさ p の比をとった次のような式を使います．

$$\frac{cp}{E} = \frac{v}{c} = \beta_v \tag{9.73}$$

注意してほしいことは，(9.73) の左辺の cp と E が独立な量ではないということです．これらは (9.57) の $E = c\sqrt{p^2 + (mc)^2}$ で関係するので，これを使って (9.73) の E を書き換えなければなりません．その結果，次のような式になります．

$$\beta_v = \frac{cp}{E} = \frac{p}{\sqrt{p^2 + (mc)^2}} \tag{9.74}$$

そして，(9.74) を変形し，m を表す式をつくると，次のようになります．

$$m = \frac{p}{c} \frac{\sqrt{1 - \beta_v^2}}{\beta_v} \tag{9.75}$$

この (9.75) から，$\beta_v \to 1$ のとき $m \to 0$ になるので，確かに**質量のない粒子は常に光速度で運動する**ことがわかります．

♎ Exercise 9.2

(9.72) で質量 $m \to 0$ の極限をとると $m^* \to 0$ となるので，(9.71) のエネルギー E も運動量 p も共にゼロになりますが，これは正しい結論でしょうか？

Coaching　誤りです．なぜなら，$m \to 0$ の極限をとると，γ_v が無限大になることを見落としているからです．これを考慮すれば，エネルギー E も運動量 p も有限の値になるので，この結論は正しくありません．

具体的にチェックするには，(9.74) で $m \to 0$ とおきます．このとき，右辺は $\dfrac{p}{\sqrt{p^2}} \to 1$ となるので $\beta_v \to 1$ になり（速度 v は光速度 c に近づき），γ_v は無限大に近

づきます.

ちなみに,（9.72）で $m = 0$, $\beta_v \to 1$ とおくと

$$m^* = \frac{m}{\sqrt{1 - \beta_v^2}} = \frac{0}{\sqrt{1 - 1}} = 0 \tag{9.76}$$

のように, 質量 m^* はゼロになり, どこにも矛盾はありません. ∎

📖 本章のPoint

▶ **固有時**: ある瞬間, 質点と一緒に運動する慣性系座標の時間を固有時とよび, τ で表す. τ は座標系の時間（座標時間）t より進み方が $\dfrac{1}{\gamma_v} = \sqrt{1 - \beta_v^2}$ だけ遅くなるので, $dt = \gamma\, d\tau$ という関係がある.

▶ **4元位置ベクトル**: 世界線上にある質点の座標 x^μ のことで $x^\mu = (x^0, x^1, x^2, x^3) = (ct, x, y, z)$ で定義する.

▶ **4元速度**: $u^\mu = \dfrac{dx^\mu(\tau)}{d\tau} = (u^0, \boldsymbol{u}) = \gamma_v(c, \boldsymbol{v})$ で定義する. この空間成分 $\boldsymbol{u}$ はニュートン力学と同じである. スカラー積 $u^\mu u_\mu = -c^2$ は負となるので, u^μ は時間的なベクトルである.

▶ **4元加速度**: $\alpha^\mu = \dfrac{du^\mu(\tau)}{d\tau}$ で定義する. スカラー積 $\alpha^\mu \alpha_\mu > 0$ は正となるので, α^μ は空間的なベクトルである.

▶ **4元運動量**: $p^\mu = m u^\mu = m^*(c, \boldsymbol{v})$ で定義する（$m^* = \gamma_v m$）. スカラー積 $p_\mu p^\mu = -m^2 c^2$ より, p^μ は時間的なベクトルである.

▶ **相対論的な運動方程式**: 相対論的なニュートンの運動方程式は

$$m\frac{du^\mu}{d\tau} = \frac{dp^\mu}{d\tau} = f^\mu \qquad (\mu = 0, 1, 2, 3)$$

で表される. $\mu = 0$ の成分はエネルギーに関係した量である. 空間成分は $\boldsymbol{p} = m^* \boldsymbol{v}$ より「相対論的な質量」m^* を含むが, この違いを無視すれば, ニュートンの運動方程式 $\dfrac{d(m\boldsymbol{v})}{dt} = \boldsymbol{F}$ と全く同じ形になる.

▶ **運動量とエネルギーの関係**: $E^2 = c^2 \boldsymbol{p}^2 + m^2 c^4$. これは, エネルギー E と運動量 $\boldsymbol{p}$ は互いに独立な量ではないことを意味する.

▶ **質量とエネルギーの等価性**：粒子が静止しているとき，$E = mc^2$. これは，質量をもつ粒子はポテンシャルエネルギーも運動エネルギーももたなくても，巨大な静止エネルギーをもつことを表している.

 Practice

[9.1]　粒子に直線運動させる相対論的な力

質量 m の粒子が直線に沿って運動していて，運動中の座標が

$$x = \sqrt{b^2 + c^2 t^2} - b \tag{9.77}$$

で与えられるとき，このような運動を生じさせる力 F を求めなさい.

[9.2]　電磁場内の粒子に対する相対論的な運動方程式

荷電粒子の相対論的な運動方程式を成分で表した (9.47) を導きなさい.

[9.3]　荷電粒子に対する加速電圧

始め静止している粒子を光速度の 99% まで加速するのに必要な電圧 X を，次のそれぞれの場合について求めなさい.
  (1)　電子の場合（電子の静止質量 = 0.51 MeV）
  (2)　陽子の場合（陽子の静止質量 = 938 MeV）

[9.4]　電子の飛行時間と飛行距離

始め静止していた電子（静止質量 = 0.51 MeV）を電圧 10^5 V で加速してから，一定の速度 v で発射させます.
  (1)　この速度 v で，距離 $d_L = 10$ m を飛行するのに要する時間 t_L を求めなさい.
  (2)　(1) での飛行距離 d_L は，電子の静止系で測ると，ローレンツ収縮を受けます. この場合の距離 d_C を求めなさい.

[9.5]　陽子が銀河を横断する時間

私たちの銀河の直径はおよそ 10^5 光年で，陽子がもち得る最高のエネルギーは 10^{10} GeV $= 10^{19}$ eV であることがわかっています. このエネルギーをもった陽子が銀河を横切るのに要する時間を次のそれぞれの系で求めなさい. ただし，陽子の静止質量は $m_p c^2 = 938$ MeV です.
  (1)　銀河の静止系での時間 $\Delta t_{銀河}$
  (2)　粒子の静止系での時間 $\Delta t_{粒子}$

[9.6]　4元運動量のローレンツ変換と光のドップラー効果の式との類似性

S系に向かって x 軸の正方向に速度 v で近づいている S′ 系との間の，エネルギー E と運動量 $p (= |\boldsymbol{p}|)$ の4元運動量 $p^\mu = \left(\dfrac{E}{c}, p \right)$ のローレンツ変換は，(6.54) と同じ形の $p^0 = \gamma(p'^0 + \beta p')$ で与えられます．このローレンツ変換を $p' = \dfrac{E'}{c}$ をもつ光源に適用して，次の問いに答えなさい．

(1)　S系と S′ 系の間の光の放射エネルギー E と E' に対する次の変換式を導きなさい．

$$E = \sqrt{\frac{1 + \beta}{1 - \beta}}\, E', \qquad \beta = \frac{v}{c} \tag{9.78}$$

(2)　アインシュタインの光量子仮説 $E = h\nu$ $(E' = h\nu_0)$ を使うと，(9.78) は光のドップラー効果の式 (5.23) と同じ形になることを示しなさい．そして，「同じ形になる」ことの物理的な意義を考えなさい．なお，h はプランク定数です．

218

相対論的な力学に基づく諸現象

　第9章で，相対性理論と矛盾しない力学，つまり，相対論的な力学を導いて，力学に対する相対性理論の枠組みをつくりました．本章では，その枠組みの中で，物体の運動状態だけをとらえて，（力との関係には立ち入らないで）物体の運動そのものの特性や物体の運動を数学的に記述する方法などを論じる**運動学**に焦点を当てます．

　みなさんは，ニュートン力学で運動学の様々な問題を勉強していることでしょう．ここでは，第9章の内容を踏まえて，相対性理論の視点から，運動学に関係した「粒子の崩壊」や「粒子の散乱」，そして「高エネルギー加速器」などの諸問題を考えてみましょう．

🌱 10.1　粒子の崩壊

　9.3.2項で「質量とエネルギーの等価性」を解説しました．この等価性の検証には，原子核や素粒子の崩壊現象を用いるのが極めて有効です．

10.1.1　2体崩壊

　一般に，原子核が放射線を放出して変化する現象を**崩壊**といいますが，特に，1個の粒子が2個の粒子に崩壊する現象を**2体崩壊**といいます．ここでは，この2体崩壊の場合について，崩壊前後のエネルギーと運動量の関係を調べてみましょう．

具体的には，図 10.1 のように静止質量 M の粒子が粒子 1（静止質量 m_1）と粒子 2（静止質量 m_2）の 2 つに崩壊する場合を考えます．

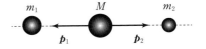

図 10.1 2 体崩壊

粒子 M の 4 元運動量を P^μ，崩壊によって生成した粒子 1 と粒子 2 の 4 元運動量をそれぞれ p_1^μ と p_2^μ とすると，エネルギーと運動量の保存則より次の関係が成り立ちます．

$$P^\mu = p_1^\mu + p_2^\mu \tag{10.1}$$

(10.1) の時間成分の $P^0 = p_1^0 + p_2^0$ は，(9.58) より $\dfrac{E}{c} = \dfrac{E_1}{c} + \dfrac{E_2}{c}$ となるので，エネルギー保存則

$$E = E_1 + E_2 \tag{10.2}$$

になり，(10.1) の空間成分は，次の運動量の保存則になります．

$$\boldsymbol{P} = \boldsymbol{p}_1 + \boldsymbol{p}_2 \tag{10.3}$$

いま，崩壊前の粒子（これを母粒子といいます）は静止していると仮定したので，母粒子の運動量は

$$\boldsymbol{P} = 0 \tag{10.4}$$

です．このため，崩壊後の 2 個の粒子（これを娘粒子といいます）の運動量 $\boldsymbol{p}_1, \boldsymbol{p}_2$ については，(10.3) と (10.4) から次式が成り立ちます．

$$\boldsymbol{p}_1 + \boldsymbol{p}_2 = 0 \tag{10.5}$$

したがって，$\boldsymbol{p}_1 = -\boldsymbol{p}_2$ となりますが，運動量の大きさは等しい（$p_1 = |\boldsymbol{p}_1| = p_2 = |\boldsymbol{p}_2|$）ので，それらを次のように p で表すことにします．

$$p = p_1 = p_2 \tag{10.6}$$

一方，これら 3 個の粒子に対しては，(9.57) のエネルギー・運動量関係式

$$E^2 = (cP)^2 + (Mc^2)^2 = (Mc^2)^2 \tag{10.7}$$

$$E_1^2 = (cp_1)^2 + (m_1 c^2)^2 = (cp)^2 + (m_1 c^2)^2 \tag{10.8}$$

$$E_2^2 = (cp_2)^2 + (m_2 c^2)^2 = (cp)^2 + (m_2 c^2)^2 \tag{10.9}$$

が，それぞれ成り立ちます．ただし，それぞれ 2 つ目から 3 つ目に移るとき，(10.7) には (10.4) を使い，(10.8) と (10.9) には (10.6) を使いました．

エネルギー E_1 と E_2 の決定

まずは，娘粒子のエネルギー E_1, E_2 を決めていきましょう.

（10.7）の $E = Mc^2$ と（10.2）の $E = E_1 + E_2$ から

$$Mc^2 = E_1 + E_2 \qquad (10.10)$$

が得られ，（10.8）と（10.9）から $(cp)^2$ を消去すると

$$E_1^2 - (m_1 c^2)^2 = E_2^2 - (m_2 c^2)^2 \qquad (10.11)$$

が得られます. そして，（10.10）と（10.11）の2つの式から，E_1 と E_2 が次のように求まります.

$$E_1 = \frac{M^2 + m_1^2 - m_2^2}{2M} c^2, \qquad E_2 = \frac{M^2 - m_1^2 + m_2^2}{2M} c^2 \qquad (10.12)$$

なお，これらの式の右辺を足すと，（10.10）の $E_1 + E_2 = Mc^2$ を満たしているので，正しい結果であることがわかります.

3つの質量 M, m_1, m_2 の関係

質量 M の母粒子が崩壊して，娘粒子1と2が飛び出すときは，それぞれの粒子は速度（$v \neq 0$）をもたなければならないので，$p > 0$ から，エネルギー・運動量関係式の（10.8）と（10.9）に

$$\begin{cases} E_1 = \sqrt{(cp)^2 + (m_1 c^2)^2} > m_1 c^2 \\ E_2 = \sqrt{(cp)^2 + (m_2 c^2)^2} > m_2 c^2 \end{cases} \qquad (10.13)$$

という不等式が成り立ちます. したがって，崩壊して生じた2粒子が飛び出して運動するときは，（10.10）の $Mc^2 = E_1 + E_2$ に対して

$$Mc^2 = E_1 + E_2 > m_1 c^2 + m_2 c^2 \qquad (10.14)$$

という条件が付くので，3つの質量の間には次の不等式

$$M > m_1 + m_2 \qquad (10.15)$$

が成り立つことになります. つまり，**母粒子の質量が娘粒子の質量の総和より大きいときだけ，母粒子は崩壊する可能性があります.**

運動量 p_1 と p_2 の決定

続いて，娘粒子の運動量を決めましょう.

娘粒子1と2の運動量 p_1 と p_2 は（10.6）より同じ大きさ p なので，例えば，（10.12）の E_1 と（10.8）の cp を使えば

$$p = p_1 = p_2$$

$$= \frac{c}{2M} \sqrt{(M + m_1 + m_2)(M + m_1 - m_2)(M - m_1 + m_2)(M - m_1 - m_2)}$$

$$(10.16)$$

のようになり，運動量 p_1 と p_2 が決まります．この結果が $p_1 = p_2$ を満たしていることは[1]，この式の右辺が m_1 と m_2 を入れかえても変わらないことからもわかります．

 Training 10.1

(10.16) が成り立つことを確かめなさい．

速さ v_1 と v_2 の関係

娘粒子の速さをそれぞれ v_1 と v_2 とすると，2個の粒子の運動量の大きさはどちらも p なので，(9.73) から

$$v_1 = \frac{c^2 p}{E_1}, \qquad v_2 = \frac{c^2 p}{E_2} \tag{10.17}$$

となります．

いま，崩壊後の2個の娘粒子の質量を

$$m_1 > m_2 \tag{10.18}$$

とすると，(10.12) より

$$E_1 - E_2 = \frac{m_1^2 - m_2^2}{M} c^2 = \frac{(m_1 + m_2)(m_1 - m_2)}{M} c^2 > 0 \tag{10.19}$$

となるので，次式が成り立ちます．

$$E_1 > E_2 \tag{10.20}$$

この場合，(10.17) から

$$v_2 > v_1 \tag{10.21}$$

となり，速さはエネルギーの大きさに反比例します．

例えば，ラジウム 226 のような重い放射性元素からの α 崩壊の場合には，

---

1) つまり，p の添字1と2を入れかえても変わらないということです．

母粒子である原子核は質量数が 200 以上ですが，原子核が分裂して放出される娘粒子としての α 粒子（これを粒子 2 とします）の質量数は 4 です．そのため，残りの原子核から構成されるもう一方の娘粒子（これを粒子 1 とします）は $m_1 \gg m_2$ のためにほとんど動かず，α 粒子（He の原子核）だけが高速で飛び出す（$v_2 \gg v_1$）ことになります（Practice［10.4］を参照）．

10.1.2　パイ中間子の 2 体崩壊

前項の結果を使って，パイ中間子 (π) が反ミュー粒子 $(\bar{\mu})$ とミューニュートリノ (ν_μ) に 2 体崩壊する

$$\pi \quad \rightarrow \quad \bar{\mu} + \nu_\mu$$

のようなプロセスを具体的に計算してみましょう．

質量 M をパイ中間子（母粒子）の質量とし，質量 m の添字 1 を反ミュー粒子（娘粒子 1），添字 2 をミューニュートリノ（娘粒子 2）に割り当てて，次のようにおきます[2]．

$$M = m_\pi, \qquad m_1 = m_{\bar{\mu}}, \qquad m_2 = m_\nu = 0 \tag{10.22}$$

そうすると，反ミュー粒子のエネルギー E_1 と反ニュートリノのエネルギー E_2 と運動量 p は，（10.12）と（10.16）から次のようになります．

$$E_1 = \frac{M^2 + m_1^2}{2M}\, c^2, \quad E_2 = \frac{M^2 - m_1^2}{2M}\, c^2, \quad p = \frac{M^2 - m_1^2}{2M}\, c \quad (10.23)$$

次に，反ミュー粒子の運動エネルギーを T_1 とすると

$$T_1 = E_1 - m_1 c^2 \tag{10.24}$$

と表せるので，この右辺の E_1 に（10.23）の E_1 を代入すると，T_1 は次式になります．

$$T_1 = E_1 - m_1 c^2 = \frac{c^2}{2M}\,(M^2 + m_1^2 - 2Mm_1)$$

---

2)　ニュートリノはわずかながらも質量をもつことが，つくば市にある高エネルギー加速器研究機構（KEK）の 12 GeV 陽子シンクロトロン（KEK‑PS）で発生させたニュートリノビームを，250 km 離れたスーパーカミオカンデの検出器に打ち込み，ニュートリノ振動を調べる「K2K 実験」によって実証されています．しかし，本書で扱うような基礎的な演習では，質量をゼロとおいて計算しても問題はありません．

$$= \frac{c^2}{2M}(M - m_1)^2 = \frac{(Mc^2 - m_1c^2)^2}{2Mc^2} \tag{10.25}$$

同様に，ミューニュートリノの運動エネルギーを T_2 として（10.23）の E_2 を使って求めると，次のようになります．

$$T_2 = \frac{(Mc^2)^2 - (m_1c^2)^2}{2Mc^2} \tag{10.26}$$

 **Training 10.2**

（10.26）を導きなさい．

 **Exercise 10.1**

パイ中間子（π）の質量を $Mc^2 = m_\pi c^2 = 139.6\,\mathrm{MeV}$，反ミュー粒子（$\overline{\mu}$）の質量を $m_1c^2 = m_{\overline{\mu}}c^2 = 105.7\,\mathrm{MeV}$，ミューニュートリノ（$\nu_\mu$）の質量を $m_2c^2 = m_\nu c^2 = 0$ として，次の問いに答えなさい．

（1）$\overline{\mu}, \nu_\mu$ の運動エネルギー $T_{\overline{\mu}}, T_\nu$ の値を，（10.25）と（10.26）を使って MeV の単位で答えなさい．

（2）$\overline{\mu}, \nu_\mu$ の運動量 p_1, p_2 は，同じ大きさ p をもちます．（10.23）を利用して，p の値を単位 MeV/c で答えなさい．

Coaching （1）$\overline{\mu}, \nu_\mu$ の運動エネルギー $T_{\overline{\mu}}, T_\nu$ の値は，それぞれ（10.25）と（10.26）に数値を入れると次のようになります．

$$\begin{aligned} T_{\overline{\mu}} = T_1 &= \frac{(m_\pi c^2 - m_{\overline{\mu}} c^2)^2}{2m_\pi c^2} \\ &= \frac{(139.6 - 105.7)^2}{2 \times 139.6} = 4.1\,\mathrm{MeV} \end{aligned} \tag{10.27}$$

$$\begin{aligned} T_\nu = T_2 &= \frac{(m_\pi c^2)^2 - (m_{\overline{\mu}} c^2)^2}{2m_\pi c^2} \\ &= \frac{(139.6)^2 - (105.7)^2}{2 \times 139.6} = 29.8\,\mathrm{MeV} \end{aligned} \tag{10.28}$$

（2）（10.23）より cp を計算すると，

$$cp = \frac{(m_\pi c^2)^2 - (m_{\overline{\mu}} c^2)^2}{2m_\pi c^2} = \frac{(139.6)^2 - (105.7)^2}{2 \times 139.6} = 29.8\,\mathrm{MeV} \tag{10.29}$$

となります. (10.29) の両辺を c で割ると, 運動量は MeV/c の単位で $p=$ 29.8 MeV/c になります. ▨

 Training 10.3

パイ中間子の 2 体崩壊において, ニュートリノの速度 v_ν が光速度 c に一致することを, (10.29) の代数式と (10.17) を利用して示しなさい. また, 反ミュー粒子の速度 $v_{\bar\mu}$ も求めなさい.

Training 10.3 の $v_\nu = c$ (光速度) という結果は, ニュートリノの質量がゼロなので, 理に適っています (9.3.2 項を参照).

 ## 10.2 高エネルギー加速器

素粒子の様々な反応を調べる装置として, 高エネルギー加速器は不可欠なものです. 加速器実験では, 加速した粒子を標的にぶつけたり, 加速した粒子同士を衝突させて起こる現象を探索します. 加速器の中ではビーム粒子が光に近い速さで飛んでいるので, この中で起こる現象のほとんどは, 相対性理論で記述されるものばかりです. 本節では, これらの現象に関与する粒子のエネルギーや運動量や速度などの物理量を, ローレンツ不変量を用いて効率的に求める方法と, 高エネルギー加速器実験のいくつかの例を解説します.

10.2.1 実験室系と重心系

粒子 1 と粒子 2 が互いに衝突するプロセスを考える上で, 実験室系と重心系を理解する必要があります. 粒子 2 に粒子 1 をぶつけるとき, **実験室系**とは図 10.2 (a1) と (a2) のように, 原点を粒子 2 の最初の静止位置にとった座標系を意味します (実験室系を **L 系**ともいいます[3]).

それに対して, **重心系** (質量中心系) とは図 10.2 (b1) と (b2) のように, 粒子 1 と粒子 2 の重心に原点をとった座標系を意味します (重心系を **C 系**

---

3)   L は laboratory system の頭文字です.

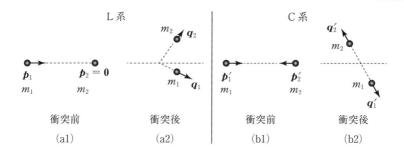

図 10.2 実験室系（L系）と重心系（C系）

ともいいます[4]).

このような 2 つの系において, 粒子 1 と粒子 2 の衝突によって得られる素粒子反応に利用できるエネルギーを計算しなければなりません. そのためには, 粒子 1 と粒子 2 が互いに衝突する図 10.3 のような一般的なプロセスを考えるのがよいでしょう.

図 10.3 2 つの粒子が衝突するプロセス

このとき, 粒子 1 と粒子 2 の 4 元運動量は (9.52) より

$$p_1^\mu = (p_1^0, \boldsymbol{p}_1) = \left(\frac{E_1}{c}, \boldsymbol{p}_1\right), \qquad p_2^\mu = (p_2^0, \boldsymbol{p}_2) = \left(\frac{E_2}{c}, \boldsymbol{p}_2\right) \quad (10.30)$$

と表せるので, 全運動量 $P^\mu = p_1^\mu + p_2^\mu$ の積の 2 乗を使って

$$s^2 = -P^\mu P_\mu = -(p_1^\mu + p_2^\mu)(p_{1\mu} + p_{2\mu}) \quad (10.31)$$

のような, ローレンツ不変量 $s^2 (= -P^\mu P_\mu)$ を定義するのが便利です. **この不変量 s^2 はスカラー量（ローレンツ変換に対して不変な量）なので, どのような系でも成り立ちます. つまり, 重心系でも実験室系でも成り立つので, 関与する粒子のエネルギーや運動量や速度などが, この s^2 から効率良く計算できます.** そのため, まず不変量 s^2 の計算から始めましょう.

---

4) C は center-of-mass system の頭文字です.

ローレンツ不変量 $s^2 = -P^\mu P_\mu$ の計算

(10.31) の s^2 に (10.30) の p_1^μ と p_2^μ を代入すると，次のようになります.

$$s^2 = -(p_1^\mu + p_2^\mu)(p_{1\mu} + p_{2\mu}) = -p_1^\mu p_{1\mu} - (p_1^\mu p_{2\mu} + p_2^\mu p_{1\mu}) - p_2^\mu p_{2\mu}$$
$$= m_1^2 c^2 - 2p_1^\mu p_{2\mu} + m_2^2 c^2 \tag{10.32}$$

ここで，$p_1^\mu p_{1\mu} = -m_1^2 c^2$ と $p_2^\mu p_{2\mu} = -m_2^2 c^2$ であること（(9.55) を参照），そして，$p_1^\mu p_{2\mu} = p_2^\mu p_{1\mu}$ であることを用いました.

(10.32) の右辺の $p_1^\mu p_{2\mu}$ を計算すると，$\boldsymbol{p}_1 = -\boldsymbol{p}_2$ より次式になります.

$$p_1^\mu p_{2\mu} = -\frac{E_1 E_2}{c^2} + \boldsymbol{p}_1 \cdot \boldsymbol{p}_2 = -\frac{E_1 E_2}{c^2} + |\boldsymbol{p}_1||\boldsymbol{p}_2|\cos 180°$$

$$= -\frac{1}{c^2}\{E_1 E_2 + (c|\boldsymbol{p}_1|)(c|\boldsymbol{p}_2|)\} = -\frac{1}{c^2}(E_1 E_2 + \widetilde{E}_1 \widetilde{E}_2) \tag{10.33}$$

ただし，$\widetilde{E}_1$ と $\widetilde{E}_2$ は，次式で定義しました.

$$\widetilde{E}_i \equiv c|\boldsymbol{p}_i| = \sqrt{E_i^2 - (m_i c^2)^2} \qquad (i = 1, 2) \tag{10.34}$$

したがって，(10.31) の s^2 は次のようになります.

$$s^2 = (m_1 c)^2 + (m_2 c)^2 + \frac{2}{c^2}(E_1 E_2 + \widetilde{E}_1 \widetilde{E}_2) \tag{10.35}$$

重心系でのローレンツ不変量 $s^2 = -P^\mu P_\mu$

まず，図 10.2 (b1) のように，入射粒子 1 と標的粒子 2 の全運動量がゼロとなる重心系で，2 粒子の衝突プロセスを考えてみましょう. 重心系での入射粒子 1 と標的粒子 2 の 4 元運動量は，実験室系と区別するために，ダッシュ（プライム）を付けた $p_1'^\mu$ と $p_2'^\mu$ で表すことにすると，全運動量 P'^μ の 3 次元運動量 $\boldsymbol{P}'$ に対して

$$\boldsymbol{P}' = \boldsymbol{p}_1' + \boldsymbol{p}_2' = \boldsymbol{0} \tag{10.36}$$

が成り立ちます. この (10.36) から

$$\boldsymbol{p}_1' = -\boldsymbol{p}_2' \equiv \boldsymbol{p}' \tag{10.37}$$

を得るので，重心系での 2 つの粒子の 4 元運動量は，(10.30) よりそれぞれ

$$\begin{cases} p_1'^\mu = (p_1'^0, \boldsymbol{p}_1') = \left(\dfrac{E_1'}{c}, \boldsymbol{p}'\right) \\[3mm] p_2'^\mu = (p_2'^0, \boldsymbol{p}_2') = \left(\dfrac{E_2'}{c}, -\boldsymbol{p}'\right) \end{cases} \tag{10.38}$$

のように与えられます. この場合のローレンツ不変量（(10.31) の s^2）を計算すると

$$s^2 = -P'^\mu P'_\mu = -P'^0 P'_0 - \sum_{i=1}^{3} P'^i P'_i = -P'^0 P'_0 - \boldsymbol{P}' \cdot \boldsymbol{P}' \quad (10.39)$$

のようになりますが, (10.36) を使うと

$$s^2 = -P'^0 P'_0 = -(p'^0_1 + p'^0_2)(p'_{10} + p'_{20}) = \frac{1}{c^2}(E'_1 + E'_2)^2 \quad (10.40)$$

のようになることがわかります.

　したがって, 重心系の全エネルギーを $E_{CM} = E'_1 + E'_2$ とすると, 重心系のローレンツ不変量 s^2 は次のようになります.

$$s^2 = \frac{E_{CM}^2}{c^2} \quad (10.41)$$

 Training 10.4

　電子 e^-（質量 m_{e^-}）と陽電子 e^+（質量 m_{e^+}）が衝突すると, 2 個の粒子は消滅（これを**対消滅**といいます）して, 2 個の光子 γ（質量 $m_\gamma = 0$）が生成されることがあります（$e^- + e^+ \to 2\gamma$）. しかし, 1 個の光子だけが生成されることはありません. その理由を説明しなさい. なお, m_{e^-} と m_{e^+} は等しいので, m_e として計算しなさい.

実験室系でのローレンツ不変量 $s^2 = -P^\mu P_\mu$

　一方, 実験室系での入射粒子 1 と標的粒子 2 の 4 元運動量を p_1^μ と p_2^μ で表すことにすると, それぞれの 4 元運動量は (9.52) より次のように与えられます.

$$\begin{cases} p_1^\mu = (p_1^0, \boldsymbol{p}_1) = \left(\dfrac{E_1}{c}, \boldsymbol{p}_1\right) \\[2mm] p_2^\mu = (p_2^0, \boldsymbol{p}_2) = \left(\dfrac{E_2}{c}, \boldsymbol{p}_2\right) = (m_2 c, \boldsymbol{0}) \end{cases} \quad (10.42)$$

そして, $E_2 = m_2 c^2$ を (10.35) に代入すると, ローレンツ不変量 s^2 は

$$s^2 = (m_1 c)^2 + (m_2 c)^2 + 2m_2 E_1 \quad (10.43)$$

のようになります.

 **Training 10.5**

陽電子 e$^+$ は，静止している電子 e$^-$ に光子 γ を当てる，次のようなプロセス
$$\gamma + e^- \quad \rightarrow \quad e^- + e^+ + e^-$$
で生成させることができます．この反応に必要な光子の最小エネルギー E_γ を求めなさい．ただし，電子（陽電子）と光子の4元運動量を p_e^μ と p_γ^μ としなさい．

10.2.2 加速器の2つのタイプ

高エネルギー加速器は，荷電粒子を直流高電圧や高周波電圧を用いて加速する装置です．こうして得られた高速の粒子を他の粒子や原子核と衝突させることによって，物質の極微な性質を調べることができます．

加速器は大別して，次の2つのタイプに分類できます．

▶ **固定ターゲット加速器**：図 10.4（a）の固定されたターゲット（標的）
   に粒子をぶつける．この場合，ターゲットには非常に多くの粒子が
   含まれているので，入射粒子との反応確率は高くなり，効率の良い実
   験ができる．

▶ **衝突ビーム加速器**：図 10.4（b）の入射ビーム（衝突させる粒子群のこ
   とで，**バンチ**ともいう）を互いに逆向きに加速させながら，衝突させ
   る．バンチの数が少ないため，反応確率は固定ターゲット型のよう
   に高くはできないが，同じ加速能力をもつ固定ターゲット加速器に
   比べると，遥かに巨大なエネルギーをもった衝突実験ができる．

(a) 固定ターゲット加速器   (b) 衝突ビーム加速器

図 10.4　加速器の2つのタイプ

固定ターゲット加速器でのローレンツ不変量 $s^2 = -P^\mu P_\mu$

固定ターゲット加速器のモデルとして，図 10.5 のように静止している標的粒子2（質量 m_2）に，入射エネルギー E_{in} をもった粒子1（質量 m_1）を衝

突させる場合を考えてみましょう.

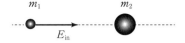

図 10.5 固定ターゲット加速器の
モデル

　この衝突プロセスは, 前項で述べた実験室系の図 10.2 (a1) と全く同じなので, ローレンツ不変量 s^2 は (10.43) の E_1 を E_{in} に変えた次式で与えられます[5].

$$s^2 = (m_1 c)^2 + (m_2 c)^2 + 2m_2 E_{in} \tag{10.44}$$

粒子衝突で利用できるエネルギーの限度は, 重心系の全エネルギー E_{CM} であり, E_{CM} と入射エネルギー E_{in} との関係は, (10.41) の $s^2 c^2 = E_{CM}^2$ と (10.44) から次式で与えられます.

$$E_{CM} = c\sqrt{(m_1 c)^2 + (m_2 c)^2 + 2m_2 E_{in}} \tag{10.45}$$

衝突ビーム加速器でのローレンツ不変量 $s^2 = -P^\mu P_\mu$

　一方, 衝突ビーム加速器のモデルとしては, 図 10.6 のように粒子 1 と粒子 2 が入射エネルギー $E_{1\,col}$ と $E_{2\,col}$ をもって正面衝突するプロセスを考えればよいので[6],

図 10.6 衝突ビーム加速器の
モデル

これは図 10.3 と本質的に同じプロセスです. そのため, ローレンツ不変量 s^2 は (10.35) の E_1 と E_2 を $E_{1\,col}$ と $E_{2\,col}$ に変えた次式で与えられます.

$$s^2 = (m_1 c)^2 + (m_2 c)^2 + \frac{2}{c^2}(E_{1\,col} E_{2\,col} + \widetilde{E}_{1\,col}\widetilde{E}_{2\,col}) \tag{10.46}$$

ここで, $\widetilde{E}_{1\,col}, \widetilde{E}_{2\,col}$ は (10.34) の $\widetilde{E}_i$ の添字を 1 col, 2 col に変えたものです.

　この場合の重心系の全エネルギー E_{CM} と衝突エネルギー ($E_{1\,col}$ と $E_{2\,col}$) との関係は, (10.41) の $s^2 c^2 = E_{CM}^2$ と (10.46) から次式で与えられます.

$$E_{CM} = \sqrt{(m_1 c^2)^2 + (m_2 c^2)^2 + 2(E_{1\,col} E_{2\,col} + \widetilde{E}_{1\,col}\widetilde{E}_{2\,col})} \tag{10.47}$$

超相対論的な近似

　高エネルギー加速器の中には, 電子や陽子を $10\,\mathrm{GeV}$ から $1000\,\mathrm{GeV}$ 以上のエネルギーにまで加速できるものがあります. このような加速器では, 電子や陽子の静止質量を無視した近似計算が許されます. なぜなら, 電子と陽子

---

5) E_{in} の in は入射粒子 (incident particle) の頭文字からとっています.

6) E_{col} の col は衝突ビーム加速器 (collider, コライダー) の頭文字からとっています.

の静止エネルギーはそれぞれ約 $m_e c^2 \approx 0.5\,\mathrm{MeV}$, $m_p c^2 \approx 1\,\mathrm{GeV}$ なので，加速器のエネルギーに比べて非常に小さいからです．

つまり，この近似計算が許される条件は，$E = m^* c^2 = \gamma m c^2 \gg m c^2$ を満たす場合なので，次式で与えられます．

$$\frac{E}{mc^2} = \frac{m^* c^2}{mc^2} = \gamma \gg 1 \tag{10.48}$$

この $\gamma \gg 1$ という条件を**超相対論的な近似**といいます．

したがって，超相対論的な近似のもとでの重心系の全エネルギー E_{CM} は，固定ターゲット加速器の（10.45）では

$$E_{\mathrm{CM}} = \sqrt{2 E_{\mathrm{in}} m_2 c^2} \tag{10.49}$$

となり，衝突ビーム加速器の（10.47）では次式になります．

$$E_{\mathrm{CM}} = 2\sqrt{E_{1\,\mathrm{col}} E_{2\,\mathrm{col}}} \tag{10.50}$$

（10.49）と（10.50）から，同じ重心エネルギー E_{CM} を得るために必要な入射粒子のエネルギーは，固定ターゲットと衝突ビームの間で

$$E_{\mathrm{in}} = \frac{2 E_{1\,\mathrm{col}} E_{2\,\mathrm{col}}}{m_2 c^2} \tag{10.51}$$

という関係があります．したがって，相対論的効果の大きくなる高エネルギーでは，固定ターゲットによる方法はエネルギーの観点から極めて非効率になることがわかります．

なお，ターゲットとビームが同種粒子（$m_1 = m_2 \equiv m$）の場合，$E_{1\,\mathrm{col}} = E_{2\,\mathrm{col}} \equiv E_{\mathrm{col}}$ と表すと，（10.51）は次のようになります．

$$E_{\mathrm{in}} = \frac{2 E_{\mathrm{col}}^2}{mc^2} \tag{10.52}$$

（10.52）からわかるように，衝突ビーム加速器のビームエネルギー E_{col} の2乗が固定ターゲット加速器の入射粒子のエネルギー E_{in} に，ほぼ相当します．例えば，$E_{\mathrm{col}} = 30\,\mathrm{GeV}$ の陽子ビームを正面衝突させるのと同じ効果を，固定ターゲット加速器の入射粒子の E_{in} で得ようと思えば，$E_{\mathrm{in}} =$ 約 $2000\,\mathrm{GeV}$ が必要になります．次の Exercise 10.2 で，具体的に計算してみましょう．

⚛ **Exercise 10.2**

　衝突ビーム加速器を使って，30 GeV のエネルギーをもつ陽子に同じ 30 GeV のエネルギーをもつ陽子を正面衝突させると，重心系のエネルギーは 60 GeV になります．いま，この 60 GeV のエネルギーを固定ターゲット加速器を使って得ようとすると，入射粒子の陽子にはどのくらいの入射エネルギー E_{in} が要求されるでしょうか？　次の 2 つの式を使って E_{in} を計算しなさい．ただし，陽子の質量は $m_p c^2 = 940 \times 10^6 \,\mathrm{eV} = 0.94 \,\mathrm{GeV}$ です．

(1)　(10.45) を使って計算しなさい．

(2)　(10.49) を使って計算しなさい．

Coaching　(1)　衝突させる 2 つの粒子の質量を m_1, m_2 とすると $m_1 = m_2 = m_p$ です．重心系のエネルギーは $E_{CM} = 30 + 30 = 60 \,\mathrm{GeV}$ なので，入射エネルギー E_{in} は (10.45) から次のようになります．

$$E_{in} = \frac{E_{CM}^2}{2 m_p c^2} - m_p c^2 = \frac{(60)^2}{2 \times 0.94} - 0.94$$
$$= 1914.89 - 0.94 = 1913.95 \,\mathrm{GeV} \tag{10.53}$$

(2)　(10.49) より次のようになります．

$$E_{in} = \frac{E_{CM}^2}{2 m_p c^2} = \frac{(60)^2}{2 \times 0.94} = 1914.89 \,\mathrm{GeV} \tag{10.54}$$

なお，この実験でのローレンツ因子 γ を計算すると，$\gamma = \dfrac{E}{mc^2} = \dfrac{30}{0.94} = 31.9 \gg 1$ となり，(10.48) の条件を満たしています．実際，(10.54) の値を (10.53) と比べると，超相対論的な近似の精度の良さがわかります．　■

　この Exercise 10.2 の計算結果からわかるように，素粒子反応に供給されるエネルギーの観点からは，衝突ビーム加速器の方が固定ターゲット加速器よりも遥かに優れています．事実，素粒子物理学の標準理論（ワインバーグ – サラム理論）は，ウィークボソン $W^{\pm}$（質量 80.4 GeV）と Z^0（質量 91.2 GeV）の発見で確立しましたが，この発見には $E_{col} = 300 \,\mathrm{GeV}$ の CERN（ヨーロッパ原子核研究機関のことで，スイスのジュネーブにあります）の SPS（陽子・反陽子コライダー，$\mathrm{S\bar{p}pS}$）が決定的な役割を果たしました．

 Training 10.6

S系に対して，それぞれ u と $-u$ の速度をもっている2粒子（共に静止質量 m）が，一直線上を運動して衝突するものとします.
  (1) 系全体の運動量 P とエネルギー E を求めなさい.
  (2) 衝突後の2粒子のそれぞれの速度を求めなさい. ただし，静止質量は不変とします.

10.3　粒子の散乱

　粒子の散乱問題はニュートン力学でもよく扱われるテーマの1つですが，同種粒子の弾性散乱（ビリヤード）を相対論的に計算すると興味深い現象が見つかります. その現象は簡単な霧箱や泡箱などで観測できるので，相対性理論の検証として科学史的に重要なものでした. また，コンプトン散乱（光子と電子の散乱）も量子力学の基礎を成すアインシュタインの「光量子仮説」に関わる科学史的に重要なものとなりました. そこで，相対性理論の実証となった，これら2つの重要な散乱問題を本書の最後に扱うことにしましょう.

10.3.1　同種粒子の弾性散乱とビリヤード

　ニュートン力学では，図 10.7 (a) のように，球1（質量 m）が，同じ大きさで同じ質量の静止している球2に速度 u で弾性散乱したとき，図 10.7 (b) のように，散乱後の速度 w_1, w_2 は互いに直交します（証明は Practice [10.6] を参照）. これは，ビリヤードなどで簡単に確かめられる結果です.

　このビリヤードを素粒子を使って行うと，相対論的効果により，散乱後の2粒子間の角度は 90° より小さくなります. このことを確かめてみましょう.

図 10.7　2つの球のビリヤード

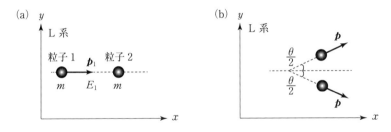

図10.8 同種粒子の弾性散乱

議論を簡単にするために，実験室系（L系）で図10.8（a）のように静止している粒子2（質量 m，エネルギー E_2，運動量 $\boldsymbol{p}_2$）に向かって粒子1（質量 m，エネルギー E_1，運動量 $\boldsymbol{p}_1$）が飛んでいき，衝突した後，図10.8（b）のように2つの粒子がエネルギー E，運動量 $\boldsymbol{p}$ で，それぞれ入射方向から角度 $\pm\dfrac{\theta}{2}$ に散乱する場合を考えてみましょう．ただし，散乱前後で粒子の質量は変わらないものとします．

散乱前の粒子2は静止しているので，$\boldsymbol{p}_2 = 0$ より $E_2 = mc^2$ となり，これを静止エネルギー E_0 で表すことにします．そうすると，エネルギーと運動量の保存則（10.1）から次式が成り立ちます[7]．

$$E_1 + E_0 = 2E, \qquad p_1 = 2p\cos\frac{\theta}{2} \tag{10.55}$$

また，エネルギー・運動量関係式（9.57）から次式が成り立ちます．

$$c^2 p_1^2 = E_1^2 - E_0^2, \qquad c^2 p^2 = E^2 - E_0^2 \tag{10.56}$$

ここで，入射粒子の運動エネルギーを K_1 とすると，エネルギー E_1 は，E_0 と K_1 の和で表せます．

$$E_1 = E_0 + K_1 \tag{10.57}$$

（10.57）と（10.55）を使って（10.56）を書き換えると，

$$c^2 p_1^2 = (E_0 + K_1)^2 - E_0^2 = K_1(2E_0 + K_1) \tag{10.58}$$

$$c^2 p^2 = \left(E_0 + \frac{K_1}{2}\right)^2 - E_0^2 = K_1\left(E_0 + \frac{K_1}{4}\right) \tag{10.59}$$

---

7) ここでは，$p_1 = |\boldsymbol{p}_1|$，$p = |\boldsymbol{p}|$ としています．

となり，これらを (10.55) の 2 番目の式に代入すると，次のようになります．

$$\cos^2 \frac{\theta}{2} = \frac{2E_0 + K_1}{4E_0 + K_1} \tag{10.60}$$

これに三角関数の公式

$$\cos \theta = 2 \cos^2 \frac{\theta}{2} - 1 \tag{10.61}$$

を適用すると，(10.60) は次のようになります．

$$\cos \theta = \frac{K_1}{4E_0 + K_1} \tag{10.62}$$

散乱角 θ の変化

運動エネルギー K_1 は (9.69) より $K_1 = (\gamma - 1)E_0$ と表せるので，(10.62) は次式で表せます．

$$\cos \theta = \frac{\gamma - 1}{\gamma + 3} \tag{10.63}$$

非相対論的極限 ($\gamma = 1$) の場合は，(10.63) は $\cos \theta = 0$ となるので，散乱角は $\theta = 90°$ になり，ニュートン力学のビリヤード散乱と同じ結果になります．一方，超相対論的極限 ($\gamma = \infty$) の場合は，(10.63) は $\cos \theta = 1$ となるので，散乱角は $\theta = 0°$ になります．したがって，相対論的効果が顕著になる $\gamma \gg 1$ の場合，散乱角 θ は 90° よりもかなり小さくなるので，実験で検証できる可能性があります．

実際，イギリスのチャンピオンがウィルソン霧箱の写真で電子散乱の角度を測り，(10.63) が成り立つことを実証しました (1932 年)．その後，高エネルギーの入射陽子による陽子 – 陽子衝突の泡箱写真でも観測されました．現在，この相対論的効果は，高エネルギー物理学ではポピュラーな現象の 1 つになっています．

なお，ビリヤードの問題を簡単にするため，図 10.8 (b) のように弾性衝突後の軌道に対称性を仮定しましたが，図 10.9 のように，散乱後の散乱角を非対称 (θ と ϕ) にしても，

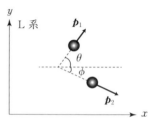

図 10.9　素粒子の弾性散乱

（計算は少し面倒になりますが）$\theta + \phi < 90°$ になることが証明できます.

10.3.2 コンプトン散乱

静止している原子や荷電粒子と光子が弾性散乱すると，光の振動数が小さくなる現象を**コンプトン散乱**といいます[8]．このコンプトン散乱は，アインシュタインの「光量子仮説」を実証する上で，非常に重要な現象でした.

図 10.10 のように，入射エネルギー E_0 をもつ光子が，静止している電子（質量 m）と衝突した後，光子は角度 θ の方向に E_0 よりも小さなエネルギー E_1 をもって散乱され，電子は角度 ϕ の方向にエネルギー E と運動量 $\boldsymbol{p}$ をもって跳ね飛ばされたとしましょう．そして，入射光子の向きを単位ベクトル $\hat{\boldsymbol{n}}_0$ で，散乱

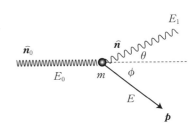

図 10.10 コンプトン散乱

光子の向きを単位ベクトル $\hat{\boldsymbol{n}}$ で表すことにすると，エネルギー保存則と運動量保存則はそれぞれ次のようになります.

$$E_0 + mc^2 = E_1 + E, \qquad \frac{\hat{\boldsymbol{n}}_0 E_0}{c} = \frac{\hat{\boldsymbol{n}} E_1}{c} + \boldsymbol{p} \qquad (10.64)$$

この実験では，散乱光子のエネルギー E_1 を測定しようとすると，(10.64) から E と $\boldsymbol{p}$ を消去しなければなりません．そのために，(9.57) のエネルギー・運動量関係式を利用します．E と $c\boldsymbol{p}$ は (10.64) から

$$E = E_0 - E_1 + mc^2, \qquad c\boldsymbol{p} = \hat{\boldsymbol{n}}_0 E_0 - \hat{\boldsymbol{n}} E_1 \qquad (10.65)$$

で与えられるので，それらの 2 乗は次のようになります.

$$E^2 = (E_0 - E_1)^2 + 2(E_0 - E_1)mc^2 + m^2 c^4 \qquad (10.66)$$

$$c^2 \boldsymbol{p}^2 = E_0^2 - 2E_0 E_1 \cos \theta + E_1^2 \qquad (10.67)$$

ただし，$\hat{\boldsymbol{n}}_0 \cdot \hat{\boldsymbol{n}} = \cos \theta$ を使いました.

(10.66) と (10.67) をエネルギー・運動量関係式 $E^2 = c^2 \boldsymbol{p}^2 + m^2 c^4$ に代入すると，

---

8) 電磁気学によれば，光が電子に当たると，電子は光と同じ振動数で揺れ，再びそれと同じ振動数の光を発射するので，散乱された光は入射光と同じ振動数をもつはずです.

$$2E_0 E_1 (1 - \cos\theta) - 2(E_0 - E_1)mc^2 = 0 \tag{10.68}$$

となり，この（10.68）を $2E_0 E_1 mc^2$ で割ると次のようになります．

$$\frac{1}{E_1} = \frac{1}{E_0} + \frac{1}{mc^2}(1 - \cos\theta) \tag{10.69}$$

したがって，入射光子が角度 θ の方向に散乱されると，（10.69）に従って，光子のエネルギーは E_0 から E_1 に減少します．この（10.69）を**コンプトンの式**といいます．

「光量子仮説」では，光子のエネルギー E_1 はプランク定数 h と光の振動数 ν の積

$$E_1 = h\nu \tag{10.70}$$

で与えられます．ここで $\nu = \dfrac{c}{\lambda}$（λ は光の波長）を使うと，（10.69）の $\dfrac{1}{E_1}$ と $\dfrac{1}{E_0}$ はそれぞれ $\dfrac{1}{E_1} = \dfrac{\lambda}{hc}$，$\dfrac{1}{E_0} = \dfrac{\lambda_0}{hc}$ とおけるので，（10.69）は

$$\lambda - \lambda_0 = \frac{h}{mc}(1 - \cos\theta) \tag{10.71}$$

となり，要するに，散乱光子の波長 λ は係数 $(1 - \cos\theta)$ に比例して長くなります．

（10.71）の定数 $\dfrac{h}{mc}$ は**コンプトン波長**という量で[9]，プランク定数 $h = 6.626 \times 10^{-34}$J·s を代入すると，電子のコンプトン波長は

$$\frac{h}{mc} = \frac{6.626 \times 10^{-34}\text{J·s}}{mc} \approx 0.02424\text{Å} = 2.4 \times 10^{-12}\text{m} \tag{10.72}$$

になります．なお，Å（オングストロームといいます）は，原子物理学や光学などで使用される単位で，$1\text{Å} = 10^{-10}$m です．

9）定数 $\dfrac{h}{mc}$ が波長と同じ次元をもつことは，（10.71）から明らかです．なぜなら，左辺は「波長」の次元で，右辺の $(1 - \cos\theta)$ は無次元であるため，両辺の次元が一致するためには $\dfrac{h}{mc}$ の次元が波長でなければならないからです．

Exercise 10.3

入射光子の波長が $\lambda_0 = 0.80\,\text{Å}$ の X 線で，散乱角が $\theta = 60°$ であったとします．このときの散乱光子の波長 λ を計算しなさい．

Coaching $\theta = 60°\,(\cos 60° = 0.5)$ を (10.71) に代入すると，次のようになります．

$$\lambda = \lambda_0 + \frac{h}{mc}\,(1 - \cos\theta) = 0.80 + 0.024(1 - 0.5)$$
$$= 0.80 + 0.012 \approx 0.81\,\text{Å} \tag{10.73}$$

この結果から，散乱光子の波長 λ は入射光子の波長 λ_0 よりも $0.01\,\text{Å}$ だけ長くなることがわかります． ■

なお，相対論的な速度で動いている電子によって光子が散乱される場合には，図 10.10 のプロセスとは逆に，散乱光子の振動数が大きくなります（つまり，散乱光子の波長が短くなります）．これは**逆コンプトン散乱**という現象で，非常に高温の星の中ではこの現象が起こっています．また，高エネルギー宇宙線の中の荷電粒子が**宇宙マイクロ波背景輻射**（CMB）と衝突し，光にエネルギーを奪われる現象としても観測されます．

ちなみに，CMB とは宇宙初期が熱平衡状態であった名残（なごり）の電磁波で，全天で等方的に観測されるマイクロ波であり，そのスペクトルは温度が約 3 K のプランク分布をしています．

量子力学で学ぶように，このコンプトン散乱は，光の粒子的な性質（光子）を示す現象として，量子力学を構築するときに中心的役割を果たした重要な現象です．このように，ニュートン力学を相対論化することにより，物質粒子の相対論的な運動量やエネルギーの形式が，ミクロな世界においても重要な役割を果たすことが明らかになりました．アインシュタインの特殊相対性理論は，論理的に一貫性をもった理論というだけでなく，応用的にもマクロな現象からミクロな現象までをカバーする，ロマンに満ちた学問なのです．

☕ Coffee Break 〜〜〜〜〜〜〜〜〜〜〜〜〜〜〜〜〜〜〜〜〜〜〜〜〜〜〜〜〜〜

暗雲を吹き飛ばしたアインシュタイン

「19世紀の2つの暗雲」は，「エーテルに対する地球の運動」と「熱放射のスペクトルに関する問題」であると，イギリスのケルヴィン卿が19世紀から20世紀へ移ろうとする1900年4月に学会で講演したとき，いずれ暗雲は古典物理学の力で吹き飛ばされるだろうと，ケルヴィン自身のみならず，多くの科学者たちは楽観的に考えていました．しかし，これらの暗雲はさらに激しい嵐となり，古典物理学の土台を揺さぶりました．この暗雲を吹き飛ばして，澄みわたる青空に変えたのは，20世紀初頭から25年ほどの間に誕生した「相対性理論」と「量子力学」でした．

驚くべきことは，それらの誕生に，アインシュタインが決定的な役割を果たしていたという事実です．さらに興味深いことは，共に光が関係することで，1つは「光速度不変の原理」，もう1つは「光量子仮説」です．これらがアインシュタインによって発表された1905年は，まるで奇跡のような稲妻の光が走り，暗雲を吹き飛ばした年でした．

その後，アインシュタインは量子力学の確率解釈に批判的であったため，局所実在論に基づく「EPRパラドックス[10]」を提唱しましたが，「ベルの不等式の破れ」のアスペたちによる検証（1982年）から，パラドックスではなく量子力学に内在する固有の相関（EPR相関）であることがわかりました．そして，EPR相関による**量子もつれ**（エンタングルメント）は，今日，**量子情報科学**の分野において「量子テレポーテーション」，「量子コンピュータ」，「量子暗号」などの最先端の技術の理論的な基礎になっています．

これらの事実を思うと，アインシュタインの稲妻のような天才的閃きとその直観の鋭さに驚嘆するばかりです．

〜〜〜〜〜〜〜〜〜〜〜〜〜〜〜〜〜〜〜〜〜〜〜〜〜〜〜〜〜〜〜〜〜〜〜〜〜〜

---

10) 量子力学の不完全性を示すパラドックスとして，アインシュタイン，ポドルスキー，ローゼンたちが1935年に提唱した理論です．

本章のPoint

▶ **2体崩壊**：1個の粒子（**母粒子**）が2個の粒子（**娘粒子**）に崩壊する現象である．

▶ **2体崩壊でのエネルギーと運動量の保存則**：母粒子の4元運動量 P^μ と崩壊後の2個の娘粒子の4元運動量 p_1^μ, p_2^μ の間に $P^\mu = p_1^\mu + p_2^\mu$ が成り立つ．

▶ **母粒子の崩壊する可能性**：母粒子の質量が M，娘粒子の質量が m_1, m_2 であるとき，$M > m_1 + m_2$ であれば，母粒子は崩壊する可能性がある．

▶ **実験室系**：片方の粒子が静止して見える系をいう．例えば，粒子2の最初の静止位置を原点にとった座標系である．

▶ **重心系（質量中心系）**：全運動量 P^μ がゼロとなる系のこと．

▶ **ローレンツ不変量を利用して求める計算法**：$s^2 = -P^\mu P_\mu$ はローレンツ変換に対して不変な量なので，s^2 を利用することで，重心系や実験室系での粒子の衝突エネルギーや運動量や速度などを効率良く計算できる．

▶ **高エネルギー加速器**：高エネルギー加速器は，素粒子の反応を調べるために不可欠な装置で，**固定ターゲット型**と**衝突ビーム型**の2種類に大別される．

▶ **同種粒子の弾性散乱**：散乱後の2粒子の散乱角 θ は $\cos\theta = \dfrac{\gamma - 1}{\gamma + 3}$ で決まるので，$\gamma > 1$ で θ は 90° よりも小さくなる（図10.8（b）を参照）．これは，ニュートン力学のビリヤード散乱との顕著な違いである．

▶ **コンプトン散乱**：静止している原子や荷電粒子と光子が弾性散乱すると，光の振動数が小さくなる現象をいう．量子力学の基礎になる「光量子仮説」を実証する上で，重要な現象であった．

Practice

[10.1] 光子ロケットの最終速度

ロケットの推進材として純粋に光子の放射のみを用いたロケットのことを光子ロケットといいます. この光子ロケットの始めと終わりの静止質量を $M_\mathrm{i}, M_\mathrm{f}$ とすると, 始めの静止系に対するロケットの最終速度は次式で与えられることを示しなさい.

$$\frac{M_\mathrm{i}}{M_\mathrm{f}} = \sqrt{\frac{c+v}{c-v}} \tag{10.74}$$

[10.2] 固定ターゲット加速器による実験

陽子に 300 GeV の運動エネルギーを与えることができる固定ターゲット加速器があります.

$$\mathrm{p} + \mathrm{p} \quad \rightarrow \quad \mathrm{p} + \mathrm{p} + \mathrm{X}$$

のような過程で, 静止している陽子に高速の陽子を当てて粒子 X をつくるとき, 生成される粒子の最大質量 $M_\mathrm{X} c^2$ を計算しなさい. 1 個の陽子の静止質量 mc^2 は 0.940 GeV です. (ヒント:入射粒子と生成粒子の 4 元運動量をそれぞれ p_1, p_2 と p_3, p_4, p_X として, エネルギー・運動量の保存則を利用しなさい.)

[10.3] 粒子 A から見た粒子 B の全エネルギー

2 つの同種粒子 A, B が一直線上で互いに近づいています. それらの速さ v は, 実験室系から見て一定で, いずれも同じです. 粒子 A から見た, 粒子 B の全エネルギー E が

$$E = \frac{1 + \beta^2}{1 - \beta^2} Mc^2 \tag{10.75}$$

であることを示しなさい. ただし, M は粒子の静止質量です.

[10.4] ラジウムの α 崩壊

静止しているラジウム 226 (質量数 226) が α 崩壊したときの娘粒子の運動量 p と c との比 $\dfrac{p}{c}$ を求めなさい. また, α 粒子ともう一方の娘粒子の速さの比を求めなさい. ただし, α 崩壊により放出されるエネルギーは 4.8 MeV で, 1 原子量のエネルギーは 931 MeV です. なお, α 粒子の質量数は 4 です.

[10.5] 電子と陽電子の対消滅と PET

重心系における電子と陽電子の対消滅において

$$\mathrm{e}^- + \mathrm{e}^+ \quad \rightarrow \quad \gamma_\mathrm{A} + \gamma_\mathrm{B}$$

という反応が許されるための光子のそれぞれの角振動数 $\omega_\mathrm{A}, \omega_\mathrm{B}$ は

$$\omega_\mathrm{A} = \omega_\mathrm{B} = \frac{c}{\hbar} \sqrt{m_\mathrm{e}^2 c^4 + \boldsymbol{p}_\mathrm{e}^2 c^2} \tag{10.76}$$

のようになること，つまり，電子と陽子のもっていたエネルギーがそのまま光子の
エネルギーに変わることを示しなさい．なお，光子のエネルギーは $E_\gamma = \hbar\omega$ で与
えられます（$\hbar$ はディラック定数で，$\hbar = h/2\pi$）．

ちなみに，この反応は**陽電子画像診断**（PET[11]）とよばれ，医療技術に応用され
ている重要な反応です．

[10.6] ビリヤードの衝突問題

10.3.1 項のビリヤードの衝突問題において，ニュートン力学では衝突後の速度
$\boldsymbol{w}_1$ と $\boldsymbol{w}_2$ が

$$\boldsymbol{w}_1 \cdot \boldsymbol{w}_2 = 0 \tag{10.77}$$

となることを示しなさい．

[10.7] コンプトン散乱での反跳電子の運動エネルギー

10.3.2 項のコンプトン散乱 $\gamma + \mathrm{e} \to \gamma + \mathrm{e}$ において，入射光子と散乱光子の振
動数をそれぞれ ν_0 と ν とすると，反跳電子の運動エネルギー $T = E - mc^2 = h\nu_0$
$- h\nu$ は次式で与えられることを示しなさい．

$$T = h\nu \frac{\Phi}{1 - \Phi}, \qquad \Phi(\theta) \equiv \frac{2h\nu}{mc^2} \sin^2 \frac{\theta}{2} = \frac{2h}{\lambda mc} \sin^2 \frac{\theta}{2} \tag{10.78}$$

ただし，λ は散乱された光子の波長，θ は光子が衝突後に入射方向となす角です．

11） Positron Emission Tomography の略称で，ペットと読みます．

Training と Practice の略解

（詳細解答は，本書の Web ページを参照してください.）

Training

1.1 $v_x = \dfrac{dx(t)}{dt} = \dfrac{d(x'(t') + Vt')}{dt} = \dfrac{dx'(t')}{dt} + V\dfrac{dt'}{dt} = \dfrac{dx'}{dt'}\dfrac{dt'}{dt} + V\dfrac{dt'}{dt}$

$= \left(\dfrac{dx'}{dt'} + V\right)\dfrac{df(t)}{dt} = (v'_x + V)\dfrac{df(t)}{dt}$

1.2 $c = \sqrt{\dfrac{1}{\mu_0 \varepsilon_0}} = \sqrt{\dfrac{1}{(8.8541878 \times 10^{-12}\,\mathrm{F/m})(4\pi \times 10^{-7}\,\mathrm{H/m})}} = 2.9979 \times 10^8\,\mathrm{m/s}$

2.1 (2.2) の両辺から t_A を引くと次式のようになります.

$$t_\mathrm{B} - t_\mathrm{A} = \frac{\bar{t}_\mathrm{A} + t_\mathrm{A}}{2} - t_\mathrm{A} = \frac{\bar{t}_\mathrm{A} - t_\mathrm{A}}{2} \qquad ①$$

距離 D を光速度 c で割った量 $\dfrac{D}{c}$ は，点 A から発した光が点 B で反射してから点 A に戻るまでの時間（図 2.2（a）の $\bar{t}_\mathrm{A} - t_\mathrm{A}$）の半分なので，

$$\frac{\bar{t}_\mathrm{A} - t_\mathrm{A}}{2} = \frac{D}{c} \qquad ②$$

となります．したがって，②を①の右辺に代入すると，(2.3) に一致します.

2.2 (2.9) の左辺の c は $c - V$，(2.10) の左辺の c は $c + V$ となるので，$ct_1 = ct_2 = l$ になります．このため，どちらの系で見ても，時計は同時刻（$t_1 = t_2$）を指すので，「同時刻の相対性」という現象は生じません.

2.3 $\gamma = \dfrac{5}{4}$ なので，$l_0 = 5$ に対して $l = 4\left(= \dfrac{1}{\gamma} \times l_0 = \dfrac{4}{5} \times 5\right)$ となります.

3.1 $x = \gamma(x' + Vt')$ を $x' = \gamma(x - Vt)$ の右辺の x に代入すると
$$x' = \gamma\{\gamma(x' + Vt') - Vt\} = \gamma^2 x' + \gamma^2 Vt' - \gamma Vt$$
となるので，これから γVt について解けばよいだけです．このとき，$\gamma^2(1 - \beta^2) = 1$ より
$1 - \gamma^2 = -\beta^2\gamma^2 = -\dfrac{\beta^2}{1 - \beta^2}$ に注意すると，次式になります.

$$\gamma Vt = \gamma^2 Vt' - (1 - \gamma^2)x' = \gamma^2 Vt' + \frac{\beta^2}{1 - \beta^2}x'$$

$$= \gamma^2 Vt' + \gamma^2 \beta^2 x'$$

この両辺を γV で割ると，次のように (3.13) の t の式が導けます．

$$t = \gamma t' + \frac{\gamma^2 \beta^2 x'}{\gamma V} = \gamma t' + \frac{\gamma \beta^2 x'}{V} = \gamma\left(t' + \frac{\beta}{c}x'\right)$$

(3.13) の t' の式も，$x' = \gamma(x - Vt)$ を $x = \gamma(x' + Vt')$ の右辺の x' に代入して，同様な計算をすれば導くことができます．

3.2　速度の上限値を光速度 c とすると，$v_{\mathrm{P}} = c, v'_{\mathrm{P}} = c$ とおけるので，53 頁の脚注 4) の式 $v'_{\mathrm{P}} v_{\mathrm{P}} = a^2(v_{\mathrm{P}} - V)(v'_{\mathrm{P}} + V)$ は

$$c^2 = a^2(c - V)(c + V)$$

となるので，a^2 は次のように与えられます．

$$a^2 = \frac{c^2}{(c - V)(c + V)} = \frac{1}{(1 - \beta)(1 + \beta)} = \frac{1}{1 - \beta^2}$$

ここで，$V \to 0$ $(\beta \to 0)$ のとき x と x' は一致するので，$a > 0$ でなければなりません．したがって，上式から

$$a = \frac{1}{\sqrt{1 - \beta^2}}$$

のように，(3.11) が導けます．この式は (2.6) で定義した γ と同じものです．

3.3　$u_x = \dfrac{u'_x + V}{1 + \dfrac{\beta}{c}u'_x} = \dfrac{c + V}{1 + \dfrac{\beta}{c}c} = c\dfrac{c + V}{c + V} = c$

3.4　$V = \dfrac{V_1 + V_2}{1 + \dfrac{V_1 V_2}{c^2}} = \dfrac{c + c}{1 + \dfrac{cc}{c^2}} = \dfrac{2c}{2} = c$

4.1　(1.21) は，左辺の三角関数は無次元量であるのに，右辺の速度 V は「長さ ÷ 時間 $\left(\dfrac{L}{T}\right)$」の次元をもつので，次元的には正しくない式です．一方，(4.2) は，$\dfrac{V}{c}$ が無次元なので正しい式です．その理由は，ミンコフスキー空間の縦軸の時間座標 ct が横軸の x 座標と同じ「長さの次元」をもつからです．

4.2　次頁の図 1 (a) のとき，図 1 の (b) と (c) のようになります．

4.3　どちらから見てもローレンツ収縮して，長さは $l_0\sqrt{1 - \beta^2}$ になります．

4.4　2 つの事象が S 系では同じ場所で起こったので，$\Delta x = 0$ とおいた不変量 $(\Delta s)^2$ は，

$$(\Delta s)^2 = (\Delta x)^2 - (c\,\Delta t)^2 = 0^2 - (10c)^2 = -100c^2\mathrm{s}^2$$

です．$(\Delta s)^2$ の値はどの系でも同じなので，S′ 系では次式が成り立ちます．

$$-100c^2\mathrm{s}^2 = (\Delta x')^2 - (c\,\Delta t')^2 = (\Delta x')^2 - (20c)^2 = (\Delta x')^2 - 400c^2\mathrm{s}^2$$

これを解くと，$(\Delta x')^2 = 300c^2\mathrm{s}^2$，したがって，$\Delta x' = \sqrt{300}c = 17.3c\mathrm{s}$ になります．

4.5　不変量 $(\Delta s)^2$ は，S 系で計算すると次のようになります．

$$(\Delta s)^2 = (\Delta x)^2 - (c\,\Delta t)^2 = (3000)^2 - 0^2 = 9 \cdot 10^6$$

したがって，S′ 系での $(\Delta s)^2$ は

$$9 \cdot 10^6 = (\Delta x')^2 - (c\,\Delta t')^2 = (5000)^2 - (c\,\Delta t')^2 = 25 \cdot 10^6 - (c\,\Delta t')^2$$

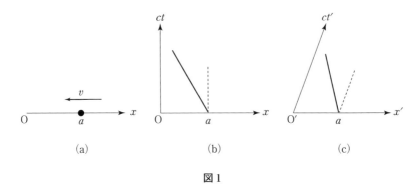

図 1

となります．これを解くと，$(c\,\varDelta t')^2 = 16\cdot10^6$ となるので，時間間隔は $\varDelta t' = \dfrac{4\cdot10^3}{c} = 1.15\cdot10^{-5}\,\mathrm{s}$ になります．

4.6 $\gamma = \dfrac{1}{\sqrt{1-\beta^2}}$ と $\cosh\eta = \dfrac{1}{\sqrt{1-\tanh^2\eta}}$ を比べると，$\cosh\eta = \gamma,\tanh\eta = \beta$ を得ます．したがって，$\sinh\eta = \sinh\eta = \tanh\eta\cosh\eta = \beta\gamma$ となります．

4.7 図 4.17 (a) の破線は，棒端 $x' = 1$ の世界線を表しています．この世界線と x 軸との交点の座標 $x = 0.8$ $\left(x = \dfrac{1}{\gamma}x' = \dfrac{4}{5}\times1 = 0.8\right)$ が，S 系から見た棒の長さです．一方，図 4.17 (b) の破線は，棒端 $x = 1$ の世界線を表しています．この世界線と x' 軸との交点の座標 $x' = 0.8$ $\left(x' = \dfrac{1}{\gamma}x = \dfrac{4}{5}\times1 = 0.8\right)$ が，S′ 系から見た棒の長さです．図 4.17 から，相対速度 V で運動している棒は（静止している系から見ると）$\dfrac{1}{\gamma}$ だけ縮んで見えることがわかります．

5.1 寿命 τ はこの粒子の固有時です．$\beta = 0.6 = \dfrac{3}{5}$ は $\gamma = \dfrac{5}{4}$ なので，飛行中の寿命 t は，「時計の遅れ」により $t = \gamma\tau = \dfrac{5}{4}\tau = 1.25\tau$ となり，寿命が 1.25 倍に伸びます．

5.2 「時計の遅れ」による ct_B と「同時刻の相対性」による $c\,\varDelta t$ の 2 つの効果が折り合いを付けて，正しい時刻になることがわかります．

5.3 兄 A は 4 光年後に M に到着（$ct'_M = 4$）しますが，このときの弟 B の時刻 ct_{M1} は「時計の遅れ」により $ct_{M1} = \dfrac{ct'_M}{\gamma} = 4\times\dfrac{4}{5} = 3.2$ です．一方，兄 A がロケットで方向転換した瞬間に，弟 B の方は $\varDelta ct = ct_{M2} - ct_{M1} = 3.6$ だけ時間がジャンプ（不連続な変化）します．そのため，2 人が再会したとき，兄 A の時間経過は $ct' = 8$，弟 B の時間経過は $ct = 6.4$（時計の遅れ）と $\varDelta ct = 3.6$（ジャンプ）の和 $ct = 10$ になり，兄 A の方が若いと

いう結論は変わりません.

5.4 観測値 $\lambda' = 588.0\,\mathrm{nm}$ と D 線の固有波長 $\lambda = 589.0\,\mathrm{nm}$ から $\Delta\lambda = \lambda' - \lambda = -1\,\mathrm{nm}$ となるので,(5.26) より $z = -0.0017$,(5.27) より $\beta = -0.0017$ を得ます.したがって,この星は速度 $v = 510\,\mathrm{km/s}$ で観測者に近づいています.

6.1 (6.5) と (6.10) を (6.23) の 2 番目の式((6.4) と等価な式)に代入します.

$$\boldsymbol{x} = (x^1 \ x^2) R^T R \begin{pmatrix} \boldsymbol{e}_1 \\ \boldsymbol{e}_2 \end{pmatrix} = (x^1 \ x^2) R^{-1} R \begin{pmatrix} \boldsymbol{e}_1 \\ \boldsymbol{e}_2 \end{pmatrix} = (x^1 \ x^2) \begin{pmatrix} \boldsymbol{e}_1 \\ \boldsymbol{e}_2 \end{pmatrix}$$

この右辺は (6.3) に一致するので,ベクトル $\boldsymbol{x}$ は不変であることがわかります.

6.2 (6.40) の真ん中の辺は,ベクトルの反変成分 A^i と共変基底ベクトル $\boldsymbol{e}_i$ の積で,最右辺はベクトルの共変成分 A_i と反変基底ベクトル $\boldsymbol{e}^i$ の積です.どちらの式も反変的な量と共変的な量の組み合わせなので,それぞれの変換行列が互いに打ち消し合い,(6.40) が成り立つことになります.

6.3 (6.72) の右辺に (6.68) の x'^μ を代入すると次式になります.

$$\eta_{\mu\nu} x^\mu x^\nu = \eta_{\mu\nu} x'^\mu x'^\nu = \eta_{\mu\nu} (\Lambda^\mu{}_\rho x^\rho)(\Lambda^\nu{}_\sigma x^\sigma) = \eta_{\mu\nu} (\Lambda^\mu{}_\rho)(\Lambda^\nu{}_\sigma) x^\rho x^\sigma$$

この両辺は等しいので,右辺の $x^\rho x^\sigma$ のダミー添字を変えて $x^\mu x^\nu$ とすれば(つまり,$\mu \leftrightarrow \rho, \nu \leftrightarrow \sigma$ に変えると),右辺は $\eta_{\mu\nu}(\Lambda^\mu{}_\rho)(\Lambda^\nu{}_\sigma) = \eta_{\rho\sigma}\Lambda^\rho{}_\mu\Lambda^\sigma{}_\nu$ となり (6.73) に一致します.

6.4 (6.80) の 1 番目の式の解:(6.77) を $x'_\mu = \eta_{\mu\nu} x'^\nu$ と表し,この右辺の x'^ν にローレンツ変換 (6.57) を代入すると,$x'_\mu = \eta_{\mu\nu} x'^\nu = \eta_{\mu\nu}\Lambda^\nu{}_\rho x^\rho$ となります.この式の x^ρ の添字を下げて共変ベクトルにするために,$x^\rho = \eta^{\rho\sigma} x_\sigma$ を代入すると,$x'_\mu = \eta_{\mu\nu}\Lambda^\nu{}_\rho\eta^{\rho\sigma} x_\sigma = \Lambda_\mu{}^\sigma x_\sigma$ のようになるので,σ を ν に変えれば,(6.80) の 1 番目の式になります.

(6.80) の 2 番目の式の解:(6.80) の 1 番目の式の両辺に,左側から $\Lambda^\mu{}_\rho$ を掛けると,$\Lambda^\mu{}_\rho x'_\mu = \Lambda^\mu{}_\rho\Lambda_\mu{}^\nu x_\nu = \delta^\nu_\rho x_\nu = x_\rho$ となり,(6.80) の 2 番目の式が導けます.

6.5 (1) 反変テンソル場 $T^{\mu\nu}(x) = B^\mu(x) C^\nu(x)$ の右辺を,$B^\mu = \eta^{\mu\lambda} B_\lambda$ と $C^\nu = \eta^{\nu\sigma} C_\sigma$ で書き換えると,$T^{\mu\nu}$ は次式になります.

$$T^{\mu\nu} = (\eta^{\mu\lambda} B_\lambda)(\eta^{\nu\sigma} C_\sigma) = \eta^{\mu\lambda}\eta^{\nu\sigma} B_\lambda C_\sigma$$

ここで,共変テンソル場を $T_{\lambda\sigma} = B_\lambda C_\sigma$ で定義すると,この式は

$$T^{\mu\nu} = \eta^{\mu\lambda}\eta^{\nu\sigma} T_{\lambda\sigma}$$

と書けるので,(6.91) になることがわかります.

(2) (6.91) を使って,(6.87) の両辺を次のように書き換えます.

$$((6.87) \text{ の左辺}) = T'^{\mu\nu}(x') = \eta^{\mu a}\eta^{\nu b} T'_{ab}(x') \qquad \text{①}$$

$$((6.87) \text{ の右辺}) = \Lambda^\mu{}_\rho\Lambda^\nu{}_\sigma T^{\rho\sigma}(x) = \Lambda^\mu{}_\rho\Lambda^\nu{}_\sigma\eta^{\rho\alpha}\eta^{\sigma\beta} T_{\alpha\beta}(x) \qquad \text{②}$$

「① = ②」式の両辺に,左側から $(\eta^{\mu a})^{-1}(\eta^{\nu b})^{-1}$ を掛けると,$(\eta^{\mu a})^{-1}(\eta^{\nu b})^{-1}\eta^{\mu a}\eta^{\nu b} = I$(単位行列)より次式を得ます.

$$T'_{ab}(x') = (\eta^{\mu a})^{-1}(\eta^{\nu b})^{-1}\Lambda^\mu{}_\rho\Lambda^\nu{}_\sigma\eta^{\rho\alpha}\eta^{\sigma\beta} T_{\alpha\beta}(x) \qquad \text{③}$$

次に,(6.73) の関係式 $\eta_{\mu\nu} = \Lambda^\rho{}_\mu\eta_{\rho\sigma}\Lambda^\sigma{}_\nu$ に,左側から $(\eta_{\mu\nu})^{-1}$ を掛けた式

$$(\eta_{\mu\nu})^{-1}\eta_{\mu\nu} = (\eta_{\mu\nu})^{-1}\Lambda^\rho{}_\mu\eta_{\rho\sigma}\Lambda^\sigma{}_\nu \qquad \text{④}$$

をつくります．④の両辺に，右側から $(\Lambda^\sigma{}_\nu)^{-1}$ を掛けて，$(\Lambda^\sigma{}_\nu)^{-1} = (\eta_{\mu\nu})^{-1}\Lambda^\rho{}_\mu\eta_{\rho\sigma}$ をつくり，$(\eta_{\mu\nu})^{-1} = \eta^{\mu\nu}$ を使うと，次式を得ます（ただし，$(\eta_{\mu\nu})^{-1}\eta_{\mu\nu} = I$，$(\Lambda^\sigma{}_\nu)^{-1}\Lambda^\sigma{}_\nu = I$ を使いました）．

$$\Lambda_\sigma{}^\nu = \eta_{\rho\sigma}\Lambda^\rho{}_\mu\eta^{\mu\nu} \qquad ⑤$$

③の右辺は，⑤を使うと，次のように書くことができます．

$$\begin{aligned}
T'_{ab}(x') &= \{(\eta^{\mu a})^{-1}\Lambda^\mu{}_\rho\eta^{\rho\alpha}\}\{(\eta^{\nu b})^{-1}\Lambda^\nu{}_\sigma\eta^{\sigma\beta}\}T_{\alpha\beta}(x)\\
&= (\eta_{\mu a}\Lambda^\mu{}_\rho\eta^{\rho\alpha})(\eta_{\nu b}\Lambda^\nu{}_\sigma\eta^{\sigma\beta})T_{\alpha\beta}(x)\\
&= \Lambda_a{}^\alpha\Lambda_b{}^\beta T_{\alpha\beta}(x) \qquad ⑥
\end{aligned}$$

ここで，フリー添字 a, b を μ, ν に，ダミー添字 α, β を ρ, σ に変えると，⑥は (6.90) に一致することがわかります．ちなみに，⑤の $\eta_{\rho\sigma}\Lambda^\rho{}_\mu\eta^{\mu\nu} = \Lambda_\sigma{}^\nu$ は「添字の上げ下げのルール」からも簡単に導ける式であることに注意してください．

7.1 アンペール－マクスウェルの法則 (7.4) を時間微分すると，次のようになります．

$$\mathbf{0} = \frac{\partial}{\partial t}\left(\nabla\times\boldsymbol{B} - \mu_0\varepsilon_0\frac{\partial\boldsymbol{E}}{\partial t}\right) = \nabla\times\left(\frac{\partial\boldsymbol{B}}{\partial t}\right) - \mu_0\varepsilon_0\frac{\partial^2\boldsymbol{E}}{\partial t^2}$$

ここで，この式の右辺を，ファラデーの法則 (7.3) とベクトル解析の公式 $\nabla\times(\nabla\times\boldsymbol{E}) = \nabla(\nabla\cdot\boldsymbol{E}) - \nabla^2\boldsymbol{E}$ で次のように書き換えます．

$$\mathbf{0} = -\nabla\times(\nabla\times\boldsymbol{E}) - \mu_0\varepsilon_0\frac{\partial^2\boldsymbol{E}}{\partial t^2} = -\nabla(\nabla\cdot\boldsymbol{E}) + \nabla^2\boldsymbol{E} - \mu_0\varepsilon_0\frac{\partial^2\boldsymbol{E}}{\partial t^2}$$

さらに $\nabla\cdot\boldsymbol{E} = 0$ を用いると，(7.5) になります．

7.2 電場の x 成分 E_x は (7.16) の $E_x = c(\partial_1 A_0 - \partial_0 A_1)$ で与えられているので，これを反変ベクトルに書き換えると，次のようになります．

$$E_x = c(\partial_1 A_0 - \partial_0 A_1) = c\{\partial^1(-A^0) - (-\partial^0)A^1\} = -c(\partial^1 A^0 - \partial^0 A^1)$$

電場の y, z 成分と磁場も同様な計算で導くことができます．

8.1 f'_{31} は，$\Lambda_3{}^3 = 1$ 以外はすべてゼロなので，次式より (8.13) となります．

$$f'_{31} = \Lambda_3{}^\rho\Lambda_1{}^\sigma f_{\rho\sigma} = \Lambda_3{}^3\Lambda_1{}^\sigma f_{3\sigma} = \Lambda_1{}^1 f_{31} + \Lambda_1{}^0 f_{30} = \gamma f_{31} + \gamma\beta f_{30}$$

一方，f'_{12} は，$\Lambda_2{}^2 = 1$ 以外はすべてゼロなので，次式より (8.14) になります．

$$f'_{12} = \Lambda_1{}^\rho\Lambda_2{}^\sigma f_{\rho\sigma} = \Lambda_1{}^\rho\Lambda_2{}^2 f_{\rho 2} = \Lambda_1{}^1 f_{12} + \Lambda_1{}^0 f_{02} = \gamma f_{12} + \gamma\beta f_{02}$$

8.2 Exercise 8.1 をまねれば導けます．

8.3 (8.37) と図 8.3 から，$v\to c$ の極限では θ がゼロに非常に近い場合を除けば電場 $\boldsymbol{E}\to\mathbf{0}$ で，電場は $\boldsymbol{v}$ に直角な平面内に集中します．

8.4 絶縁棒 A を中心軸にした仮想的な円筒面（半径 d，長さ l'）を考えて，「電場のガウスの法則」を適用すると，（軸対称性から）電場の E'_y 成分が

$$（円筒の表面積）\times（電場） = 2\pi d l'\times E'_y = \frac{\lambda' l'}{\varepsilon_0}$$

から決まります．これを解くと (8.47) になります．

8.5 4 元電流密度 $j^\mu = (j^0, j^1, j^2, j^3) = (c\rho, i_x, i_y, i_z)$ はローレンツ変換に従うので，

0, 1 成分のローレンツ逆変換は $j^0 = \gamma(j'^0 + \beta j'^1)$, $j^1 = \gamma(j'^1 + \beta j'^0)$ になります. これらに, $j'^0 = c\rho'$, $j'^1 = i'_x$ を代入すれば, 題意が示せます.

9.1 $\left(\dfrac{dx'^\mu}{dt'}\right)^2 = \dfrac{dx'^\mu}{dt'}\dfrac{dx'_\mu}{dt'} = \Lambda^\mu{}_\sigma \Lambda_\mu{}^\lambda \dfrac{dx^\sigma}{dt}\dfrac{dx_\lambda}{dt}\left(\dfrac{dt}{dt'}\right)^2 = \left(\dfrac{dx_\lambda}{dt}\right)^2\left(\dfrac{dt}{dt'}\right)^2$

という関係を使います ($\Lambda^\mu{}_\sigma \Lambda_\mu{}^\lambda = \delta^\lambda_\sigma$). この両辺を $\left(\dfrac{dx^\mu}{dt}\right)^2 = -c^2 + v^2$ と $\left(\dfrac{dx'^\mu}{dt'}\right)^2 = -c^2 + v'^2$ で書き換えると次式が導けるので, (9.8) が成り立ちます.

$$\sqrt{1 - \beta^2}\, dt = \sqrt{1 - \beta'^2}\, dt'$$

9.2 4 元運動量 $p(t) = \gamma m v(t)$ を使って運動方程式を表すと, 次のようになります.

$$F = \frac{dp}{dt}$$

この式を, $F = $ (一定) と初期条件 $p(0) = 0$ のもとで積分します.

$$p(t) = \gamma m v(t) = \frac{m v(t)}{\sqrt{1 - \dfrac{\{v(t)\}^2}{c^2}}} = Ft$$

これから $v(t)$ を求めると (9.37) になります. (9.37) は $t \to \infty$ で $v(t) \to c$ になるので, $v(t)$ が光速度 c を超えることはありません.

9.3 4 元力 f^μ と S′ 系 (陽子の静止系) での 4 元力 f'^μ は $f^\mu = \Lambda^\mu{}_\nu f'^\nu$ で変換します. この式から, f'^ν の 0 成分は (速度 $\boldsymbol{v} = \boldsymbol{0}$ のため) $f'^0 = 0$ なので, $f^\mu = \Lambda^\mu{}_0 f'^0 + \Lambda^\mu{}_i f'^i = \Lambda^\mu{}_i f'^i$ となり, $f'^i = eE'_i$ を電磁場テンソル $f^{\rho\sigma}$ で書き換えて少し計算すると, (9.46) の $f^\mu = e f^{\mu\rho} u_\rho$ が導けます.

9.4 水 1 kg の熱容量は 4.2×10^3 J/K なので, 1 kg の水を 0℃ から 100℃ まで温めるときのエネルギーの増加は 4.2×10^5 J です. したがって, 質量の増加は $m = \dfrac{E}{c^2}$ より

$m = \dfrac{4.2 \times 10^5}{(3 \times 10^8)^2} = 4.7 \times 10^{-12}$ kg です.

9.5 $m = 1$ g を $E = mc^2$ に代入すると, $E = 10^{-3}$ kg $\times (3 \times 10^8\,\text{m/s})^2 = 9 \times 10^{13}$ J $= 5.6 \times 10^{26}$ MeV となります.

10.1 (10.12) の E_1 と (10.8) の cp より次式を得ます.

$$(cp)^2 = E_1^2 - (m_1 c^2)^2 = \left(\frac{M^2 + m_1^2 - m_2^2}{2M}c^2\right)^2 - (m_1 c^2)^2$$

$$= \frac{c^4}{(2M)^2}\{(M^2 + m_1^2 - m_2^2)^2 - (2Mm_1)^2\} \equiv \frac{c^4}{(2M)^2}D \qquad ①$$

ここで, 右辺の D はカッコ内の式を表しているとします. この D を変形すると

$$D = (M^2 + m_1^2 - m_2^2 + 2Mm_1)(M^2 + m_1^2 - m_2^2 - 2Mm_1)$$

$$= \{(M + m_1)^2 - m_2^2\}\{(M - m_1)^2 - m_2^2\}$$

$$= (M + m_1 + m_2)(M + m_1 - m_2)(M - m_1 + m_2)(M - m_1 - m_2) \qquad ②$$

となります. この②を①に代入してから，両辺を c^2 で割り，両辺の平方根をとると，(10.16) になることがわかります.

10.2 $\quad T_2 = E_2 - m_2 c^2 = \dfrac{M^2 - m_1^2}{2M} c^2 - m_2 c^2 = \dfrac{(Mc^2)^2 - (m_1 c^2)^2}{2Mc^2}$

10.3 反ミュー粒子とミューニュートリノの速さは (10.17) より次のようになります.

$$v_1 = v_{\bar{\mu}} = \frac{c^2 p}{E_1} = \frac{m_\pi^2 - m_\mu^2}{m_\pi^2 + m_\mu^2} c$$

$$v_2 = v_\nu = \frac{c^2 p}{E_2} = \frac{m_\pi^2 - m_\mu^2}{m_\pi^2 - m_\mu^2} c = c$$

よって，v_ν は c に一致します.

10.4 $\quad m_\tau = 0$ より，重心系でのエネルギー・運動量の保存則は

$$(2\gamma m_e c^2)^2 = E^2 - p^2 c^2 = (m_\tau c^2)^2 = 0$$

になりますが，$m_e \neq 0$ より上式は成り立たないので，対消滅は起こりません.

10.5 エネルギー・運動量の保存則 $p_\tau^\mu + p_e^\mu = p_f^\mu$ からローレンツ不変量 $(p_\tau^\mu + p_e^\mu)(p_{\tau\mu} + p_{e\mu}) = p_f^\mu p_{f\mu}$ を計算します（ただし，p_f^μ は生成された全粒子の4元運動量を表します）. 右辺は $p_f^\mu = (3m_e c, 0)$ より $p_f^\mu p_{f\mu} = -9m_e^2 c^2$，左辺は $p_e^\mu = (m_e c, 0)$ と $p_\tau^\mu p_{\tau\mu} = 0$ より $2p_\tau^\mu p_{e\mu} - m_e^2 c^2$ となるので，$2p_\tau^\mu p_{e\mu} - m_e^2 c^2 = -9m_e^2 c^2$ が成り立ちます. この式に $p_\tau^\mu p_{e\mu} = -E_\tau m_e$ を代入すると，最小エネルギー $E_\tau = 4m_e c^2$ が導けます.

10.6 (1) $\quad P = 0$ と $E = 2\gamma mc^2 = 2m^* c^2$

(2) 衝突後の2粒子の速度は，$-u$ と u のように逆向きになります.

Practice

[1.1] S 系での質点の加速度 $\boldsymbol{a} = \dfrac{d^2 \boldsymbol{r}}{dt^2}$ と S′ 系での質点の加速度 $\boldsymbol{a}' = \dfrac{d^2 \boldsymbol{r}'}{dt'^2}$ の間には，(1.5) から $\boldsymbol{a}' = \boldsymbol{a}$ が成り立つので，ニュートンの運動方程式 (1.4) は

$$m\boldsymbol{a} = m\frac{d^2 \boldsymbol{r}}{dt^2} = \boldsymbol{F}, \qquad m\boldsymbol{a}' = m\frac{d^2 \boldsymbol{r}'}{dt^2} = \boldsymbol{F}$$

のように表せます. いま，S′ 系から見た場合の外力を $\boldsymbol{F}'$ として，S 系での外力 $\boldsymbol{F}$ との間に $\boldsymbol{F}' = \boldsymbol{F}$ を仮定すると，S′ 系でのニュートンの運動方程式は (1.10) になります.

[1.2] $\quad v'_x = v_x - V$ と $v''_x = v'_x - U$ から $v''_x = v'_x - U = (v_x - V) - U = v_x - (V + U) = v_x - W$ のように，$v''_x = v_x - W$ となり (1.15) が導けます.

[1.3] 図 1.8 のように，図 1.3 に点 P の x_P と x'_P を描くと，$x'_P = x_P - t_P \tan\alpha$ となります. この式は，(1.21) より $x'_P = x_P - Vt_P$ となるので，確かに (1.19) と一致することがわかります.

[1.4] $\quad T(V_1) T(V_2) = \begin{pmatrix} 1 & -V_1 \\ 0 & 1 \end{pmatrix} \begin{pmatrix} 1 & -V_2 \\ 0 & 1 \end{pmatrix} = \begin{pmatrix} 1 & -V_1 - V_2 \\ 0 & 1 \end{pmatrix} = T(V_1 + V_2)$

より，(1.30) が成り立ちます．次に，$T(V)$ の逆行列
$$T^{-1} = \begin{pmatrix} 1 & V \\ 0 & 1 \end{pmatrix}$$
と T を掛けると単位行列 I になるので，(1.31) が成り立ちます．

[**2.1**]　S 系で測った x 軸方向の棒の長さ $l_0 = L\cos\theta$ は，S′ 系で測ると
$$l = l_0\sqrt{1-\beta^2} = \frac{l_0}{\gamma} = \frac{L\cos\theta}{\gamma} \qquad ①$$
になります．S′ 系での棒の長さを L'，x 軸との角度を θ' とすると，l は
$$l = L'\cos\theta' \qquad ②$$
となります．また，y 軸方向の長さは変わらないから，次式が成り立ちます．
$$L\sin\theta = L'\sin\theta' \qquad ③$$
① ～ ③ より $\tan\theta' = \gamma\tan\theta$ を得るので，$\theta' = 59.0°$ と $L' = 8.2\,\mathrm{m}$ になります．

[**2.2**]　(1)　時刻 t_1' は，S′ 系では l_0 は固有長になるので，$t_1' = \dfrac{l_0}{c}$ になります．

(2)　S 系の観測者は $t = 0$ に宇宙船の全長 l を $l = \dfrac{l_0}{\gamma}$ と測定します（ローレンツ収縮のため）．船尾 B′ は図 2.8 の右方向に V で動くから，光が B′ に到達する時刻 t_1 は $ct_1 = l - Vt_1 = \dfrac{l_0}{\gamma} - Vt_1$ より，次のようになります．
$$t_1 = \frac{l_0}{\gamma}\frac{1}{c+V} = \frac{l_0}{c}\frac{1}{\gamma}\frac{1}{1+\beta} = \frac{l_0}{c}\frac{\sqrt{1-\beta^2}}{1+\beta} = \frac{l_0}{c}\sqrt{\frac{1-\beta}{1+\beta}}$$

(3)　時刻 t_2 は，宇宙船の全長 l を V で割った $t_2 = \dfrac{l}{V} = \dfrac{l_0}{\gamma V}$ になります．

[**2.3**]　地球上から見たロケットの速度は $V = \beta c$，ロケットの全長 l は $l = l_0\sqrt{1-\beta^2}$ $= \dfrac{l_0}{\gamma}$ です．$V\varDelta t = (\beta c)\varDelta t = l$ より，$\beta = \dfrac{l_0}{\sqrt{(c\,\varDelta t)^2 + l_0^2}}$ を得ます．この式に，数値 $c\,\varDelta t$ $= 3\cdot10^8 \times 10^{-6} = 300\,\mathrm{m}$ と $l_0 = 400\,\mathrm{m}$ を入れると，$\beta = 0.8$ になります．したがって，長さは $l = 240\,\mathrm{m}$ で，速度は $V = 0.8c$ です．

[**2.4**]　(1)　$D = Vt = \beta ct = 0.99\cdot3 \times 10^8\cdot2.6 \times 10^{-8} = 7.72\,\mathrm{m}$

(2)　$D = V\gamma t = \gamma\beta ct = 7.09\beta ct = 7.09 \times 7.72 = 54.73\,\mathrm{m}$

[**3.1**]　$V = -\dfrac{b}{a}$ を (3.72) に代入すると，次式が得られます．
$$x' = a(x - Vt)$$
3 個の未知量 a, f, g は，上式と (3.73) を (3.4) に代入した
$$x'^2 - c^2t'^2 = a^2(x - Vt)^2 - c^2(fx + gt)^2 = x^2 - c^2t^2$$
から，x^2 と t^2 と xt の係数をそれぞれゼロにおくと，次式が求まります．

$$f = -\gamma \frac{\beta}{c}, \qquad g = \gamma = \frac{1}{\sqrt{1-\beta^2}}$$

これを使うと，(3.14) に一致することがわかります．

[**3.2**] x_P と t_P の値は，ローレンツ逆変換 $x = \gamma(x' + Vt')$ と $t = \gamma\left(t' + \frac{\beta}{c}x'\right)$ に

$x' = 60\,\mathrm{m}$, $t' = 8 \times 10^{-8}\,\mathrm{s}$ を代入すれば求まります．$\beta = \frac{3}{5}$, $\gamma = \frac{5}{4}$ より

$$x_P = \gamma(x' + \beta ct') = \frac{5}{4}\left\{60 + \frac{3}{5} \times 3 \cdot 10^8 \times 8 \cdot 10^{-8}\right\} = 93\,\mathrm{m}$$

$$t_P = \gamma\left(t' + \frac{\beta}{c}x'\right) = \frac{5}{4}\left(8 \cdot 10^{-8} + \frac{\frac{3}{5}}{3 \cdot 10^8} \cdot 60\right) = 2.5 \times 10^{-7}\,\mathrm{s}$$

[**3.3**] 点 A を静止させるためには，実験室が A に対して $-u$ の速度をもてばよいので $V = -u$ です．一方，点 B は実験室に対して $-u$ の速度をもっているから，$u'_x = -u$ です．したがって，速度変換則 (3.31) の逆変換の式 $u_x = \dfrac{u'_x + V}{1 + \dfrac{Vu'_x}{c^2}}$ を使うと，u_B は

$u_x = u_B = \dfrac{-2u}{1 + \dfrac{u^2}{c^2}}$ になります．

[**3.4**] 点 x_1 から出た閃光（光の放射）が点 x_2 に届くのに要する時間は $\dfrac{l}{c}$ です．閃光が点 x_1 を時刻 t_1 に出たとすると，点 x_2 の時刻 t_2 は $t_2 = t_1 + \dfrac{l}{c}$ です．ローレンツ変換 $x' = \gamma(x - \beta ct)$, $ct' = \gamma(ct - \beta x)$ から (x_1, t_1) と $(x_2, t_2) = \left(x_1 + l, t_1 + \dfrac{l}{c}\right)$ に対応する (x'_1, t'_1) と (x'_2, t'_2) を求めると，$\varDelta x'$ と $\varDelta t'$ は次のようになります．

$$\varDelta x' = x'_2 - x'_1 = l\frac{\sqrt{1-\beta}}{\sqrt{1+\beta}}, \qquad \varDelta t' = t'_2 - t'_1 = \frac{l\gamma}{c}(1-\beta)$$

[**3.5**] 速度 u は，(3.31) の逆変換 $u_x(t) = \dfrac{u'_x(t) + V}{1 + \dfrac{\beta}{c}u'_x(t')}$ で $u'_x = u_0 = \dfrac{c}{n_0}$, $u_x = u$ と

おくと求まりますが，β の 1 次までの近似をとると

$$u = \frac{c}{n_0}\frac{1 + \beta n_0}{1 + \dfrac{\beta}{n_0}} \approx \frac{c}{n_0}(1 + \beta n_0)\left(1 - \frac{\beta}{n_0}\right) \approx \frac{c}{n_0} + \left(1 - \frac{1}{n_0^2}\right)V$$

になります．同様に，屈折率 n は次のようになります．

$$n = \frac{c}{u} = \frac{n_0 + \beta}{1 + n_0\beta} \approx n_0 + \beta(1 - n_0^2)$$

[**3.6**] (3.40) を変形すると，

$$V = \frac{V_1 + V_2}{1 + \frac{V_1 V_2}{c^2}} = c\left\{1 - \frac{\left(1 - \frac{V_1}{c}\right)\left(1 - \frac{V_2}{c}\right)}{1 + \frac{V_1 V_2}{c^2}}\right\}$$

となるので，$c - V$ は次のようになります．

$$c - V = c\,\frac{\left(1 - \frac{V_1}{c}\right)\left(1 - \frac{V_2}{c}\right)}{1 + \frac{V_1 V_2}{c^2}}$$

$\frac{V_1}{c} < 1,\ \frac{V_2}{c} < 1$ より $c > V$ なので，V は常に光速度 c より小さくなります．

[4.1]　ローレンツ逆変換の $ct = \gamma(ct' + \beta x')$ に，$(x', t') = (0, 0)$ を代入すると $t = 0$ で，$(x', t') = (2l_0, 0)$ を代入すると $ct = 2l_0 \beta \gamma$ です．したがって，時刻差 Δt は $\Delta t = \frac{2l_0 \beta \gamma}{c}$ となるので，(4.35) に一致します．

[4.2]　(1)　ローレンツ変換 $ct' = \gamma(ct - \beta x)$ に $ct = ct_1 = 60\,\mathrm{m}$, $x = x_1 = 50\,\mathrm{m}$ を代入すると，$t_1' = 1.25 \times 10^{-7}\,\mathrm{s}$ になります $\left(\gamma = \frac{5}{4}\right)$．

(2)　$ct' = \gamma(ct - \beta x)$ に $x = x_2 = 10\,\mathrm{m}$ と $ct = ct_2 = 90\,\mathrm{m}$ を代入すると $t_2' = 3.5 \times 10^{-7}\,\mathrm{s}$ となります．したがって，$\Delta t'$ は $\Delta t' = 2.25 \times 10^{-7}\,\mathrm{s}$ です．

[4.3]　遠方の辺 EF から出た光が，近い方の辺 AB に到達するのに $\Delta t = \frac{L}{c}$ だけの時間がかかるので，物体の左面は，図 2 (b) のように動きます．よって A'B'F'E' の移動距離 $\overline{\mathrm{E'A'}}$ は次式のようになります．

$$\overline{\mathrm{E'A'}} = V\,\Delta t = V\frac{L}{c} = \frac{V}{c}L = \beta L \qquad ①$$

同時に，辺 A'C' の長さ $\overline{\mathrm{A'C'}}$ は

$$\overline{\mathrm{A'C'}} = \frac{L}{\gamma} = L\sqrt{1 - \beta^2} \qquad ②$$

となります（ローレンツ収縮）．$\sin\theta = \beta$ として，①と②を書き換えると

$$\overline{\mathrm{E'A'}} = L\sin\theta, \qquad \overline{\mathrm{A'C'}} = L\sqrt{1 - \sin^2\theta} = L\cos\theta$$

となるので，図 2 (b) の見え方は図 2 (a) のように θ だけ回転させた立方体の正射影である，と解釈することができます．

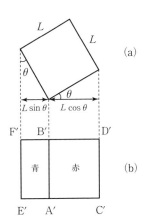

図 2　直方体の見え方

[4.4]　S' 系が存在するか否かは，2 つの事象の間のローレンツ不変な距離の 2 乗 $(\Delta s)^2 = (\Delta x)^2 - (\Delta ct)^2 = (\Delta x')^2 - (\Delta ct')^2$ の正負でわかります．(1) の場合は次式のように

正の空間的なベクトルなので，S′系は存在します.
$$(\Delta s)^2 = (600)^2 - (3 \times 10^8 \times 10^{-6})^2 = 2.7 \times 10^5 \text{m} > 0$$
このとき $(\Delta s)^2 = (\Delta x')^2 = 2.7 \times 10^5$ より $\Delta x' = 520$ m です. 速度は，S′系のS系に対するローレンツ変換 $\Delta ct' = 0 = \gamma(\Delta ct - \beta \Delta x)$ より $\beta = \dfrac{\Delta ct}{\Delta x} = \dfrac{300}{600} = 0.5$, つまり $V = 1.5 \times 10^8$ m/s です. (2) の場合は $(\Delta s)^2 < 0$ なので，S′系は存在しません.

[5.1]　(1)　t' は $\dfrac{N(t')}{N_0} = \dfrac{2}{3}$ と (5.35) より $t' = 1.05 \times 10^{-8}$ s となります. S′系でのパイ中間子の飛距離 l' はローレンツ収縮より
$$l' = \frac{l}{\gamma} = 35\sqrt{1 - \frac{v^2}{c^2}} \text{ m} \qquad \text{①}$$
となるので，v は $v = \dfrac{l'}{t'}$ から $v = 2.988 \times 10^8$ m/s となります.

(2)　飛距離 l' は①に $v^2 = 8.928 \times 10^{16}$ を代入すると $l' = 3.127$ m になります.

[5.2]　寿命 τ は，$\tau = \dfrac{t}{\gamma} = \sqrt{1 - \beta^2}\, t$ の β を $ct = \dfrac{L}{\beta}$ で書き換えて，$\tau = \sqrt{1 - \dfrac{L^2}{c^2 t^2}}\, t$ で表されます.

[5.3]　(1)　人工衛星の速度は，速度の変換則 $u_x = \dfrac{u_x' + V}{1 + \dfrac{Vu_x'}{c^2}}$ に $V = u$ と $u_x' = u$ を代入して $u_x = 0.882c$ となるので，$\Delta t_A = \dfrac{l_0}{u_x} = 7.558 \times 10^{-7}$ s です.

(2)　ロケットの長さはローレンツ収縮により $l = 160$ m で，Δt_S との間に $u\Delta t_S = l - u\Delta t_S$ が成り立つので，$\Delta t_S = 4.444 \times 10^{-7}$ s です.

(3)　$\gamma_A = \dfrac{1}{\sqrt{1 - \beta_A^2}}$ は $\beta_A = \dfrac{u_x}{c} = -0.882$ を代入して $\gamma_A = 2.122$ となるので，$\Delta t_B = \dfrac{\Delta t_A}{\gamma_A} = 3.561 \times 10^{-7}$ s です.

[5.4]　天体に固定された座標系をS系，宇宙船に固定された座標系をS′系として，宇宙船の天体に対する速度を v とすると，天体に達するまでの時間はS系では $t = \dfrac{200c}{v}$ で，S′系では $\tau = 30$ 年なので $\dfrac{200c}{v} = \dfrac{30}{\sqrt{1 - \beta^2}}$ が成り立ちます $\left(\beta = \dfrac{v}{c}\ \text{とおきました}\right)$. この式から $\beta = 0.989$ となるので，宇宙船の速度は $v = 0.989c$ です.

[5.5]　地球から星までの距離を d とします. 兄 A 自身は $\beta = \dfrac{4}{5}$ で動いているため，距離がローレンツ収縮するので，到着時刻 t' は次のようになります $\left(\gamma = \dfrac{5}{3}\right)$.

$$t' = \frac{\dfrac{d}{\gamma}}{v} = \frac{d}{\gamma v} = \frac{d}{\gamma \beta c} = \frac{4.4c}{\dfrac{4}{3}c} = 3.3$$

弟 B の時計では，兄 A は星に

$$t = \frac{d}{v} = \frac{d}{\beta c} = \frac{4.4c}{\dfrac{4}{5}c} = 5.5$$

で到着するので，$\Delta t = t - t' = 5.5 - 3.3 = 2.2$ 歳だけ兄 A の方が若いことになります．

[6.1]　Training 6.4 の x'_μ, x'^ν を A'_μ, A'^ν に変えて同様に解くと，$A'_\mu = \Lambda_\mu{}^\sigma A_\sigma$ のように示せます．

[6.2]　(1)　対称テンソル $S_{\mu\nu}$ の場合，次のようになります（(6.90) を参照）．

$$S'_{\mu\nu} = \Lambda_\mu{}^\rho \Lambda_\nu{}^\sigma S_{\rho\sigma} = \Lambda_\mu{}^\rho \Lambda_\nu{}^\sigma S_{\sigma\rho} = \Lambda_\nu{}^\sigma \Lambda_\mu{}^\rho S_{\sigma\rho} = S'_{\nu\mu}$$

(2)　反対称テンソル $A_{\mu\nu}$ の場合，次のようになります（(6.90) を参照）．

$$A'_{\mu\nu} = \Lambda_\mu{}^\rho \Lambda_\nu{}^\sigma A_{\rho\sigma} = -\Lambda_\mu{}^\rho \Lambda_\nu{}^\sigma A_{\sigma\rho} = -\Lambda_\nu{}^\sigma \Lambda_\mu{}^\rho A_{\sigma\rho} = -A'_{\nu\mu}$$

[6.3]　$A'_\mu(x)$ を ∂'^μ で微分すると，次のように (6.101) が導けます．

$$\partial'^\mu A'_\mu(x') = (\Lambda^\mu{}_\rho \partial^\rho)\{\Lambda_\mu{}^\sigma A_\sigma(x)\} = (\Lambda^\mu{}_\rho \Lambda_\mu{}^\sigma)\partial^\rho A_\sigma(x) = \delta_\rho^\sigma \partial^\rho A_\sigma(x) = \partial^\rho A_\rho(x)$$

ただし，$\Lambda^\mu{}_\rho \Lambda_\mu{}^\sigma = \delta_\rho^\sigma$ の δ_ρ^σ はクロネッカーのデルタです．

[6.4]　縮約された添字のペアに着目して，それがスカラーとして変換することを示せばよいので，$A^\mu B_\mu$ がスカラーであることを示せば十分です．具体的に，$A'^\mu B'_\mu$ の縮約を計算すると（(6.61) の $\delta_\nu^\mu = \Lambda^\mu{}_\sigma \Lambda_\nu{}^\sigma$ を利用）

$$A'^\mu B'_\mu = (\Lambda^\mu{}_\rho \Lambda_\mu{}^\sigma)A^\rho B_\sigma = \delta_\rho^\sigma A^\rho B_\sigma = A^\rho B_\rho$$

のように $A'^\mu B'_\mu = A^\mu B_\mu$ を得るので，スカラーであることがわかります．

[7.1]　$f_{\mu\nu} f^{\mu\nu} = 2(B_x^2 + B_y^2 + B_z^2) - \dfrac{2}{c^2}(E_x^2 + E_y^2 + E_z^2) = 2\left(\boldsymbol{B}\cdot\boldsymbol{B} - \dfrac{1}{c^2}\boldsymbol{E}\cdot\boldsymbol{E}\right)$

[7.2]　ガウスの法則は次式になります．

$$\boldsymbol{\nabla}\cdot\boldsymbol{B} = \frac{\partial B_x}{\partial x} + \frac{\partial B_y}{\partial y} + \frac{\partial B_z}{\partial z} = \partial_1 f_{23} + \partial_2 f_{31} + \partial_3 f_{12} = 0$$

ファラデーの法則の x 成分は次式になります．他の成分も同様に導けます．

$$\left(\frac{\partial \boldsymbol{B}}{\partial t} + \boldsymbol{\nabla}\times\boldsymbol{E}\right)_x = \frac{\partial B_x}{\partial t} + \frac{\partial E_z}{\partial y} - \frac{\partial E_y}{\partial z} = c(\partial_0 f_{23} + \partial_2 f_{30} + \partial_3 f_{02}) = 0$$

[7.3]　S' 系で $\partial'_\nu f'^{\mu\nu} = \mu_0 j'^\mu$ の式が成り立てば，ローレンツ共変性が証明されます．そこで，この式を j'^μ のローレンツ変換（(6.84) で A を j に変えた式）と $f'^{\mu\nu}$ のローレンツ変換（(6.88) で T を f に変えた式）で書き換えると，

$$\partial'_\nu f'^{\mu\nu} - \mu_0 j'^\mu = (\Lambda_\nu{}^\tau \partial_\tau)(\Lambda^\mu{}_\rho \Lambda^\nu{}_\sigma f^{\rho\sigma}) - \mu_0 \Lambda^\mu{}_\rho j^\rho = \Lambda^\mu{}_\rho (\partial_\lambda f^{\rho\lambda} - \mu_0 j^\rho)$$

のようになるので，「最右辺 = ゼロ」より題意が示せたことになります．

[8.1]　(8.1) ～ (8.3) の電場 (E_x', E_y', E_z') と (8.4) ～ (8.6) の磁場 (B_x', B_y', B_z') を使ってスカラー積 $\boldsymbol{E}' \cdot \boldsymbol{B}'$ を計算すると

$$\boldsymbol{E}' \cdot \boldsymbol{B}' = E_x' B_x' + E_y' B_y' + E_z' B_z' = E_x B_x + \gamma^2 (1 - \beta^2) E_y B_y + \gamma^2 (1 - \beta^2) E_z B_z$$

となります. ここで, $\gamma^2 (1 - \beta^2) = 1$ に注意すると

$$\boldsymbol{E}' \cdot \boldsymbol{B}' = E_x B_x + E_y B_y + E_z B_z = \boldsymbol{E} \cdot \boldsymbol{B}$$

となるので, スカラー積 $\boldsymbol{E} \cdot \boldsymbol{B}$ は座標を変えても形が変わらない不変量であることがわかります.

[8.2]　$\boldsymbol{E}$ は r 方向の成分だけなので, 角度方向の積分を行うと, 電束 Φ は

$$\Phi = \frac{k}{r^2} \int_0^{2\pi} \int_0^{\pi} \frac{1 - \beta^2}{(1 - \beta^2 \sin^2 \theta)^{3/2}} r^2 \sin \theta \, d\theta \, d\phi = \frac{q}{\varepsilon_0}$$

のように, 静電荷のガウスの法則と全く同じ形になることがわかります.

[8.3]　短い時間 Δt 内に得る $\boldsymbol{B}$ に直角方向の運動量成分 Δp は $\Delta p = F \Delta t = qvB \Delta t$ で, その間に Δp が運動量 p に対して角度 $\Delta \theta$ だけ向きを変えると $\Delta p = p \Delta \theta$ が成り立ちます. この 2 つの式は等価なので, 次式が成り立ちます.

$$\frac{\Delta \theta}{\Delta t} = \frac{qvB}{p}$$

ここで, $\dfrac{\Delta \theta}{\Delta t} = \omega = \dfrac{v}{r}$ を上の式に代入すると次式が得られます.

$$Br = \frac{p}{q}$$

$E^2 = m^2 c^4 + p^2 c^2$ から決まる $p = \dfrac{\sqrt{E^2 - m^2 c^4}}{c}$ の p を上式に代入すれば (8.70) になります.

[8.4]　S′ 系の観測者が見る電場 (E_x', E_y', E_z') は (8.1) ～ (8.3) で, 磁場 (B_x', B_y', B_z') は (8.4) ～ (8.6) で与えられます. 一方, S 系では $(E_x, E_y, E_z) = (0, 0, 5)$, $(B_x, B_y, B_z) = (0, 0, 0)$ です. $\beta = 0.4$, $\gamma = \dfrac{1}{\sqrt{1 - \beta^2}} = 1.091$ を使うと, (8.1) ～ (8.3) から $E_x' = 0$, $E_y' = 0$, $E_z' = 5.46 \, \text{V/m}$, (8.4) ～ (8.6) から $B_x' = 0$, $B_y' = 7.27 \times 10^{-9} \, \text{T}$, $B_z' = 0$ が求まります.

[8.5]　S 系の電場と磁場を $(E_x, E_y, E_z) = (0, 0, 0)$, $(B_x, B_y, B_z) = (0, 0, 1.5)$ として, [8.4] と同様な計算をすれば, S′ 系の電場は $E_x' = 0$, $E_y' = -1.96 \times 10^8 \, \text{V/m}$, $E_z' = 0$, 磁場は $B_x' = 0$, $B_y' = 0$, $B_z' = 0.6 \, \text{T}$ となります.

[9.1]　運動方程式

$$\frac{d}{dt} \left(\frac{mv}{\sqrt{1 - \dfrac{v^2}{c^2}}} \right) = F$$

を初期条件 $v(0) = 0$ で積分すると，次のようになります．

$$\frac{mv}{\sqrt{1 - \dfrac{v^2}{c^2}}} = Ft$$

この式より速度 v は，

$$v = \frac{cFt}{\sqrt{m^2c^2 + F^2t^2}} = \frac{\alpha t}{\sqrt{1 + \left(\dfrac{\alpha t}{c}\right)^2}}$$

と求まり $\left(\alpha = \dfrac{F}{m}\right)$，これを $x(0) = 0$ で積分すると位置 x が求まります．

$$x = \sqrt{\left(\frac{c^2}{\alpha}\right)^2 + c^2t^2} - \frac{c^2}{\alpha}$$

ここで，$\dfrac{c^2}{\alpha} = b$ とおけば，(9.77) になります．

[9.2]　(9.47) の1番目の式：(9.46) の f^μ を $\mu = 1$ の場合について計算すると

$$f^1 = f_x = eu_\rho f^{1\rho} = \gamma e(E_1 + v_2 B_3 - v_3 B_2) = \gamma e(\boldsymbol{E} + \boldsymbol{v} \times \boldsymbol{B})_x$$

となり，同様に $\mu = 2, 3$ も計算すると，結局，f^μ の空間成分は $\boldsymbol{f} = \gamma e(\boldsymbol{E} + \boldsymbol{v} \times \boldsymbol{B})$ となります．(9.46) の左辺は $dt = \gamma\, d\tau$ より $\dfrac{d\boldsymbol{p}}{d\tau} = \dfrac{d\boldsymbol{p}}{\dfrac{dt}{\gamma}} = \gamma\dfrac{d\boldsymbol{p}}{dt}$ となり，これが f^μ の空間成分と等価なので，1番目の式になります．

(9.47) の2番目の式：(9.46) の $\mu = 0$ 成分 $\left(\dfrac{dp^0}{d\tau} = f^0\right)$ を計算すると

$$f^0 = eu_\rho f^{0\rho} = \frac{\gamma}{c} e\boldsymbol{E}\cdot\boldsymbol{v} \qquad \frac{dp^0}{d\tau} = \frac{\gamma}{c}\frac{dE}{dt}$$

となります．この2つの式は等価なので，これを解くと (9.47) の2番目の式になります．

[9.3]　$\beta = 0.99$ なので，粒子の γ は $\gamma = \dfrac{1}{\sqrt{1 - (0.99)^2}} = 7.09$ です．

(1)　電子の場合に必要な電圧 X は次のように $X = 3.11 \times 10^6\,\mathrm{V}$ になります．

$$X = \frac{mc^2}{\sqrt{1 - \beta^2}} - mc^2 = 6.09\cdot 0.51\cdot 10^6\,\mathrm{eV} = 3.11 \times 10^6\,\mathrm{eV}$$

(2)　陽子の静止質量は $938\,\mathrm{MeV}$ なので，(1) と同様に計算すると，陽子の場合に必要な電圧 X は $X = 6.09\cdot 938\cdot 10^6\,\mathrm{eV} = 5712 \times 10^6\,\mathrm{V}$ になります．

[9.4]　電子の質量 $mc^2 = 0.51\,\mathrm{MeV}$，加速電圧 $10^5\,\mathrm{V}$，相対論的エネルギー γmc^2 の間に $10^5 + 0.51\cdot 10^6 = \dfrac{0.51\cdot 10^6}{\sqrt{1 - \beta^2}}$ が成り立つので，これを解けば $\beta = \dfrac{v}{c} = 0.55$ が求まります．

(1) の時間 t_L と (2) の距離 d_C は，それぞれ次のようになります $\left(\gamma = \dfrac{5.1}{6.1}\right)$．

$$t_\mathrm{L} = \frac{10}{\beta c} = \frac{10}{0.55\cdot 3\cdot 10^8} = 6.06 \times 10^{-6}\,\mathrm{s}$$

$$d_{\mathrm{C}} = \frac{d_{\mathrm{L}}}{\gamma} = \frac{5.1}{6.1} \cdot 10 = 8.36\,\mathrm{m}$$

［9.5］（1）　銀河の静止系：$v \simeq c$ とすれば，$\Delta t_{銀河} = 10^5$ 年 $\approx$ 10 万年です．

（2）　粒子の静止系：陽子の運動エネルギー T は

$$T = E - mc^2 = 10^{19}\,\mathrm{eV} - 9.38 \times 10^8\,\mathrm{eV} \approx 10^{19}\,\mathrm{eV}$$

なので，このときの γ は $T = \gamma mc^2 - mc^2$ より次のようになります．

$$\gamma = \frac{T}{mc^2} + 1 = \frac{10^{19}}{9.38 \times 10^8} + 1 \approx 10^{10}$$

したがって，$\Delta t_{粒子}$ は

$$\Delta t_{粒子} = \frac{\Delta t_{銀河}}{\gamma} = \frac{10^5}{10^{10}} = 10^{-5}\,\text{年} = 315\,\mathrm{s} \approx 5\,\text{分}$$

となります．

［9.6］（1）　4 元運動量 p^μ に対するローレンツ変換から $E = \gamma(E' + v p')$ が成り立ちます．この式に光子の $p' = \dfrac{E'}{c}$ を代入すると，次式のようになり，(9.78) に一致します．

$$E = \gamma(E' + v p') = \frac{1}{\sqrt{1 - \dfrac{v^2}{c^2}}} E'\left(1 + \frac{v}{c}\right) = \sqrt{\frac{1 + \beta}{1 - \beta}} E' \qquad \text{①}$$

（2）　$E = h\nu$，$E' = h\nu_0$ を①に代入すると，(5.23) に一致します．この結果は，量子力学の基礎となる光量子仮説の正しさを教えています．

［10.1］　光子は，ロケットの始めの静止系で全エネルギー E をもっているとすると，エネルギーと運動量の保存則は，$M_{\mathrm{i}} c^2 = E + \gamma M_{\mathrm{f}} c^2$ と $0 = \gamma M_{\mathrm{f}} v - \dfrac{E}{c}$ になります．この 2 式から E を消去すると，

$$\frac{M_{\mathrm{i}}}{M_{\mathrm{f}}} = \gamma(1 + \beta) = \frac{1 + \beta}{\sqrt{1 - \beta^2}} = \sqrt{\frac{c + v}{c - v}}$$

となるので，(10.74) に一致します．

［10.2］　エネルギー・運動量の保存則 $p_1 + p_2 = p_3 + p_4 + p_{\mathrm{X}}$ から，次のような不変量をつくります．

$$(p_1 + p_2)^2 = (p_3 + p_4 + p_{\mathrm{X}})^2 \qquad \text{①}$$

不変量はどの系で計算してもよいので，①の左辺を L 系，右辺を C 系とすれば，

$$(\text{①の左辺}) = 2m^2 c^4 + 2mc^2 E_1, \qquad (\text{②の右辺}) = (2mc^2 + m_{\mathrm{X}} c^2)^2$$

のように計算できます．この 2 式から $M_{\mathrm{X}} c^2$ を求めると答えが得られます．（$E_1 = 300\,\mathrm{GeV} + 0.940\,\mathrm{GeV} = 300.940\,\mathrm{GeV}$ と $mc^2 = 0.940\,\mathrm{GeV}$ を代入してください）．

$$M_{\mathrm{X}} c^2 = \sqrt{2mc^2(mc^2 + E_1)} - 2mc^2 = 21.92\,\mathrm{GeV}$$

［10.3］　A から見た B の速さ v_r は，速度の変換則より $v_r = \dfrac{2v}{1 + \dfrac{v^2}{c^2}}$ となります．一方，

エネルギーは $E = \dfrac{Mc^2}{\sqrt{1 - \dfrac{v_r^2}{c^2}}}$ で与えられます．ここで，$1 - \dfrac{v_r^2}{c^2}$ は v_r の式で書き換えると，

$$1 - \frac{v_r^2}{c^2} = \frac{\left(1 - \dfrac{v^2}{c^2}\right)^2}{\left(1 + \dfrac{v^2}{c^2}\right)^2} = \left(\frac{1 - \beta^2}{1 + \beta^2}\right)^2$$

となるので，E は (10.75) になります．

[**10.4**] ラジウムの質量を Mc^2，娘粒子の質量を $m_1 c^2, m_2 c^2$（α 粒子）とし，$\Delta m = M - m_1 - m_2$ とおくと，α 崩壊で放出されるエネルギーは $\Delta mc^2 = 4.8\,\mathrm{MeV}$ で，これを原子量で表せば $\Delta m = \dfrac{4.8\,\mathrm{MeV}}{931\,\mathrm{MeV}} = 0.00513$ です．したがって，娘粒子の運動量 p は (10.16) から

$$\frac{p}{c} = \frac{\sqrt{452 \cdot 444 \cdot 8 \cdot 0.00513}}{452} = 0.2008 \qquad (\text{質量数}: M = 226, m_1 = 222, m_2 = 4)$$

になります．速さの比は (10.17) より，$\dfrac{v_2}{v_1} = \dfrac{E_1}{E_2} = \dfrac{m_1}{m_2} = \dfrac{222}{4} = 55.5$ となり，α 粒子（v_2）はもう一方の娘粒子より約 56 倍の速さで飛び出します．

[**10.5**] 電子 e^- と陽電子 e^+ の 4 元運動量はそれぞれ次式で与えられます．

$$p_{\mathrm{e}^-}^\mu = \left(\frac{E_{\mathrm{e}^-}}{c}, \boldsymbol{p}_{\mathrm{e}^-}\right), \qquad p_{\mathrm{e}^+}^\mu = \left(\frac{E_{\mathrm{e}^+}}{c}, \boldsymbol{p}_{\mathrm{e}^+}\right)$$

$E_{\mathrm{e}^-} = \sqrt{m_{\mathrm{e}}^2 c^4 + \boldsymbol{p}_{\mathrm{e}^-}^2 c^2}$ と $E_{\mathrm{e}^+} = \sqrt{m_{\mathrm{e}}^2 c^4 + \boldsymbol{p}_{\mathrm{e}^+}^2 c^2}$ は，$\boldsymbol{p}_{\mathrm{e}^-} = -\boldsymbol{p}_{\mathrm{e}^+}$（重心系）より，$E_{\mathrm{e}^-} = E_{\mathrm{e}^+}$ です．また，2 つの光子の 4 元運動量はそれぞれ $p_{\gamma_\mathrm{A}}^\mu = \left(\dfrac{E_{\gamma_\mathrm{A}}}{c}, \boldsymbol{p}_{\gamma_\mathrm{A}}\right)$ と $p_{\gamma_\mathrm{B}}^\mu = \left(\dfrac{E_{\gamma_\mathrm{B}}}{c}, \boldsymbol{p}_{\gamma_\mathrm{B}}\right)$ とします．$\boldsymbol{p}_{\gamma_\mathrm{A}} = -\boldsymbol{p}_{\gamma_\mathrm{B}}$（重心系）より，$E_{\gamma_\mathrm{A}} = E_{\gamma_\mathrm{B}}$，つまり $\omega_\mathrm{A} = \omega_\mathrm{B}$ となるので，エネルギー保存則から $E_{\mathrm{e}^-} = E_{\gamma_\mathrm{A}}$ となり，(10.76) が成り立ちます．

[**10.6**] 運動量保存則 $m\boldsymbol{u} = m\boldsymbol{w}_1 + m\boldsymbol{w}_2$ を 2 乗した $u^2 = (\boldsymbol{w}_1 + \boldsymbol{w}_2)^2 = w_1^2 + 2\boldsymbol{w}_1 \cdot \boldsymbol{w}_2 + w_2^2$ に，エネルギー保存の式 $\dfrac{mu^2}{2} = \dfrac{mw_1^2}{2} + \dfrac{mw_2^2}{2}$ を代入します．すると，$\boldsymbol{w}_1 \cdot \boldsymbol{w}_2 = 0$ となり，$\boldsymbol{w}_1$ と $\boldsymbol{w}_2$ は直交していることがわかります．

[**10.7**] 運動エネルギー $T = E - mc^2 = (\gamma - 1)mc^2 = h(\nu_0 - \nu)$ を書き換えていきます．ここで，ν_0 は入射光子の振動数，ν は散乱光子の振動数です．(10.71) より得られる $\nu_0 - \nu = \nu_0 \nu \dfrac{h}{mc^2}(1 - \cos\theta)$ を変形した，

$$\nu_0 = \frac{\nu}{1 - \dfrac{h\nu}{mc^2}(1 - \cos\theta)} = \frac{\nu}{1 - 2\dfrac{h\nu}{mc^2}\sin^2\dfrac{\theta}{2}}$$

を T の式に代入し，$\nu\lambda = c$ を使うと (10.78) が得られます．

さらに勉強するために

本書は相対性理論の基礎的な内容を扱っているので，さらに広く深く相対性理論を学ぶために役立つと思われるものを少し挙げておきます．なお，本書の執筆においても，下記の書物からいろいろと学び，参考にさせていただいたことを付記しておきます．

- 江沢 洋 著：『相対性理論（基礎物理学選書）』（裳華房）
- 内山龍雄 著：『相対性理論（物理テキストシリーズ）』（岩波書店）
- 中野董夫 著：『相対性理論（物理入門コース）』（岩波書店）
  いずれも丁寧な記述で定評のある本です．

- J. B. Kogut 著：*"Introduction to Relativity: For Physicists and Astronomers"*（Harcourt Academic Press）
  特殊相対性理論の基礎と応用を，多くの例題や数値計算を織り交ぜながら，簡潔に解説している本です．

- 風間洋一 著：『相対性理論入門講義（現代物理学入門講義シリーズ）』（培風館）
  アインシュタインの原論文に沿って，特殊相対性理論の考え方の基礎とその応用が，コンパクトに解説された教育的な本です．

- 前田恵一・田辺 誠 共著：『演習形式で学ぶ 特殊相対性理論（SGC ライブラリ）』（サイエンス社）
  特殊相対性理論の基礎から応用までの諸問題を，演習形式で自習しながら学べるように工夫された教育的な本です．

- 小林 努 著：『相対性理論（日評ベーシック・シリーズ）』（日本評論社）
  一般相対性理論への入門書としての役割を意図しつつ，特殊相対性理論の基礎から応用までが詳しく解説されています．

- 窪田高弘・佐々木 隆 共著：『相対性理論（裳華房テキストシリーズ－物理学）』（裳華房）
  一般相対性理論をメインにした本ですが，その導入として，特殊相対性理論が簡潔にまとめて解説されています．

- 砂川重信 著：『理論電磁気学（第3版）』（紀伊國屋書店）

　電磁気学の名著として定評のある本で，その中の章に，特殊相対性理論の誕生までの歴史，相対論的な電磁気学と力学の基礎，ベクトルとテンソルの基礎などが詳しく解説されています.

- 木村嘉孝 責任編集：『高エネルギー加速器（実験物理科学シリーズ）』（共立出版）

　高エネルギー加速器の原理と様々な分野への応用が，明解に解説されています.

- 石原 繁 著：『テンソル ─ 科学技術のために ─』（裳華房）

- D. フライシュ 著，河辺哲次 訳：『物理のための ベクトルとテンソル』（岩波書店）

　上記2冊では，ベクトルとテンソルの基礎が平明に解説されています.

索　引

ア

アインシュタインの関係式
Einstein's relation　210

アインシュタインの規約　Einstein's rule,
Einstein convention　148

アインシュタインの相対性原理
Einstein's principle of relativity　4

アンペール - マクスウェルの法則
Ampère - Maxwell law　161

イ

EPR 相関　EPR correlation　238

EPR パラドックス　EPR（Einstein -
Podolsky - Rosen）paradox　238

1 形式（コベクトル）　one - form　144

1 対多　one - to - many　21

（移動する）時計の遅れ
retardation of a moving clock　39

一般相対性理論
general theory of relativity　2

イベント（事象，事件）　event　78

ウ

（動く）時計の遅れ
retardation of a moving clock　39

宇宙線　cosmic ray　102

宇宙マイクロ波背景放射（CMB）　cosmic
microwave background radiation　237

運動学　kinematics　218

（運動する）時計の遅れ
retardation of a moving clock　39

運動の第 1 法則（慣性の法則）
Newton's first law of motion　9

運動の第 2 法則（運動の法則）
Newton's second law of motion　9

エ

L系（実験室系）　laboratory system　224

m 階反変テンソル
m rank contravariant tensor　153

n 階共変テンソル
n rank covariant tensor　153

エーテル　ether　2, 24

　—— の風　—— wind　2, 24

エネルギー・運動量関係式
energy momentum relation　209

オ

親時計　master clock　21

カ

外微分　exterior derivative　144, 169

過去の領域　past's region　90

ガリレイ逆変換
Galilei inverse transformation　10, 11

ガリレイの相対性原理
Galilean principle of relativity　4, 12

ガリレイ変換　Galilei transformation　10,
11

慣性　inertia　9

　—— 系　inertial system　2, 9

　—— 質量　inertial mass　9

　—— の法則　law of ——　9

完全反対称のテンソル
full asymmetric tensor　155

キ

基底ベクトル　basis vector　129
逆コンプトン散乱
　inverse Compton scattering　237
共変性　covariant　11, 154
共変成分（コバリアント成分）
　covariant component　138
共変ベクトル　covariant vector　128, 137,
　143
　―― 演算子　―― operator　156
　―― 場　―― field　152
共変量　covariant quantity　8, 137
局所時間（局所時）　local time　71

ク

空間的　space‐like　90
　―― なベクトル　―― vector　201
　―― 領域　―― region　90
クロネッカーのデルタ　Kronecker's delta
　136, 147
クーロンの法則　Coulomb's law　161
群　group　26

ケ

計量　metric　149
　―― テンソル　―― tensor　149
桁落ち　loss of significant digits　66

コ

光円錐　light‐cone　89
較正曲線　calibration curve　94
光速度不変の原理　principle of constancy
　of light velocity　4
光的　light‐like　90
　―― なベクトル　―― vector　201
　―― 領域　―― region　90
光路　optical path　65

　―― 差　―― difference　65
固定された時計　fixed clock　29
固定ターゲット加速器
　fixed target accelerator　228
コバリアント成分（共変成分）
　covariant component　138
コベクトル（1形式）　covector　144
固有時間（固有時）　proper time　41, 198
固有長　proper length　41
コントラバリアント成分（反変成分）
　contravariant component　138
コンプトン散乱　Compton scattering
　235
コンプトンの式　Compton's equation
　236
コンプトン波長　Compton wavelength
　236

サ

座標時間　coordinate time　83

シ

磁荷　magnetic charge　161
時間座標　space‐time coordinates　52
時間的　time‐like　90
　―― なベクトル　―― vector　201
　―― 領域　―― region　90
磁気単極子（モノポール）
　magnetic monopole　161
時空　space‐time　48
　―― 構造　―― structure　16
　―― 図　―― diagram　17
　―― 点　―― point　78
仕事率　power　203
事象（事件，イベント）　event　78
実験室系（L系）　laboratory system　224
磁場のガウスの法則
　Gauss's law for magnetic fields　161

262　　索　　　引

指標　index　129
斜交座標系　oblique coordinates　76
重心系（質量中心系，C系）
　center‐of‐mass system　224
縮約　contraction　148, 156
寿命　lifetime　103
衝突ビーム加速器　collider, colliding
　beam accelerator　228

ス

スカラー　scalar　151
　── 積　── product　209
　── 場　── field　151
　── ポテンシャル　── potential　165
スケール変換　scale transformation　18

セ

静止エネルギー　rest energy　210
静止質量　rest mass　211
青方偏移　blue shift　119
世界線　world line　78
世界点（時空点）　world point　78
赤方偏移　red shift　120
絶対空間（絶対静止空間）　absolute space
　24
絶対時間　absolute time　15
絶対静止系　absolute rest system　24
ゼロテンソル　zero tensor　154

ソ

相対性原理　principle of relativity　3
相対論的エネルギー　relativistic energy
　207
相対論的な運動方程式
　relativistic equation of motion　202
相対論的な質量　relativistic mass　204
双対基底ベクトル　dual basis vector　140,
　141

双対ベクトル空間　dual vector space
　145
速度の合成則　addition law of velocities
　12
速度の変換則
　tranformation law of velocity　56, 57
ソース項　source term　161

タ

対称テンソル　symmetric tensor　154
ダミー添字　dummy index　148
単位ベクトル　unit vector　129

チ

超相対論的な近似　ultrarelativistic limit
　230

ツ

対消滅　pair annihilation　227

テ

電荷の保存則
　principle of conservation of charge　161
電磁場テンソル
　electromagnetic field tensor　169, 174
電磁ポテンシャル
　electromagnetic potential　165, 167
電子ボルト　electron volt　211
電磁誘導　electromagnetic induction　6,
　164
　── の法則　── law　161
テンソル　tensor　6, 8, 152, 154
　── 場方程式　tensor field equation
　154
電場のガウスの法則
　Gauss's law for electric fields　161

ト

同期している　be synchronized with　10

同時刻の相対性　relativity of simultaneity　34

特殊相対性原理
principle of special relativity　4

特殊相対性理論
special theory of relativity　2

時計の遅れ（時間の遅れ）
retardation of a moving clock　39

ドップラー効果　Doppler effect　118

ドミナントな項　dominant term　67

ニ

2階の共変テンソル場
2 rank covariant tensor field　153

2階の反変テンソル場
2 rank contravariant tensor field　153

2体崩壊　2 body decay　218

ニュートンの運動方程式
Newton's equation of motion　9

ハ

場　field　151

ハッブル‐ルメートルの法則（ハッブルの法則）　Hubble‐Lemaitre law　120

母粒子　mother particle　219

パラダイム　paradigm　14

波列　wave train　118

半減期　half life　103

反対称テンソル　asymmetric tensor　154

バンチ　bunch　228

反変成分（コントラバリアント成分）
contravariant component　138

反変ベクトル　contravariant vector　128, 137, 143

―― 演算子　―― operator　156

―― 場　―― field　152

反変量　contravariant quantity　8, 137

ヒ

ビオ‐サバールの法則　Biot‐Savart law　188

光時計　light clock　31

非相対論的近似
non‐relativistic approximation　188

微分 1 形式　derivative one‐form　169

フ

ファラデーの法則　Faraday's law　161

フィッツジェラルド‐ローレンツの収縮仮説　Fitzgerald‐Lorentz contraction hypothesis　69

双子のパラドックス　twin paradox　102, 111

不変量　invariant quantity　87, 152

フリー添字　free index　148

ヘ

PET（陽電子画像診断）
positron emission tomography　241

ベクトル　vector　144

―― 変換　―― transformation　131

―― ポテンシャル　―― potential　165

変換行列　transformation matrix　131

変換群　transformation group　59

ホ

崩壊　decay　218

マ

マイケルソン‐モーリーの実験
Michelson‐Morley experiment　61

マクスウェル方程式　Maxwell's equations　161

ミ

未来の領域　future's region　90
ミンコフスキー時空（ミンコフスキー空間）　Minkowski space‐time　75
ミンコフスキー図　Minkowski diagram　76

ム

娘粒子　daughter particle　219

ヨ

陽電子画像診断（PET）
　positron emission tomography　241
4元位置ベクトル
　four‐coordinate vector　145, 198
4元運動量　four‐momentum　208
4元加速度　four‐acceleration　200
4元速度　four‐velocity　199
4元電流密度
　four‐electric current density　174

4元ベクトル　four‐vector　145

リ

量子情報科学
　quantum information science　238
量子もつれ（エンタングルメント）
　quantum entanglement　238

ロ

ローレンツ因子　Lorentz factor　5, 35
ローレンツ逆変換
　Lorentz inverse transformation　51
ローレンツ共変性　Lorentz covariance　172
ローレンツ収縮　Lorentz contraction　44, 69
ローレンツ不変量　Lorentz invariant　87
ローレンツ変換　Lorentz transformation　25, 48, 51
　──群　── group　59
ローレンツ力　Lorentz force　183

著者略歴

河辺哲次（かわべ　てつじ）

　1949 年 福岡県生まれ．1972 年 東北大学工学部原子核工学科卒．1977 年 九州大学大学院理学研究科（物理学）博士課程修了．その後，KEK 助手，九州芸術工科大学助教授，同教授，九州大学大学院教授を経て，現在，九州大学名誉教授．理学博士．この間，コペンハーゲン大学のニールス・ボーア研究所に留学．専門は素粒子論，場の理論におけるカオス現象，非線形振動・波動現象，音響現象．

　主な著書：『スタンダード 力学』，『ベーシック 電磁気学』，『工科系のための解析力学』，『ファーストステップ 力学』，『大学初年級でマスターしたい　物理と工学の ベーシック数学』，『物理学を志す人の 量子力学』（以上，裳華房）

　主な訳書：『マクスウェル方程式』，『物理のためのベクトルとテンソル』，『ファインマン物理学 問題集 1, 2』，『シュレーディンガー方程式』（以上，岩波書店），『量子論の果てなき境界』（共立出版）

物理学レクチャーコース　**相対性理論**

2023 年 11 月 25 日　第 1 版 1 刷 発行
2024 年 8 月 20 日　第 2 版 1 刷 発行

検 印
省 略

定価はカバーに表示してあります．

著作者　　河 辺 哲 次
発行者　　吉 野 和 浩
　　　　　東京都千代田区四番町 8-1
発行所　　電 話 03-3262-9166（代）
　　　　　郵便番号 102-0081
　　　　　株式会社　裳　華　房
印刷所　　株式会社　精　興　社
製本所　　牧製本印刷株式会社

一般社団法人
自然科学書協会会員

JCOPY 〈出版者著作権管理機構 委託出版物〉
本書の無断複製は著作権法上での例外を除き禁じられています．複製される場合は，そのつど事前に，出版者著作権管理機構（電話 03-5244-5088，FAX 03-5244-5089，e-mail: info@jcopy.or.jp）の許諾を得てください．

ISBN 978-4-7853-2413-1

© 河辺哲次，2023　　Printed in Japan

物理学レクチャーコース

編集委員：永江知文，小形正男，山本貴博
編集サポーター：須貝駿貴，ヨビノリたくみ

◆ 特　徴 ◆

- 企画・編集にあたって，編集委員と編集サポーターという 2 つの目線を取り入れた．
  編集委員：講義する先生の目線で編集に務めた．
  編集サポーター：学習する読者の目線で編集に務めた．
- 教室で学生に語りかけるような雰囲気（口語調）で，本質を噛み砕いて丁寧に解説．
- 手を動かして理解を深める "Exercise" "Training" "Practice" といった問題を用意．
- "Coffee Break" として興味深いエピソードを挿入．
- 各章の終わりに，その章の重要事項を振り返る "本章のPoint" を用意．

力 学　　　　山本貴博 著　　　　298頁／定価 2970円（税込）

　取り扱った内容は，ところどころ発展的な内容も含んではいるが，大学で学ぶ力学の標準的な内容となっている．本書で力学を学び終えれば，「大学レベルの力学は身に付けた」と自信をもてる内容となっている．

物理数学　　　　橋爪洋一郎 著　　　　354頁／定価 3630円（税込）

　数学に振り回されずに物理学の学習を進められるようになることを目指し，学んでいく中で読者が疑問に思うこと，躓きやすいポイントを懇切丁寧に解説している．また，物理学科の学生にも人工知能についての関心が高まってきていることから，最後に「確率の基本」の章を設けた．

電磁気学入門　　　　加藤岳生 著　　　　2色刷／240頁／定価 2640円（税込）

　わかりやすさとユーモアを交えた解説で定評のある著者によるテキスト．著者の長年の講義経験に基づき，本書の最初の 2 つの章で「電磁気学に必要な数学」を解説した．これにより，必要に応じて数学を学べる（講義できる）構成になっている．

熱 力 学　　　　岸根順一郎 著　　　　338頁／定価 3740円（税込）

　熱力学がマクロな力学を土台とする点を強調し，最大の難所であるエントロピーも丁寧に解説した．緻密な論理展開の雰囲気は極力避け，熱力学の本質をわかりやすく "料理し直し"，曖昧になりがちな理解が明瞭になるようにした．

相対性理論　　　　河辺哲次 著　　　　280頁／定価 3300円（税込）

　特殊相対性理論の「基礎と応用」を正しく理解することを目指し，様々な視点と豊富な例を用いて懇切丁寧に解説した．また，相対論的に拡張された電磁気学と力学の基礎方程式を，関連した諸問題に適用して解く方法や，ベクトル・テンソルなどの数学の考え方も丁寧に解説した．

◆ コース一覧（全17巻を予定）◆

- 半期やクォーターの講義向け（15回相当の講義に対応）
  **力学入門，電磁気学入門，熱力学入門，振動・波動，解析力学，
  量子力学入門，相対性理論，素粒子物理学，原子核物理学，宇宙物理学**
- 通年（I・II）の講義向け（30回相当の講義に対応）
  力学，電磁気学，熱力学，物理数学，統計力学，量子力学，物性物理学
